# 土 力 学

## （第 2 版）

王泽云 　 刘永户
崔自治 　 阮永芬 　 编著

重庆大学出版社

## 内 容 提 要

本书包括土的物理性质及其工程分类、土中水的运动规律、土中应力计算、土的压缩性与地基的沉降计算、土的抗剪强度、地基承载力、土压力及挡土结构、土坡稳定性分析、土在动荷载作用下的力学性质等共9章。本书内容精练、叙述简洁、思路清晰,注重实用性,注意了教材的特点。可作为大土木工程(包括建筑工程、桥梁工程、道路工程、城镇建设、涉外建筑、饭店工程、矿井建设等专业方向)的本科教材,也可作为相近专业、成人教育、函授教育的教材,以及作为土木工程类研究、设计、施工和管理的专业技术人员的参考资料。

**图书在版编目(CIP)数据**

土力学/王泽云等编著.—重庆:重庆大学出版社,2002.3(2022.8重印)
土木工程专业本科系列教材
ISBN 978-7-5624-2387-4

Ⅰ.土… Ⅱ.①王… Ⅲ.土力学—高等学校—教材 Ⅳ.TU43

中国版本图书馆 CIP 数据核字(2001)第 081887 号

# 土 力 学
### (第 2 版)

王泽云 刘永户
编著
崔自冶 阮永芬

责任编辑:曾显跃 责任印制:张 策
\*
重庆大学出版社出版发行
出版人:饶帮华
社址:重庆市沙坪坝区大学城西路 21 号
邮编:401331
电话:(023) 88617190 88617185(中小学)
传真:(023) 88617186 88617166
网址:http://www.cqup.com.cn
邮箱:fxk@ cqup.com.cn(营销中心)
全国新华书店经销
POD:重庆新生代彩印技术有限公司
\*
开本:787mm×1092mm 1/16 印张:11.75 字数:293 千
2014 年 2 月第 2 版 2022 年 8 月第 11 次印刷
印数:22 301—23 300
ISBN 978-7-5624-2387-4 定价:35.00 元

# 土木工程专业本科系列教材
# 编审委员会

# 前言

土力学是土木工程专业重要的技术基础课。土力学的理论和知识也是土木工程师的知识结构最重要的组成部分之一。抓好土力学课程的教学对土木工程专业学生的能力培养起着重要的作用,作者便是基于这种共识编著了这本《土力学》教材。

本书充分注意了以下几方面的问题:中国高等教育从精英教育向大众教育转变的形势、专业目录调整后大土木专业的特点。编写人员在编写过程中兼顾了不同专业方向,注重工程实际,注意教学用书的基本要求:既要便于学习掌握,又要有利于组织教学,做到内容精炼、叙述简洁、思路清晰、结论突出。全书参考了即将颁布的《地筑地基基础设计规范》(GB5007—××××)(报批稿)。

本书共分为9章:第1章:土的物理性质及其工程分类;第2章:土中水的运动规律;第3章:土中应力计算;第4章:土的压缩性与地基的沉降计算;第5章:土的抗剪强度;第6章:地基承载力;第7章:土压力及挡土结构;第8章:土坡稳定性分析;第9章:土在动荷载作用下的力学性质。

本书王泽云为主编,刘永户为副主编。参加编写的人员及分工:王泽云编写绪论、第2章、第6章;刘永户编写第8章、第9章;崔自治编写第3章、第4章、第7章;阮永芬编写第1章、第5章。全书由王泽云根据《建筑地基基础设计规范》(GB5007—××××)(报批稿)修定,并对全书统稿。

本书由成都理工大学博士生导师孔德坊教授主审,重庆大学博士生导师黄求顺教授,西南勘察设计院副院长、副总工程师彭盛恩高级工程师也提供了大量帮助,特此鸣谢。

由于编写人员水平有限,书中难免有错误和遗漏,请斧正。

编　者
2013 年 12 月

# 目录

# 绪 论

## 0.1 地基及基础的概念

"高楼万丈从地起",任何建筑都离不开大地的支承,支承建筑物的、受建筑物载荷的影响的那一部分岩体或土体称为地基。在丘陵地带及山区,由于基岩埋藏较浅甚至裸露于地表,所以建筑物及构筑物通常建造在岩石上,称为岩石地基;在平原地区,由于基岩埋藏很深,建筑物通常建造在土层之上,称为土体地基。在建筑地基的主要受力范围内,如下卧基岩表面坡度大于10%的地基;或石芽密布并有出露的地基;或大块孤石或个别石芽出露的地基,称为土岩组合地基。而未经过加固处理,直接支承建筑物的岩土层,称为天然地基。如果地基软弱,或者建筑物荷载太大,地基的承载力及变形不能满足设计要求时,则要对地基进行加固处理,这种地基称为人工地基。

建筑物的荷载,通过其埋入地下一定的深度的下部结构传递并扩散到地基中去,这部分下部结构便是建筑物的基础。

根据基础埋置深度,分为浅基础和深基础。对于一般房屋的基础,如果土质较好,埋深通常在 3~5m 以内,可以用简便的方法进行基坑开挖或排水,这种基础称为浅基础。如果建筑物荷载较大,且上层土质又较软弱时,需将基础埋于较深的地层上,可能要采用特殊的基础类型或特殊的施工方法,这种基础称为深基础,例如桩基、沉井基础,埋深较大的箱基等。

地基基础设计和上部结构设计相似,也要进行强度、变形计算及稳定性分析,要求作用在地基上的压应力不超过地基的承载能力;地基的计算变形量不超过地基的变形容许值;对于经常受水平荷载作用的高层建筑和高耸结构以及建在斜坡上的建筑物和构筑

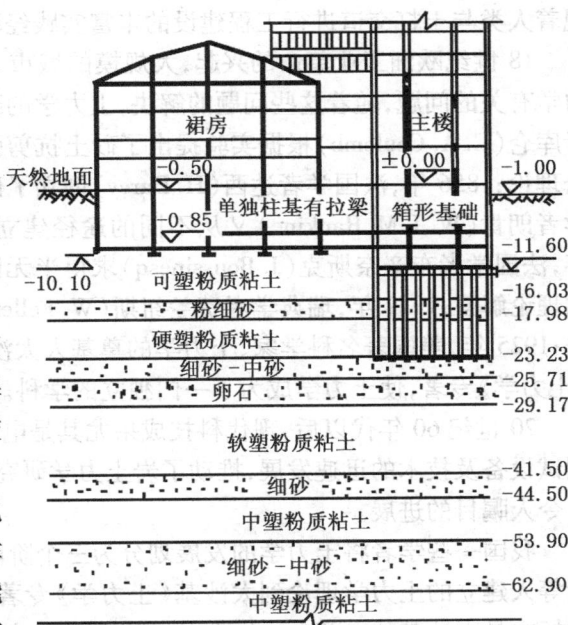

图 0.1 建筑地基及基础

物,尚应检验其稳定性。研究岩石地基的工程问题主要用于解决岩石力学的问题,而解决土体

地基的工程问题,主要是用土力学的理论和方法完成的。

## 0.2 土力学研究的对象、内容和研究方法

　　土力学是研究土的基本物理性质和在建筑物荷载作用下的应力、应变、强度、稳定性、渗透性及其随时间变化的规律的一门学科。

　　由于土是岩石风化形成的,是自然历史的产物,具有分散性、复杂性和易变性的非连续介质特点,因此不能单凭数学和力学的方法进行研究,而必须密切结合土的实际情况。既运用一般连续体力学的基本原理和方法,建立力学模型,借助现场勘察、测试和室内试验等手段获取计算参数进行计算,还要在工程进行过程中,不断采集数据进行分析,以避免理论计算出现的误差对工程造成的危害。

## 0.3 土力学的发展简介

　　地基与基础工程是一门古老的工程技术,而土力学、地基与基础工程学是一门年轻的应用学科。

　　从新石器时代的半坡村遗址的土台和石基到春秋战国时代至秦朝的万里长城、隋朝的郑州超化寺、赵州安济桥,从中国宏伟的宫殿、寺院到埃及古老的金字塔、雅典的神庙,无一不体现着人类与土打交道进行工程建设的丰富实践经验和高超的工程技术水平。

　　18 世纪欧洲工业革命的兴起,大规模的城市、水利和道路、铁路的兴建,遇到了很多与土力学有关的问题,随着这些问题的解决,土力学的理论逐步地产生和发展了。1773 年,法国学者库仑(C. A. Coulomb)根据实验提出了砂土抗剪强度公式和挡土墙土压力的滑楔理论,即库仑理论;1856 年,法国学者达西(H. Darcy)创立了砂土的渗透定律,即达西定律;1869 年,英国学者朗肯(W. J. M. Rankine)又从不同的途径建立了挡土墙的土压力理论,即朗肯理论;1885年,法国学者布辛奈斯克(J. Boussinesq)求得半无限弹性体在垂直集中力作用下,应力和变形的理论解答;1922 年,瑞典学者费兰纽斯(W. Fellenius)提出了解决土坡稳定的条分法,即瑞典法;1925 年,美国著名科学家、土力学的奠基人太沙基(K. Terzaghi)归纳了前人的成就,发表了《土力学》专著,使土力学成为了一门独立的学科。

　　20 世纪 60 年代以后,现代科技成果尤其是电子技术渗入到了岩土力学的研究领域,岩土测试设备及技术的迅速发展,推动了岩土力学研究工作的进一步深入开展,岩土力学理论也有了令人瞩目的进展。

　　我国一些学者将土力学的发展划分为三个阶段,①奠基阶段:此阶段从库仑、朗肯、费兰纽斯等人建立的土力学理论到太沙基《土力学》专著为止;②土力学的建立与发展阶段:此阶段的标志是太沙基的专著《土力学》一书的出版,有效应力原理、一维固结理论的应用与发展;③土力学的新时期:此阶段标志是 20 世纪 60 年代以后,计算机的出现、计算方法的改进与发展、测试技术的发展、本构模型的建立与发展等。而另一些学者将土力学的发展划分为两个阶段:①经典土力学阶段:时间为 1923—1962 年,其标志是一个原理(有效应力原理)、两个理论

（饱和土固结理论和土体极限平衡理论）；②现代土力学阶段：时间为 1963 年以后，其标志是一个模型（本构模型）、三个理论（非饱和土固结理论、液化破坏理论和逐渐破坏理论）、四个分支（理论土力学、计算土力学、实验土力学和应用土力学）。

土力学和基础工程近年来的主要发展在以下几个方面：

1）试验室内：现场原位测试技术和仪器设备的研究；

2）基本理论的研究：如土的本构关系，粘弹塑性应力—应变—强度—时间关系，土与结构物的相互作用，土的动力特征；

3）计算技术：如概率论与数理统计，电子计算技术在土力学基础工程中的应用；

4）模型试验与原位观测：是验证理论计算和实际设计正确性的较好手段；

5）施工技术：不断提高地基和基础施工的机械化和自动化。

## 0.4　土力学课程与专业的关系

在"大土木"专业中（无论是建筑工程，还是路、桥工程，矿井建设工程等）都要涉及岩土工程，比如建筑物或构筑物、桥梁、水坝等的基础设计与施工，道路的路基、路堤设计，山区或丘陵地带施工的挡土结构计算，山坡的稳定性分析及加固，地基的处理等都离不开土力学理论。因此土力学是土木工程专业重要的技术基础课。

在土木工程中出现的工程事故，上部结构出问题不一定是大问题，可能还可以补救，而地基或基础出问题，一般都是大问题，且难以补救，一些会出现垮塌的重大工程事故，古今中外不乏其例。

意大利的比萨斜塔因地基软弱而倾斜（图 0.2）；加拿大特朗斯康谷仓，因地基实际承载力（193.8 ~ 276.6kPa）远小于设计承载力（352kPa），加载后地基破坏而整体倾倒（图 0.3）；又如美国纽约某水泥仓库因粘土地基超载引起地基剪切破坏而滑动，使水泥仓库彻底倾倒（图 0.4）。国内实例也非常多，如四川德阳某公司大楼在未完工时就彻底垮塌，最直接的原因就是基础出了问题；又如香港宝城大厦被滑坡冲毁等。这些都充分说明了土力学以及后续课程基础工程的重要性，对土木工程专业都有十分密切的关系。

图 0.2　比萨斜塔

## 0.5　土力学课程的特点及学习方法

土力学课程与工程地质、水力学、高等数学、材料力学、弹性力学等课程密切相关，需要这些课程作为基础,因此头绪多,理论深,且有些理论推导过程十分复杂,而有些内容实践性又非常强,使学习者掌握起来有一定难度。实践性强的内容应辅助实验学习掌握,有条件的可以参观一些实际工程。理论推导过于复杂的内容,学生不要把主要注意力放在公式推导上,而应着重掌握其结论,要求理解其意义和应用条件,重在应用。

图 0.3  倾倒的加拿大特朗斯康谷仓

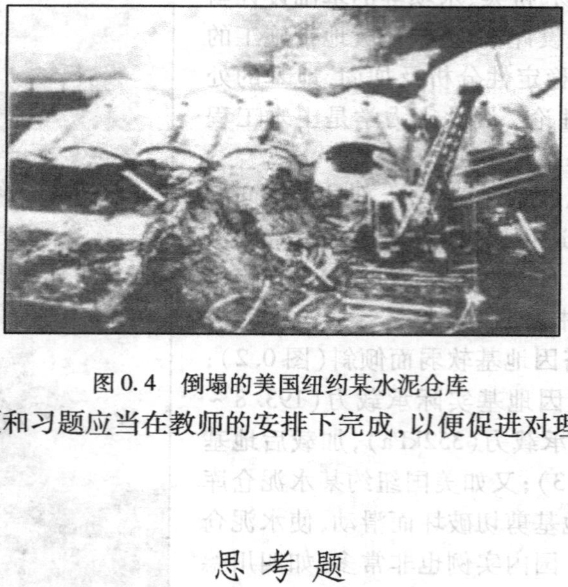

图 0.4  倒塌的美国纽约某水泥仓库

本书提供的思考题和习题应当在教师的安排下完成,以便促进对理论的理解和培养一定的计算能力。

# 思 考 题

0.1  什么是地基? 什么是基础? 什么是人工地基? 什么是天然地基? 怎样划分深基础和浅基础?

0.2  土力学研究的内容是什么?

# 第**1**章
# 土的物理性质和工程分类

## 1.1　土的形成

地球表面的整体岩石,在大气中经风化、剥蚀、搬运、沉积,形成的由固体矿物颗粒、水、气体三种成分的集合体就是土。

岩石和土在其存在、搬运、沉积的各个过程都在不断地风化,不同的风化作用形成不同性质的土。风化作用主要有物理风化和化学风化。

物理风化是指岩石经受风、霜、雨、雪的侵蚀,温度、湿度的变化,不均匀的膨胀与收缩破碎,或者运动过程中因碰撞和摩擦破碎。只改变颗粒的大小和形状,不改变矿物颗粒的成分称为物理风化。只经过物理风化形成的土是无粘性土。

化学风化是指母岩表面破碎的颗粒受环境因素的作用而产生一系列的化学变化,改变了原来矿物的化学成分,形成新的矿物,也称次生矿物。化学风化的结果形成微小的土颗粒,最主要是粘土颗粒以及大量的可溶性盐类。现在地球表层的大多数土是在第四纪地质年代中形成的。

第四纪土,由于搬运和沉积方式不同,又可分为残积土和沉积土两大类。残积土是指母岩表层经过风化作用破碎为细小颗粒后,未经搬运残留在原地的堆积物。它的特征是颗粒表面粗糙、多棱角、粗细不均、无层理。沉积土是指风化作用所形成的土颗粒,受自然力的作用,搬运到远近不同的地点所沉积的堆积物。其特点是颗粒经滚动和相互摩擦而变圆。

## 1.2　土的三相组成

土的三相组成是指土由固体矿物颗粒(固相)、水(液相)、气体(气相)三部分组成。土中的固体矿物颗粒构成土骨架,骨架之间的孔隙中充填着水和气体。这三部分本身的性质、它们之间的比例关系和相互作用决定土的物理性质。因此,研究土的组成,首先必须研究土的三相组成。

**(1)固体矿物颗粒**

固体矿物颗粒的矿物成分、大小、形状和组成情况是决定土的物理力学性质的主要因素。

1)土粒的成分

土粒的矿物成分可分为原生矿物和次生矿物。原生矿物是由岩石经过物理风化生成的。

土力学

一般粗颗粒的砾石、砂等都是由原生矿物构成。成分与母岩相同,性质比较稳定。次生矿物是由岩石经过化学风化生成的新矿物,主要是粘土矿物。常见的粘土矿物有 3 种:高岭石、伊利石、蒙脱石。

蒙脱石结构单元连接较弱,亲水性很强,具有较强的吸水膨胀和失水收缩的特性。伊利石亲水性低于蒙脱石。高岭土结构单元的相互联结力较强,水分子不能进入。因此高岭土的亲水性最小。

表 1.1 主要粘土矿物的物理特性

| 粘土矿物 | 形状 | 直径/μm | 比表面积/(m² · g⁻¹) |
|---|---|---|---|
| 蒙脱石 | 薄片状 | 0.1 ~ 1 | 800 |
| 伊利石 | 板状 | | 80 |
| 高岭石 | 六角形板状 | 0.3 ~ 4 | 15 |

2)颗粒级配

颗粒的大小用粒径来表示。土粒的粒径变化时,土的性质也相应地发生变化。因此,可将土中各种不同粒径的土粒,按粒径的大小分组,即某一级粒径的变化范围,称为粒组。同一粒组内的土颗粒具有相似的性质。划分粒组的分界尺寸称为界限粒径。根据界限粒径200,20,2,0.075,0.005mm 把土粒分为六大粒组,见表1.2。

表 1.2 土粒粒组划分

| 粒组名称 | | 粒径范围/mm | 一般特征 |
|---|---|---|---|
| 漂石、块石颗粒 | | >200 | 透水性很大,无粘性,无毛细水 |
| 卵石、碎石颗粒 | | 200 ~ 20 | |
| 圆砾、角砾颗粒 | 粗 | 20 ~ 10 | 透水性大,无粘性,毛细水上升高度不超过粒径大小 |
| | 中 | 10 ~ 5 | |
| | 细 | 5 ~ 2 | |
| 砂粒 | 粗 | 2 ~ 0.5 | 易透水,当混有云母等杂质时透水性减小,而压缩性增大;无粘性,遇水不膨胀,干燥时松散;毛细水上升高度不大,随粒径变小而增大 |
| | 中 | 0.5 ~ 0.25 | |
| | 细 | 0.25 ~ 0.1 | |
| | 极细 | 0.1 ~ 0.075 | |
| 粉粒 | 粗 | 0.075 ~ 0.01 | 透水性小,湿时稍有粘性,遇水膨胀小,干时稍有收缩;毛细水上升高度较大较快,极易出现冻胀现象 |
| | 细 | 0.01 ~ 0.005 | |
| 粘粒 | | < 0.005 | 透水性很小,湿时有粘性和可塑性,遇水膨胀大,干时收缩显著;毛细水上升高度较大,但速度较慢 |

土的各粒组的相对含量就称为土的颗粒级配。土的颗粒级配的分析方法有筛分法和比重法两种。

筛分法适用于粒径 >0.075mm 的粒组。主要设备是一套标准筛,筛子的孔径分别为20,

10,5,2,1,0.5,0.25,0.1,0.075mm。

比重法适用于粒径 <0.075 mm 的土。主要仪器是土壤比重计和容积为 1 000 mL 量筒。根据斯托克斯(Stokes)定理,球状的颗粒在水中的下沉速度与颗粒的直径的平方成正比。即粗颗粒下沉快,细颗粒下沉慢,把颗粒按下沉速度进行粗细分组。

**3)级配曲线**

颗粒分析试验结果,绘制土的颗粒级配曲线,如图 1.1 所示,用半对数坐标绘制。纵坐标表示小于某粒径的土重占总土重的百分数;横坐标用对数坐标表示土的粒径。级配曲线上:

不均匀系数 $C_u$ 定义为

$$C_u = \frac{d_{60}}{d_{10}} \tag{1.1}$$

曲率系数 $C_c$ 定义为

$$C_c = \frac{d_{30}^2}{d_{60}d_{10}} \tag{1.2}$$

式中　$d_{10}$——有效粒径。表示小于该粒径的土粒的重量占总重量的 10%;

　　　$d_{60}$——限定粒径。表示小于该粒径的土粒的重量占总重量的 60%;

　　　$d_{30}$——小于该粒径的土粒的重量占总重量的 30%。

$C_u <5$ 的土,级配曲线陡,土均匀,级配不好。$C_u >10$ 的土,级配曲线平缓,土不均匀,级配良好。$C_c =1 \sim 3$ 的土级配曲线连续;$C_c <1,C_c >3$ 的土级配曲线不连续;$C_u >10$,且 $C_c =1 \sim 3$ 的不均匀级配良好的土,经压实后,细颗粒充填于粗颗粒形成的孔隙中,容易获得较大的密实度和较好的力学特性。

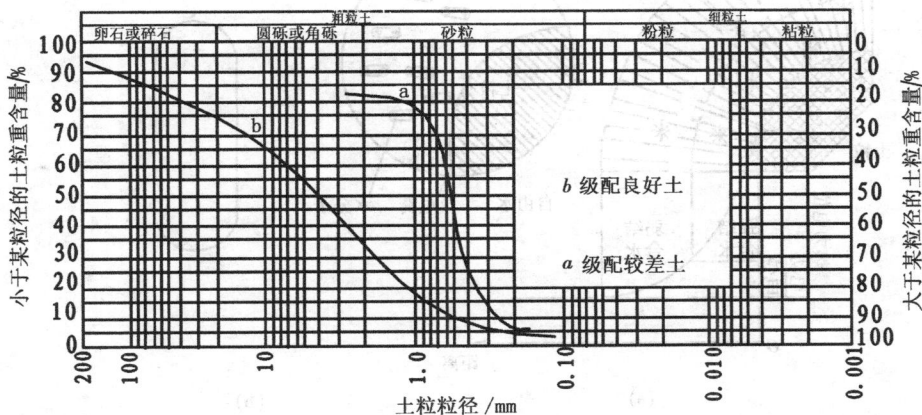

图 1.1　颗粒级配曲线图

**(2)土中水**

粘土颗粒在水介质中表现出带电的特性,粘土颗粒本身带负电荷,在其周围形成电场。水分子是极性分子,正负电荷分布在分子两端。在电场范围内,水中的阳离子和极性水分子被吸引在颗粒四周,定向排列如图 1.2 所示,因此,根据水分子受到引力的大小,土中水可以分成结合水和自由水。结合水可以分为强结合水和弱结合水两类。不受颗粒电场引力作用的水称为自由水。自由水又可分为重力水和毛细水。

**1）强结合水**

受颗粒电场作用力吸引紧紧包围在颗粒表面的水分子称为强结合水，它的性质接近固体，不传递静水压力，100℃不蒸发。

**2）弱结合水（也称薄膜水）**

弱结合水指紧靠于强结合水外围形成的一层结合水膜，仍在土颗粒电场作用范围以内的水，弱结合水也不传递静水压力。弱结合水的存在是粘性土在某一含水量范围内表现出可塑性的原因。

**3）重力水**

这种水位于地下水位以下，是在本身重力或压力差作用下运动的自由水，对土粒有浮力作用。土中重力水传递水压力，与一般水的性质无异。

**4）毛细水**

这种水存在于地下水位以上，受水与空气交界面处的表面张力作用而存在于细颗粒的孔隙中的自由水。由于表面张力作用，地下水沿着不规则的毛细孔上升，形成毛细上升带。其上升的高度取决于颗粒粗细与孔隙的大小。砂土、粉土及粉质粘土中毛细水含量较大。毛细水的上升，会使地基湿润，强度降低，变形增大。在干旱地区，地下水中的可溶盐随毛细水上升后不断蒸发，盐分便积聚于靠近地表处而使地表土盐渍化。在寒冷地区会加剧土的冻胀作用。

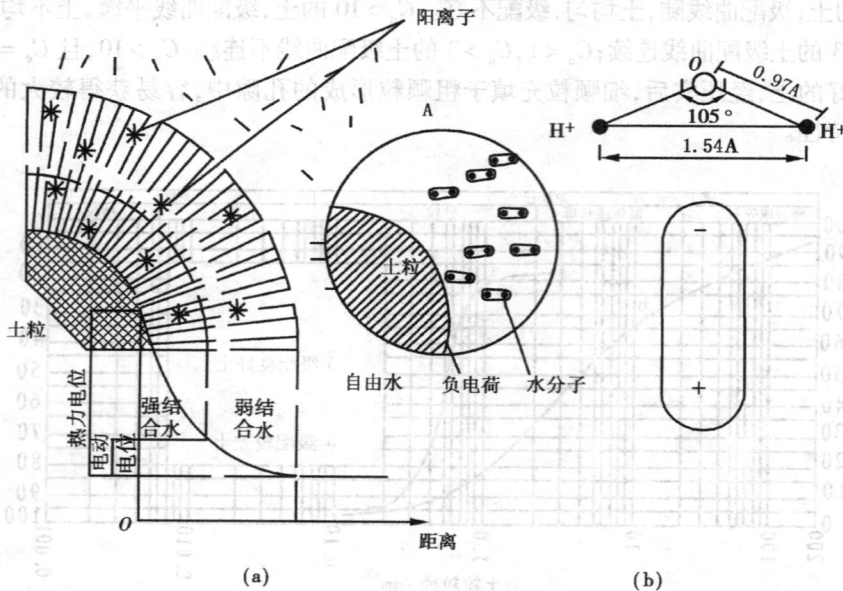

图 1.2　水分子与矿物颗粒的关系
（a）土粒表面的结合水膜　（b）极性水分子

**（3）土中气体**

土中的气体是指存在于土孔隙中未被水占据的部分。存在的形式有两种：一种与大气相通，不封闭，对土的性质影响不大；另一种则封闭在土的孔隙中与大气隔绝，封闭气体，不易逸出，增大了土体的弹性和压缩性，减小了透水性。

在淤泥和泥炭土中，由于微生物的分解作用，产生一些可燃气体（如硫化氢、甲烷等），使土层不易在自重作用下压密而形成具有高压缩性的软土层。

# 1.3　土的结构

### 1.3.1　土的结构

土的结构是指土颗粒之间的相互排列和连接方式。它在某种程度上反映了土的成分和土的形成条件，因而它对土的特性有重要的影响。土的结构分为 3 种：

①单粒结构　粗颗粒在重力的作用下单独下沉时与稳定的颗粒相接触，稳定下来，就形成单粒结构。单粒结构可以是疏松的，也可以是密实的(图 1.3)。

②蜂窝结构　较细的颗粒在水中单独下沉时，碰到已沉积的土粒，因土粒间的分子引力大于土粒自重，则下沉的土粒被吸引不再下沉，最终形成了具有很大孔隙的蜂窝状结构。

③絮状结构　粘土颗粒在水中长期悬浮，这种土粒在水中运动，相互碰撞而吸引逐渐形成小链环状的土粒，重量增大而下沉，当一个小链环碰到另一个小链环时，相互吸引，不断扩大形成大链环状的絮状结构。

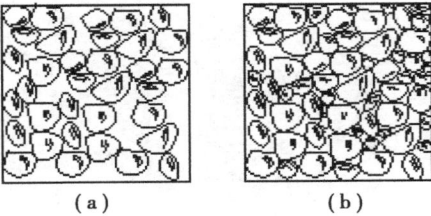

图 1.3　单粒结构
(a)松散的单粒结构　(b)密实的单粒结构

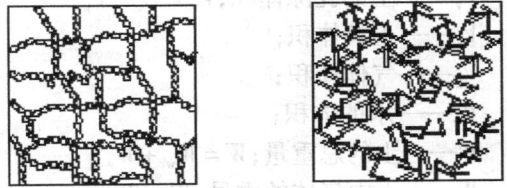

图 1.4　蜂窝结构　　图 1.5　絮状结构

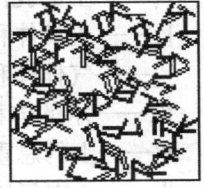

以上三种结构中，以密实的单粒结构工程性质最好。蜂窝结构和絮状结构如被扰动，破坏了土的天然结构，则强度降低，压缩性高。

### 1.3.2　土的构造

土的构造是指同一土层中，土颗粒之间相互关系特征。一般可分为以下几种构造：

**(1)层状构造**

土粒在沉积过程中，由于不同阶段沉积的土的物质成分、粒径大小或颜色不同，沿竖向呈现层状特征。常见的有水平层理和交错层理(常带有夹层、尖灭和透镜体等产状)。

**(2)分散构造**

在搬运和沉积过程中，土层中的土粒分布均匀，性质相近，呈现分散构造。分散构造的土可看做各向同性体。各种经过分选的砂、砾石、卵石等沉积厚度常较大，无明显的层理，呈分散构造。

**(3)裂隙构造**

土体被许多不连续的小裂隙所分割，裂隙中往往充填着盐类沉淀物。不少坚硬和硬塑状态的粘性土具有此种构造。红粘土中网状裂隙发育，一般可延伸至地下 3 ~ 4m。黄土具有特殊的柱状裂隙。裂隙破坏了土的完整性,水容易沿裂隙渗漏,造成地基土的工程性质恶化。

此外,土中的包裹物(如腐植质、贝壳、结核体以及天然或人为洞穴等构造特征)都构成土的不均匀性。

# 1.4 土的物理性质指标

土的物理性质指标是反映土的工程性质的特征指标。土是由固体矿物颗粒、水、气体三部分组成。这三部分本身的性质、之间的比例关系和相互作用决定了土的物理性质。土的各组成部分的质量和体积之间的比例关系,用土的三项比例指标表示,对于评价土的物理、力学性质有重要意义。

## 1.4.1 土的三相图

土的三相图是用三相组成示意图来表示土的各部分之间的数量关系。在三相图的右侧,表示三相组成的体积;在三相图的左侧,表示三相组成的重量。图中符号如下:

$V$——土的总体积;$V = V_a + V_w + V_s = V_v + V_s$

$V_v$——土的孔隙体积;$V_v = V_a + V_w$

$V_s$——土粒体积;

$V_a$——气体体积;

$V_w$——水的体积;

$W$——土的总重量;$W = W_w + W_s$

$W$——土中气体的重量;$W_a = 0$

$W_s$——固体颗粒重量;

$W_w$——水的重量。

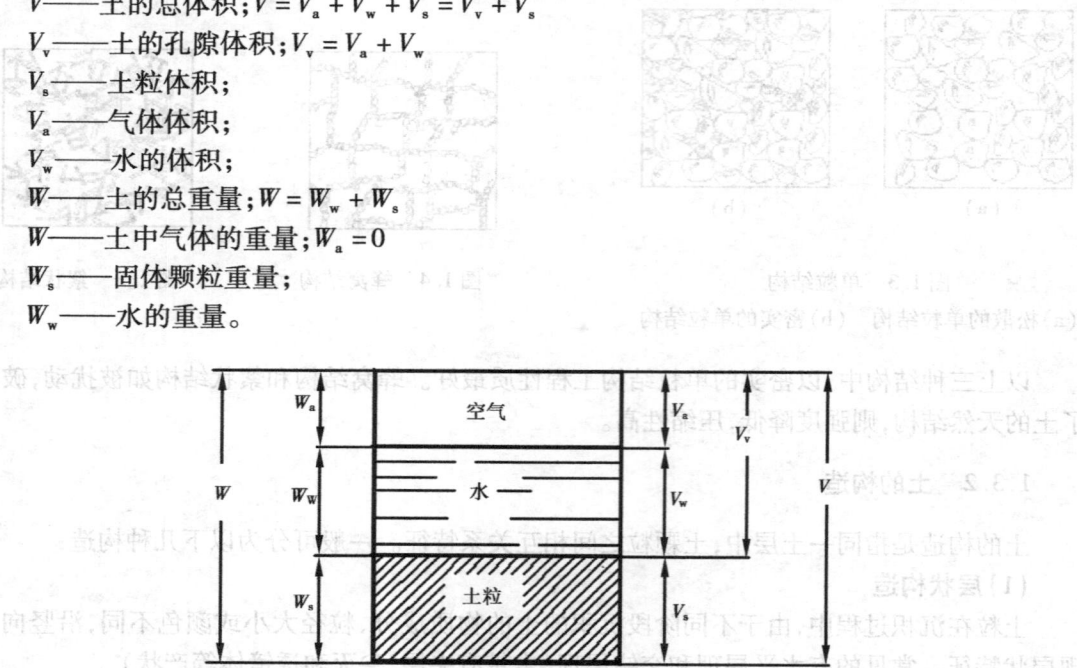

图 1.6 土的三相关系示意图

## 1.4.2 土的物理性质指标确定

土的物理性质指标一共有9个。反映土松密程度的指标有:土的孔隙比 $e$、孔隙率 $n$;反映土的含水程度的指标有:含水量 $w$、饱和度 $S_r$;特定条件下土的重度有:重度 $\gamma$、干重度 $\gamma_d$、饱和重度 $\gamma_{sat}$、浮重度 $\gamma'$。其中土的三项基本物理性质指标(土的重度 $\gamma$、土粒比重 $d_s$、土的含水量 $w$)由实验室直接测定。

**(1) 土的重度 $\gamma$**

定义为单位体积土的重量(以 $kN/m^3$ 计),即

$$\gamma = \frac{W}{V} \qquad (1.3)$$

它与土的密度有如下关系

$$\gamma = \rho \times g = 9.81\rho$$

($g = 9.81m/s^2$,为了计算方便,取 $g = 10m/s^2$)。天然土的重度随着土的矿物成分,孔隙体积和水的含量而异,一般变化于 $16 \sim 22kN/m^3$ 之间。

**(2) 土粒比重 $d_s$(土粒相对密度)**

土粒比重定义为土粒的重度与同体积纯蒸馏水在 $4°C$ 时的重度比值,即

$$d_s = \frac{\gamma_s}{\gamma_w} = \frac{\rho_s}{\rho_w} = \frac{W_s}{V_s \gamma_w} \qquad (1.4)$$

$$\gamma_w = 10kN/m^3$$

土粒比重的大小取决于土粒的矿物成分,一般为 $2.65 \sim 2.75$。

**(3) 土的含水量 $w$**

土的含水量定义为土中水的重量与土粒重量的比值。

$$w = \frac{W_w}{W_s} \times 100\% \qquad (1.5)$$

天然土层的含水量变化范围很大,它与土的种类、埋藏条件及其所处的自然地理环境等有关。

**(4) 土的饱和度 $S_r$**

土的饱和度定义为土中水的体积与孔隙体积的比值,即水充填土中孔隙的程度。

$$S_r = \frac{V_w}{V_v} \times 100\% \qquad (1.6)$$

根据饱和度 $S_r$ 可把细砂、粉砂等土划分为下列 3 种湿度状态,即

$$S_r \leqslant 50\% \qquad 稍湿$$
$$50\% < S_r \leqslant 80\% \qquad 很湿$$
$$S_r > 80\% \qquad 饱和$$

**(5) 土的饱和重度 $\gamma_{sat}$**

土的饱和重度定义为土的孔隙中全部充满水时单位体积土的重量,即

$$\gamma_{sat} = \frac{W_s + V_v \gamma_w}{V} \qquad (1.7)$$

**(6) 土的干重度 $\gamma_d$**

单位体积土中固体颗粒的重量,即

$$\gamma_d = \frac{W_s}{V} \qquad (1.8)$$

**(7) 土的浮重度 $\gamma'$**

土的浮重度定义为地下水位以下,土体受水的浮力作用时,扣出水的浮力后单位体积土的重量。

$$\gamma' = \frac{W_s - V_s \gamma_w}{V} \qquad (1.9)$$

**(8)土的孔隙比 $e$**

土的孔隙比定义为孔隙体积与土粒体积之比,即

$$e = \frac{V_v}{V_s} \qquad (1.10)$$

**(9)土的孔隙率 $n$**

土的孔隙率定义为孔隙体积与土总体积之比,即

$$n = \frac{V_v}{V} \times 100\% \qquad (1.11)$$

土的天然重度、饱和重度、干重度表示土在不同含水量状态下单位体积的重量。它们之间的关系有

$$\gamma' = \gamma_{sat} - \gamma_w$$

$$\gamma_{sat} \geqslant \gamma \geqslant \gamma_d > \gamma'$$

**表 1.3  土的三相比例指标换算公式**

| 名称 | 符号 | 三相比例表达式 | 常用换算公式 | 单位 | 常用数值范围 |
|---|---|---|---|---|---|
| 土粒比重 | $d_s$ | $d_s = \dfrac{W_s}{V_s \gamma_w}$ | $d_s = \dfrac{S_r e}{w}$ | | 砂土:2.65 ~ 2.69<br>粉土:2.70 ~ 2.71<br>粘性土:2.72 ~ 2.76 |
| 含水量 | $w$ | $w = \dfrac{W_w}{W_s} \times 100\%$ | $w = \dfrac{S_r e}{d_s}$<br><br>$w = \dfrac{\rho}{\rho_d} - 1$ | % | 20 ~ 60 |
| 密度 | $\rho$ | $\rho = \dfrac{M}{V}$ | $\rho = \dfrac{(1+w)d_s}{1+e}\rho_w$ | g/cm³ | 1.6 ~ 2.0 |
| 干密度 | $\rho_d$ | $\rho_d = \dfrac{M_s}{V}$ | $\rho_d = \dfrac{\rho}{1+w}$<br><br>$\rho_d = \dfrac{d_s}{1+e}\rho_w$ | g/cm³ | 1.3 ~ 1.8 |
| 饱和密度 | $\rho_{sat}$ | $\rho_{sat} = \dfrac{M_s + V_v\rho_w}{V}$ | $\rho_{sat} = \dfrac{d_s + e}{1+e}\rho_w$ | g/cm³ | 1.8 ~ 2.3 |
| 有效密度 | $\rho'$ | $\rho' = \dfrac{M_s - V_s\rho_w}{V}$ | $\rho' = \rho_{sat} - \rho_w$<br><br>$\rho' = \dfrac{d_s - 1}{1+e}\rho_w$ | g/cm³ | 0.8 ~ 1.3 |

续表

| 名称 | 符号 | 三相比例表达式 | 常用换算公式 | 单位 | 常用数值范围 |
|---|---|---|---|---|---|
| 重度 | $\gamma$ | $\gamma = \dfrac{W}{V}$ | $\gamma = \dfrac{d_s(1+w)}{1+e}\gamma_w$ | kN/m³ | $16 \sim 20$ |
| 干重度 | $\gamma_d$ | $\gamma_d = \dfrac{W_s}{V}$ | $\gamma_d = \dfrac{d_s\gamma_w}{1+e}$ | kN/m³ | $13 \sim 18$ |
| 饱和重度 | $\gamma_{sat}$ | $\gamma_{sat} = \dfrac{W_s + V_v\gamma_w}{V}$ | $\gamma_{sat} = \dfrac{(d_s+e)\gamma_w}{1+e}$ | kN/m³ | $18 \sim 23$ |
| 浮重度 | $\gamma'$ | $\gamma' = \dfrac{W_s - V_s\gamma_w}{V}$ | $\gamma' = \dfrac{(d_s-1)\gamma_w}{1+e}$ | kN/m³ | $8 \sim 13$ |
| 孔隙率 | $n$ | $n = \dfrac{V_v}{V} \times 100\%$ | $n = \dfrac{e}{(1+e)}$ <br> $n = 1 - \dfrac{\gamma_d}{d_s\gamma_w}$ | % | 粘性土和粉土: $30 \sim 60$ <br> 砂土:$25 \sim 45$ |
| 孔隙比 | $e$ | $e = \dfrac{V_v}{V_s}$ | $e = \dfrac{d_s\gamma}{\gamma_d} - 1$ <br> $e = \dfrac{(1+w)d_s\gamma_w}{\gamma} - 1$ | | 粘性土和粉土: $0.40 \sim 1.20$ <br> 砂土:$0.3 \sim 0.90$ |
| 饱和度 | $S_r$ | $S_r = \dfrac{V_w}{V_v} \times 100\%$ | $S_r = \dfrac{d_s w}{e}$ <br> $S_r = \dfrac{w\gamma_d}{n\gamma_w}$ | % | $0 \sim 100$ |

在土的各项物理性质指标中,土粒相对密度 $d_s$、土的天然重度 $\gamma$ 和土的含水量 $w$ 三个指标是由土工试验直接测定的,其他指标可由它们导出。由于土的各项物理性质指标都是反映土中三相物质成分的相对含量的比值,因而可用下述简便方法由已知指标导出其他物理性质指标。

步骤:

①假设 $V_s = 1$ ($V = 1$ 或 $W_s = 1$),并画出三相简图;

②解出各相物质成分的重量和体积;

③利用定义式导出所求的物理性质指标。

**例** 1.1　已知 $\gamma, w, d_s$,求 $e, n, S_r, \gamma_d, \gamma_{sat}, \gamma'$。

**解**　令 $V_s = 1$

$$d_s = \frac{W_s}{V_s\gamma_w} \quad W_s = d_s V_s \gamma_w = d_s\gamma_w$$

$$w = \frac{W_w}{W_s} \qquad W_w = wW_s = wd_s\gamma_w$$

$$W = W_s + W_w = d_s\gamma_w + wd_s\gamma_w = d_s\gamma_w(1+w)$$

$$\gamma = \frac{W}{V} \qquad V = \frac{W}{\gamma} = \frac{d_s\gamma_w(1+w)}{\gamma}$$

$$V_v = V - V_s = \frac{d_s\gamma_w(1+w) - \gamma}{\gamma}$$

利用定义表达式,直接导出其他指标:

$$e = \frac{V_v}{V_s} = V_v = \frac{d_s\gamma_w(1+w) - \gamma}{\gamma}$$

$$n = \frac{V_v}{V} = 1 - \frac{\gamma}{d_s\gamma_w(1+w)} = \frac{e}{1+e}$$

$$S_r = \frac{V_w}{V_v} = \frac{wd_s}{e}$$

$$\gamma_d = \frac{W_s}{V} = \frac{d_s\gamma_w}{(1+e)}$$

$$\gamma_{sat} = \frac{W_s + V_v\gamma_w}{V} = \frac{(d_s+e)\gamma_w}{(1+e)}$$

$$\gamma' = \frac{W_s - V_s\gamma_w}{V} = \frac{(d_s-1)\gamma_w}{(1+e)} = \gamma_{sat} - \gamma_w$$

# 1.5　土的物理状态指标

所谓土的物理状态,对于无粘性土是指土的密实度;对于粘性土是指土的软硬程度或称为粘性土的稠度。

### 1.5.1　无粘性土的密实度

土的密实度通常是指单位体积中固体颗粒充满的程度。密实度是反映无粘性土工程性质的主要指标。判别砂土密实度常用的有下列几种方法。

**(1) 孔隙比 $e$ 为标准**

土的基本物理性质指标中,干重度 $\gamma_d$ 和孔隙比 $e$ 都是表示土的密实度的指标。采用土的天然孔隙比 $e$ 的大小来判别砂土的密实度,是一种较简捷的方法。但有其明显的缺点,没有考虑到颗粒级配这一重要因素的影响。例如,对两种级配不同的砂,采用孔隙比 $e$ 来评判其密实度,其结果是颗粒均匀的密砂的孔隙比大于级配良好的松砂的孔隙比,即该密砂的密实度小于该松砂的密实度,与实际不符。

**(2) 相对密实度 $D_r$**

$$D_r = \frac{e_{max} - e}{e_{max} - e_{min}} \tag{1.12}$$

式中　$D_r$——土的相对密实度;

$e_{max}$——土的最大孔隙比；

$e_{min}$——土的最小孔隙比；

$e$——土的天然孔隙比。

$$0.67 < D_r \leqslant 1 \quad 密实$$

$$0.33 < D_r \leqslant 0.67 \quad 中密$$

$$0 < D_r \leqslant 0.33 \quad 松散$$

相对密实度这一指标，考虑了土的级配，理论上更合理，但 $e,e_{max},e_{min}$ 都难以准确测定。因此 $D_r$ 多用于填方质量的控制，对于天然土尚难应用。

**(3)根据现场标准贯入试验判定**

标准贯入试验是一种原位测试方法。试验方法：将质量为 63.5kg 的钢锤，提升到 76cm 的高度，让锤自由下落，打击贯入器，使贯入器入土深为 30cm 所需的锤击数，记为 $N_{63.5}$，这种方法科学而合理。

表 1.4　砂土的密实度

| 标准贯入试验锤击数 $N_{63.5}$ | $N_{63.5} \leqslant 10$ | $10 < N_{63.5} \leqslant 15$ | $15 < N_{63.5} \leqslant 30$ | $N_{63.5} > 30$ |
|---|---|---|---|---|
| 密实度 | 松散 | 稍密 | 中密 | 密实 |

### 1.5.2　粘性土的稠度

稠度指粘性土含水量不同时所表现出的物理状态，它反映了土的软硬程度或土对外力引起的变化或破坏的抵抗能力的性质。土中含水量很少时，由于颗粒表面的电荷的作用，水紧紧吸附于颗粒表面，成为强结合水。按水膜厚薄的不同，土表现为固态或半固态。当含水量增加时，被吸附在颗粒周围的水膜加厚，土粒周围有强结合水和弱结合水，在这种含水量情况下，土体可以被捏成任意形状而不破裂，这种状态称为塑态。弱结合水的存在是土具有可塑状态的原因。当含水量再增加，土中除结合水外，土中出现了较多的自由水，粘性土变成了液体呈流动状态。粘性土随含水量的减少可从流动状态转变为可塑状态、半固态及固态。界限含水量是指土从一种状态过渡到另外一种状态的分界含水量。

粘性土呈液态与塑态之间的分界含水量称为液限 $w_L$；粘性土呈塑态与半固态之间的分界含水量称为塑限 $w_p$；粘性土呈半固态与固态之间的分界含水量称为缩限 $w_s$，如图 1.7 所示。

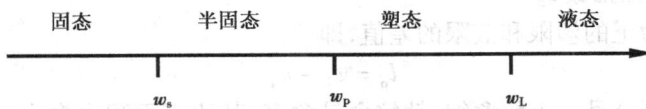

图 1.7　粘性土的稠度

**(1)界限含水量的测定方法**

1)液、塑限联合测定法

测定时，将土调成不同含水量的试样(制备 3 份不同稠度的试样，试样的含水量分别为接近液限、塑限和两者的中间状态)先后分别装满盛土杯，刮平杯口表面，将76g质量的圆锥仪放在试样表面中心，使其在重力作用下徐徐沉入试样，测定圆锥仪在 5s 时下沉的深度和相应的含水量，然后以含水量为横坐标，圆锥下沉深度为纵坐标，绘于双对数坐标纸上，将测得的 3 点连成直线。由含水量与圆锥下沉深度关系曲线上,查出下沉 10mm 对应的含水量即为 10mm 液限 $w_L$(查得下沉 17mm 对应的含水量为 17mm 液限 $w_L$),下沉 2mm 对应的含水量即为塑限 $w_p$。

2)液限的锥式液限仪测定法

先将土样调制成糊状土,装入金属杯中,刮平表面,放在底座上,用质量为 76g 的圆锥式液限仪来测定。手持液限仪顶部小柄,将锥尖接触土表面的中心,松手让其在自重作用下下沉,若液限仪 5s 沉入土中深度恰好是 10mm,则此土样含水量为液限 $w_L$。如液限仪沉入土样中锥体的刻度高于或低于土面,则表示土样的含水量低于或高于液限。

3)液限的碟式液限仪测定法

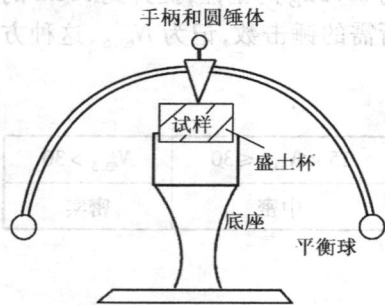

图 1.8 锥式液限仪

将调成糊状的试样装在碟内,刮平表面,用特制开槽器将土样划开,形成 V 型槽,以每秒两转的速度转动手柄,使碟子反复起落,坠击底座,当击数为 25 次,V 型槽合拢长度为 13mm 时,试样的含水量即为液限 $w_L$。

塑限 $w_p$ 一般采用"搓条法"测定。即将制备好的土样放置在毛玻璃板上,用手掌搓滚成细条。当土条搓到直径 3mm 时,恰好产生裂缝并开始断裂,则此时土条的含水量即为塑限;若土条搓不到直径 3mm 就已经有裂缝,说明土样的含水量小于塑限,则须加少量水调匀后再搓条。

缩限 $w_s$ 用收缩皿法测定。

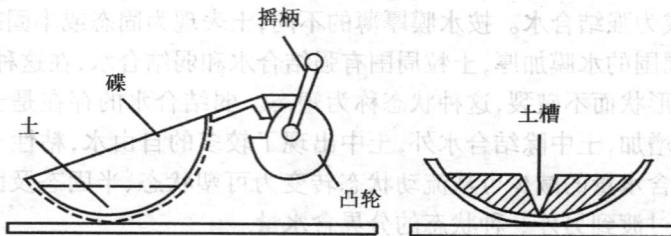

图 1.9 碟式液限仪

**(2)粘性土的塑性指数 $I_p$**

塑性指数定义为土的塑限和液限的差值,即

$$I_p = w_L - w_p \tag{1.13}$$

$I_p$ 计算时不带百分号。土粒愈细,粘粒含量愈多,其比表面积也愈大,与水作用和进行交换的机会愈多,塑性指数 $I_p$ 也愈大。因此,我国《建筑地基基础设计规范》(GBJ7—89)把它作为粘性土与粉土的定名标准。

**(3)粘性土的液性指数 $I_L$**

土的液性指数定义为土的含水量与塑限之差除以塑性指数,即

$$I_L = \frac{w - w_p}{w_L - w_p} \tag{1.14}$$

液性指数反映粘性土天然状态的软硬程度。根据 $I_L$ 值的大小,将粘性土划分为 5 种状态,如表 1.5 所示。

表 1.5　粘性土的软硬状态按 $I_L$ 划分

| 液性指数 | $I_L \leq 0$ | $0 < I_L \leq 0.25$ | $0.25 < I_L \leq 0.75$ | $0.75 < I_L \leq 1$ | $I_L > 1$ |
|---|---|---|---|---|---|
| 状态 | 坚硬 | 硬塑 | 可塑 | 软塑 | 流塑 |

注:当用静力触探探头阻力或标准贯入试验锤击数判定粘性土的状态时,可根据当地经验确定。

**(4)活动度 A**

用土的活性指数 A 以衡量土中粘性矿物吸附结合水的能力。即

$$A = \frac{I_p}{P_{0.002}}$$
(1.15)

式中　$I_p$——粘性土的塑性指数;

$P_{0.002}$——粒径 $< 0.002$mm 颗粒的重量占土总重量的百分比。

根据活性指数 A 的大小,粘性土可以分如下 3 类:

非活性粘土　　　　$A < 0.75$

正常粘土　　　　$0.75 \leq A \leq 1.25$

活性粘土　　　　$A > 1.25$

非活性粘土中的矿物成分以高岭石等吸水能力较差的矿物为主,而活性粘土的矿物成分则以吸水能力很强的蒙脱石等矿物为主。

**(5)灵敏度 $S_t$**

从地层中取出能保持原有结构及含水量的土样称为原状土。土体结构受到破坏或含水量发生变化时称为扰动土。将扰动土再按原状土的密度和含水量制备成的试样,称为重塑土。灵敏度 $S_t$ 表示用原状土的无侧限抗压强度 $q_u$ 与重塑土的无侧限抗压强度 $q_{ur}$ 比值。即

$$S_t = \frac{q_u}{q_{ur}}$$
(1.16)

式中　$q_u$——原状土的无侧限抗压强度,kPa;

$q_{ur}$——重塑土的无侧限抗压强度,kPa。

据灵敏度,可将粘性土分为:

低灵敏土　　　　$0 < S_t \leq 2$

中灵敏土　　　　$2 < S_t \leq 4$

高灵敏土　　　　$S_t > 4$

# 1.6　土的工程分类

自然界中土的种类很多,工程性质各异。为了便于研究,需要按其主要特征进行分类。由于各部门对土的某些工程性质的重视程度和要求不完全相同,制定分类标准时的着眼点也就不同。加上长期的经验和习惯,很难使大家取得一致的看法。在目前还没有统一土名和土的分类法的情况下,本节将主要介绍常用的建筑地基基础设计规范分类法。

按这种分类法,土(包括岩石)分成六大类,即岩石、碎石土、砂土、粉土、粘性土和人工填土。

### 1.6.1 岩石

岩石是颗粒间牢固联结,呈整体或具有节理裂隙的岩体。

岩石的分类:

①据成因可分为岩浆岩、沉积岩、变质岩。

②根据其坚硬程度划分为坚硬岩、较硬岩、较软岩、软岩、极软岩等 5 类,见表 1.6。

**表 1.6 岩石坚硬程度的划分**

| 坚硬程度类别 | 坚硬岩 | 较硬岩 | 较软岩 | 软岩 | 极软岩 |
|---|---|---|---|---|---|
| 饱和单轴抗压强度标准值 $f_{rk}$/MPa | >60 | $60 \geqslant f_{rk} > 30$ | $30 \geqslant f_{rk} > 15$ | $15 \geqslant f_{rk} > 5$ | ≤5 |

当缺乏单轴饱和抗压强度资料或不能进行该项试验时,可在现场通过观察定性划分,见表 1.7。岩石的风化程度可分为未风化、微风化、中风化、强风化和全风化。

**表 1.7 岩石坚硬程度的定性划分**

| 名 称 | | 定性鉴定 | 代表性岩石 |
|---|---|---|---|
| 硬质岩 | 坚硬岩 | 锤击声清脆,有回弹,震手,难击碎;基本无吸水反应 | 未风化~微风化的花岗岩、闪长岩、辉绿岩、玄武岩、安山岩、片麻岩、石英岩、硅质砾岩、石英砂岩、硅质石灰岩等 |
| | 较硬岩 | 锤击声较清脆,有轻微回弹,稍震手,较难击碎;有轻微吸水反应 | 1. 微风化的坚硬岩;<br>2. 未风化~微风化的大理岩、板岩、石灰岩、钙质砂岩等 |
| 软质岩 | 较软岩 | 锤击声不清脆,无回弹,较易击碎;指甲可刻出印痕 | 1. 中风化的坚硬岩和较硬岩;<br>2. 未风化~微风化的凝灰岩、千枚岩、砂质泥岩、泥灰岩等 |
| | 软岩 | 锤击声哑,无回弹,有凹痕,易击碎;浸水后,可捏成团 | 1. 强风化的坚硬岩和较硬岩;<br>2. 中风化的较软岩;<br>3. 未风化~微风化的泥质砂岩、泥岩等 |
| 极软岩 | | 锤击声哑,无回弹,有较深凹痕,手可捏碎;浸水后,可捏成团 | 1. 风化的软岩;<br>2. 全风化的各种岩石;<br>3. 各种半成岩 |

岩体的完整性划分:

岩体还可根据完整性指数划分其完整程度,见表 1.8。

**表 1.8 岩体完整程度划分**

| 完整程度等级 | 完 整 | 较完整 | 较破碎 | 破 碎 | 极破碎 |
|---|---|---|---|---|---|
| 完整性指数 | >0.75 | 0.75~0.55 | 0.55~0.35 | 0.35~0.15 | <0.15 |

注:完整性指数为岩体纵波波速与岩块纵波波速之比的平方,选定岩体、岩块测定波速时应注意其代表性。

当缺乏试验数据时,可按表 1.9 判断其完整程度。

表 1.9　岩体完整程度的定性划分

| 名　　称 | 结构面组数 | 结构面平均间距/m | 代表性结构类型 |
|---|---|---|---|
| 完整 | 1~2 | >1.0 | 整体状结构 |
| 较完整 | 2~3 | 0.4~1.0 | 块状结构 |
| 较破碎 | >3 | 0.2~0.4 | 镶嵌状结构 |
| 破碎 | >3 | <0.2 | 破碎状结构 |
| 极破碎 | 无序 | 无序 | 散体状结构 |

### 1.6.2　碎石土

碎石土指粒径大于 2mm 的颗粒含量超过总土重的 50% 的土。根据颗粒含量及颗粒形状,按表 1.10 细分为漂石、块石、卵石、碎石、圆砾和角砾六类。

表 1.10　碎石土的分类

| 土的名称 | 颗粒形状 | 粒组含量 |
|---|---|---|
| 漂石<br>块石 | 圆形及亚圆形为主<br>棱角形为主 | 粒径大于 200mm 的颗粒超过全重的 50% |
| 卵石<br>碎石 | 圆形及亚圆形为主<br>棱角形为主 | 粒径大于 20mm 的颗粒超过全重的 50% |
| 圆砾<br>角砾 | 圆形及亚圆形为主<br>棱角形为主 | 粒径大于 2mm 的颗粒超过全重的 50% |

注:分类时应根据粒组含量栏从上到下以最先符合者确定。

碎石土的密实度,可按表 1.11 分为松散、稍密、中密、密实。

表 1.11　碎石土的密实度

| 重型圆锥动力触探锤击数 $N_{63.5}$ | 密实度 |
|---|---|
| $N_{63.5} \leqslant 5$ | 松　散 |
| $5 < N_{63.5} \leqslant 10$ | 稍　密 |
| $10 < N_{63.5} \leqslant 20$ | 中　密 |
| $N_{63.5} > 20$ | 密　实 |

注:①本表适用于平均粒径小于等于 50mm 且最大粒径不超过 100mm 的卵石、碎石、圆砾、角砾。对于平均粒径大于 100mm 的碎石土,可按表 1.12 鉴别其密实度。
　　②表内 $N_{63.5}$ 为经综合修正后的平均值。

**表 1.12　碎石土密实度野外鉴别方法**

| 密实度 | 骨架颗粒含量和排列 | 可　挖　性 | 可　钻　性 |
|---|---|---|---|
| 密　实 | 骨架颗粒含量大于总重的70%,呈交错排列,连续接触 | 锹镐挖掘困难,用撬棍方能松动,井壁一般较稳定 | 钻进极困难,冲击钻探时,钻杆、吊锤跳动剧烈,孔壁较稳定 |
| 中　密 | 骨架颗粒含量等于总重的60%～70%,呈交错排列,大部分接触 | 锹镐可挖掘,井壁有掉块现象,从井壁取出大颗粒处,能保持颗粒凹面形状 | 钻进较困难,冲击钻探时,钻杆、吊锤跳动不剧烈,孔壁有坍塌现象 |
| 稍　密 | 骨架颗粒含量等于总重的55%～60%,排列混乱,大部分不接触 | 锹可以挖掘,井壁易坍塌,从井壁取出大颗粒后,砂土立即坍落 | 钻进较容易,冲击钻探时,钻杆稍有跳动,孔壁易坍塌 |
| 松　散 | 骨架颗粒含量小于总重的55%,排列十分混乱,绝大部分不接触 | 锹易挖掘,井壁极易坍塌 | 钻进很容易,冲击钻探时,钻杆无跳动,孔壁极易坍塌 |

注:①骨架颗粒系指表 1.10 相对应粒径的颗粒;
　　②碎石土的密实度应按表列各项要求综合确定。

### 1.6.3　砂类土

指粒径大于 2mm 的颗粒含量不超过全重的 50%,粒径大于 0.075mm 的颗粒含量超过全重的 50% 的土。砂土根据粒组含量不同又细分为砾砂、粗砂、中砂、细砂和粉砂五类,如表 1.13 所示。砂土的密实度见表 1.4。

**表 1.13　砂土的分类**

| 土的名称 | 粒组含量 |
|---|---|
| 砾砂 | 粒径大于 2mm 的颗粒占全重 25%～50% |
| 粗砂 | 粒径大于 0.5mm 的颗粒超过全重 50% |
| 中砂 | 粒径大于 0.25mm 的颗粒超过全重 50% |
| 细砂 | 粒径大于 0.075mm 的颗粒超过全重 85% |
| 粉砂 | 粒径大于 0.075mm 的颗粒超过全重 50% |

注:分类时应根据粒组含量栏从上到下以最先符合者确定。

### 1.6.4　粉土

粉土指粒径大于 0.075mm 的颗粒含量不超过全重的 50%,且塑性指数 $I_p \leqslant 10$ 的土。粉土的性质介于砂土与粘性土之间。具有砂土的某些特征:砂性较大,易液化,但又与砂土成单粒结构,在振动作用下颗粒易于移动有所不同。由于粉土颗粒更细,具有某些团粒结构的特征。同时由于粘胶颗粒的物理化学作用,孔隙中薄膜水的联接,以及具有比砂土高的结构强度特征,因此粉土比砂土更难于液化,即粉土在结构上呈现出砂性土的散粒接触向粉质粘土的水胶联结逐渐过渡的结构形式,在其他物理性质上粉土又同样显示出从砂性土向粉质粘土逐渐过渡的性质。

### 1.6.5　粘性土

粘性土指塑性指数 $I_p > 10$ 的土。可分为粘土和粉质粘土。

粘性土的分类　　　$10 < I_p \leqslant 17$　　　粉质粘土

$I_p > 17$　　　粘土

### 1.6.6　人工填土

人工填土是指由于人类活动而形成的堆积物。其成分复杂,均匀性差。根据其组成和成因,可分为素填土、杂填土、冲填土和压实填土四类,见表 1.14 所示。

表 1.14　人工填土按组成物质分类

| 土 的 名 称 | 组 成 物 质 |
|---|---|
| 素填土 | 素填土由碎石土、砂土、粉土、粘性土等组成的填土 |
| 杂填土 | 杂填土为含有建筑物垃圾、工业废料、生活垃圾等杂物的填土 |
| 冲填土 | 冲填土为由水力冲填泥砂形成的填土 |
| 压实填土 | 经过压实或夯实的素填土为压实填土 |

此外,自然界中还分布着许多具有特殊性质的土,如淤泥、淤泥质土、红土、黄土、膨胀土、冻土等。

淤泥和淤泥质土的天然含水量大于液限($w > w_L$),天然孔隙比 $e \geqslant 1.5$ 的粘性土是淤泥,天然孔隙比 $e < 1.5$,但大于或等于 1.0 的粘性土或粉土为淤泥质土。

膨胀土为土中粘粒成分主要由亲水矿物组成,同时具有显著的吸水膨胀和失水收缩特性,其自由膨胀率大于或等于 40% 的粘性土。

湿陷性土为浸水后产业附加沉降,其湿陷系数大于等于 0.015 的土。

一般红粘土的液限 $w_L > 50\%$,$I_p = 30 \sim 50$,$e = 1.1 \sim 1.7$。经再搬运后仍保留红粘土的基本特征,液限 $w_L > 45\%$ 的土为次生红粘土。

**例 1.2**　某施工现场需要回填 30 000m³ 的土方(实方)。取土现场土料的天然含水量 $w = 15\%$,土粒的比重 $d_s = 2.70$,孔隙比 $e = 0.8$,液限 $w_L = 28\%$,塑限 $w_p = 14\%$,要求填土压实时的最优含水量为 18%,土的干重度 17kN/m³。问:

(1)取土场土的名称和状态是什么?

(2)需要运来多少立方米的土料?

(3)为使土料达到最优含水量,碾压前应加多少吨水。填土的孔隙比为多少?

**解**　(1)

$$I_p = w_L - w_p = 28 - 14 = 14 \qquad\qquad 10 < I_p \leqslant 17 \quad 为粉质粘土$$

$$I_L = \frac{w - w_p}{w_L - w_p} = \frac{15 - 14}{28 - 14} = 0.07 \qquad\qquad 0 < I_L \leqslant 0.25 \ 为 \ 硬塑状态$$

(2)取土现场土料的干重度

$$\gamma_d = \frac{d_s}{1 + e} \times \gamma_w = \frac{2.7}{1 + 0.8} \times 10 \text{kN/m}^3 = 15.00 \text{kN/m}^3$$

压实后填土的干土重 $M_s = 30\,000 \times 17\text{kN} = 510\,000\text{kN}$

需要运来的土料

$$\frac{510\,000}{15.00} \text{m}^3 = 34\,000 \text{m}^3$$

（3）碾压前所需加水的数量

$$W_w = (w_2 - w_1) \times W_s = (0.18 - 0.15) \times 510\,000\text{kN} = 15\,300\text{kN} = 1\,561.22\text{t}$$

填土的孔隙比

$$e = \frac{d_s \gamma_w}{\gamma_d} - 1 = \frac{2.7 \times 10}{17} - 1 = 0.588$$

## 思 考 题

1.1  何为土粒粒组？土粒六大粒组的划分标准是什么？

1.2  土的物理性质指标有哪些？其中哪几个可以直接测定？常用测定方法是什么？

1.3  砂土的密实度如何判别？试比较孔隙比和相对密实度这两个指标作砂土的密实度评价指标的优点和缺点。

1.4  无粘性土根据什么方法定名？定名时要注意哪些问题？

1.5  粘性土的物理特性指标有哪些？如何确定这些指标？

1.6  粘性土根据什么指标进行分类？如何决定粘性土的状态？

1.7  已知甲种土的含水量 $w_1$ 大于乙种土的含水量 $w_2$，试问甲种土的饱和度 $S_{r1}$ 的是否大于乙种土的饱和度 $S_{r2}$。

1.8  粘性土处于塑性状态时，土中水的类型为：

①毛细水；　　②重力水；　　③强结合水；　　④弱结合水

1.9  下列土的物理指标中，哪几项对粘性土有意义，哪几项对无粘性土有意义？

①颗粒级配；　②相对密实度；　③塑性指数；　④液性指数；　⑤灵敏度

1.10  碎石土和砂土定名时下列何项方法正确？

①按粒组划分；　②按粒组含量由大到小以最先符合者确定；

③按粒组含量由小到大以最先符合者确定；④按有效粒径确定

1.11  无粘性土和粘性土在矿物成分、土的结构、构造及物理状态等方面，有哪些重要区别？

## 习 题

1.1  某土样土的重度 $\gamma = 17.0\text{kN/m}^3$，含水量为 $w = 18.0\%$，土粒的比重 $d_s = 2.70$，试求土其余的 6 个物理性质指标，并绘制土的三相计算草图。

1.2  某地基土的试验中，用体积为 $100\text{cm}^3$ 的环刀取样试验，用天平测得环刀加湿土的质量为 241g，环刀质量为 55g，烘干后土样质量为 162g，土粒的比重 $d_s = 2.7$。计算该土样的 $w$，$e$，$n$，$S_r$，$\gamma$，$\gamma_{sat}$，$\gamma_d$，$\gamma'$，并比较各种重度的大小。

1.3  某施工现场需要回填 $2\,000\text{m}^3$ 的土方（实方）。填土来源是从附近土料场开挖。经勘察试验测定，土粒比重 $d_s = 2.70$，含水量 $w = 15\%$，天然重度 $\gamma = 16.4\text{kN/m}^3$，液限 $w_L = 28\%$，塑限 $w_p = 15\%$，要求填土压实时的最优含水量为 $18\%$，土的干重度 $17.0\text{kN/m}^3$，问：

（1）土料场土料的名称和状态？

（2）应开采多少土方？

（3）碾压时应该洒多少水？

1.4　有甲、乙两个饱和土样，其土样的物理指标的试验结果如下：

| 土样 | $w_L(\%)$ | $w_p(\%)$ | $w(\%)$ | $d_s$ | $S_r$ |
|------|-----------|-----------|---------|-------|-------|
| 甲 | 30.0 | 12.5 | 28.0 | 2.75 | 1.0 |
| 乙 | 14.0 | 6.30 | 26.0 | 2.70 | 1.0 |

试问下列结论中，哪个结论是正确的。为什么？

（1）甲种土样比乙种土样的粘粒含量多；

（2）甲种土样的天然密度大于乙种土样的；

（3）甲种土样的干密度大于乙种土样的；

（4）甲种土样的天然孔隙比大于乙种土样的。

1.5　某土样 $d_s=2.72$，$e=0.95$，$S_r=37\%$，现要把 $S_r$ 提高到 $90\%$，则每 $1m^3$ 的该种土样中应加多少水？

1.6　某细砂土测得 $w=23.2\%$，相对密度 $d_s=2.68$，$\gamma=16kN/m^3$。将该砂样放入振动器中，振动后砂样的质量为 $0.415kg$，量得体积为 $0.22\times10^{-3}m^3$。松散时，质量为 $0.420kg$ 的砂样，量得体积为 $0.35\times10^{-3}m^3$，试求该砂土的天然孔隙比和相对密实度。

1.7　某砂土的含水量 $w=28.5\%$，相对密度 $d_s=2.68$，$\gamma=19kN/m^3$。颗粒分析成果如下表：

| 土粒组的粒径范围/mm | >2 | 2~0.5 | 0.5~0.25 | 0.25~0.075 | <0.075 |
|---------------------|-----|-------|----------|------------|--------|
| 粒组占干土总质量的百分数/% | 9.4 | 18.6 | 21.0 | 37.5 | 13.5 |

要求：

（1）确定该土样的名称；

（2）计算该土的孔隙比、饱和度及土的湿度状态；

（3）如该土埋深在离地面 3m 以内，测得锤击数 $N_{63.5}=14$，试确定该土的密实度。

# 第**2**章
# 土中水的运动规律

土是具有连续空隙的介质,存在于土中的水不断地发生着变化和运动,土中水的变化和运动,对土木工程产生着很大影响,地下水位的变化,水的浸蚀性和流砂、潜蚀等,对土木工程的稳定性、施工及正常使用都有很大的影响,因此必须研究土中水的运动规律。

本章主要介绍土的毛细作用和土中水的渗流问题。

## 2.1  土中毛细水及其对工程的影响

土能够产生毛细现象的性质,称为土的毛细性。土的毛细现象是土中水在表面张力作用下,沿着细的孔隙向上及其他方向移动的现象。这种细微孔隙中的水被称为毛细水。

### 2.1.1  土层中的毛细水分布

土层中毛细水所浸润的范围称为毛细水带,毛细水带分成3种。

①正常毛细水带(又称毛细饱和带)。位于毛细水带下部。这一部分的毛细水主要是由潜水面直接上升而形成的,与地下潜水连通。毛细水几乎充满了全部孔隙。正常毛细水带会随着地下水位的升降而作相应的移动。

②毛细网状水带。它位于毛细水带的中部。当地下水位急剧下降时,它也随之急速下降,这时在较细的毛细孔隙中有一部分毛细水来不及移动,仍残留在孔隙中,而在较粗的孔隙中因毛细水下降,孔隙中留下空气泡,这样使毛细水呈网状分布。毛细网状水带中的水,可以在表面张力和重力作用下移动。

③毛细悬挂水带。它位于毛细水带的上部。这一带的毛细水是由地表水渗入而形成的,水悬挂在土颗粒之间,它不与中部或下部的毛细水相连。当地表有大气降水补给时,毛细悬挂水在重力作用下向下移动。

上述3个毛细水带不一定同时存在,这取决于当地的水文地质条件。如地下水位很高时,可能就只有正常毛细水带,而没有毛细悬挂水带和毛细网状水带;反之,当地下水位较低时,则可以同时出现3个毛细水带。

在毛细水带内,土的含水量是随深度而变化的,自地下水位向上含水量逐渐减少,但到毛细悬挂水带后,含水量可能有所增加。

### 2.1.2  毛细水上升原理

毛细水的上升是由于液体的"表面张力"和毛细管的"湿润现象"产生的。

由于液体与空气的分界面上存在着表面张力,因而在液体表面任意划一条线,线两侧的液体都会迅速合拢,在这种表面张力作用下,液体总是力图缩小自己的表面积,这也就是一滴水珠在空中总是成为球状的原因。另一方面,毛细管管壁的分子和水分子之间有引力作用,这个引力使与管壁接触部分的水面呈向上的弯曲状,这种现象一般称为湿润现象。当毛细管的直径较细时,毛细管内水面的弯曲面互相连接,形成内凹的弯液面状。这种内凹的弯液面表明管壁和液体是互相吸引的(即可湿润的),如果管壁与液体之间不互相吸引,则称为不可湿润的,那么毛细管内液体弯液面的形状是外凸的,如毛细管内的水银柱就是这样。

在毛细管内的水柱,由于湿润现象使弯液面呈内凹状时,水柱的表面积就增加了,这时由于管壁与水分子之间的引力很大,促使管内的水柱升高,从而改变弯液面形状,缩小表面积。但当水柱升高改变了弯液面的形状时,管壁与水之间的湿润现象又会使水柱面恢复为内凹的弯液面状。这样周而复始,使毛细管内的水柱上升,直到升高的水柱重力和管壁与水分子间的引力所产生的上举力平衡为止。

### 2.1.3　土的毛细现象对工程的影响

①毛细水的上升引起建筑物或构筑物地基冻害,甚至破坏其上的建筑物或构筑物。冻土现象是由冻结及融化两种作用所引起的,地基土冻结时,往往会发生土层体积膨胀,使地面隆起,即冻胀现象。但当冻融后,地基会下塌,变得松软,因此可能导致上面建筑物和道路开裂,桥梁、涵管等大量下沉,影响正常使用,甚至破坏。

细粒土层,特别是粉土、粉质粘土等冻胀现象严重。因为这类土是有较显著的毛细现象,毛细水上升高度大,上升速度快,而粘土毛细孔隙小,对水分迁移的阻力很大,其冻胀性比粉质土小。

②毛细水的上升会引起房屋建筑地下室过分潮湿,对防潮、防湿带来更高的要求。

③当地下水有浸蚀性时,毛细水的上升,可能对建筑物和构筑物基础中的混凝土、钢筋等形成浸蚀作用,缩短建筑物和构筑物的使用年限。

④毛细水的上升还可能引起土的沼泽化、盐渍化,对道路、桥梁、水利工程等可能造成影响。

## 2.2　土的渗透性

### 2.2.1　土的层流渗透定律

水在土体孔隙中的流动,不可能像研究管道中的层流那样求出流速分布的规律或孔隙中真实的流速大小,这是因为土体孔隙的断面大小和形状十分不规则,只能用平均速度的概念,即用单位时间内通过土体单位面积的水量这种平均渗透速度来代替真实速度。

法国学者达西(H. Darcy),利用图 2.1 所示的装置进行了的土透水性试验研究,于 1856 年得出结论:流量 $Q$ 与过水断面 $A$ 和水头($h_1 - h_2$)成正比与渗流路径 $L$ 成反比,即达西定律:

$$Q = \frac{KA(h_1 - h_2)}{L}$$

(2.1a)

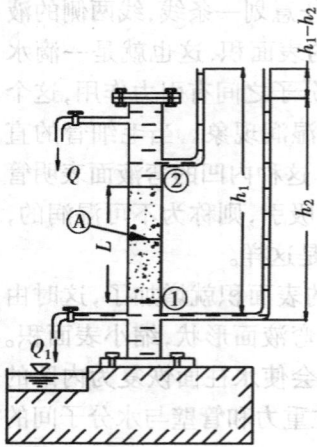
图 2.1 达西定律的实验装置

$$Q = -KA\frac{dh}{dL} = kAi \tag{2.1b}$$

$$V = \frac{Q}{A} = Ki \tag{2.2}$$

式中　$Q$——单位时间内的渗流量,$m^3/s$;

$V$——渗透速度,$cm/s$。单位时间($s$)内流过一单位土截面
（$cm^2$）的水量（$cm^3$）;

$i$——水力梯度;

$K$——渗透系数,即当 $i=1$ 时的渗透速度,$m/s$;

$A$——渗流过水断面积,$m^2$;

$h_1$、$h_2$——渗流两端的水头;

$L$——渗流路径。

一般情况下,砂土、粘性土中的渗透速度较小,其渗流可以看做是一种水流流线互相平行的流动——层流,渗流运动规律符合达西定律,渗透速度 $V$ 与水力梯度 $i$ 的关系在 $V$-$i$ 坐标系中表示成一条直线,如图 2.2(a)所示。粗颗粒土(如砾、卵石等)的试验结果如图 2.2(b)所示,由于其孔隙较大,当水力梯度较小时,流速不大,渗流可认为是层流,$V$-$i$ 关系成线性变化,达西定律仍然适用。当水力梯度较大时,流速增大,渗流将过渡为流线不规则的流动形式——紊流,这时 $V$-$i$ 关系呈非线性变化,达西定律不再适用。

少数粘土(如颗粒极细的高压缩性土,可自由膨胀的粘性土等)的渗透试验表明,它们的渗透存在一个起始水力梯度 $i_b$,这种土只有在达到起始水力梯度后才能发生渗透。这类土在发生渗透后,其渗透速度仍可近似地用直线表示,即 $V = K(i-i_b)$,如图 2.2(a)中曲线②所示。

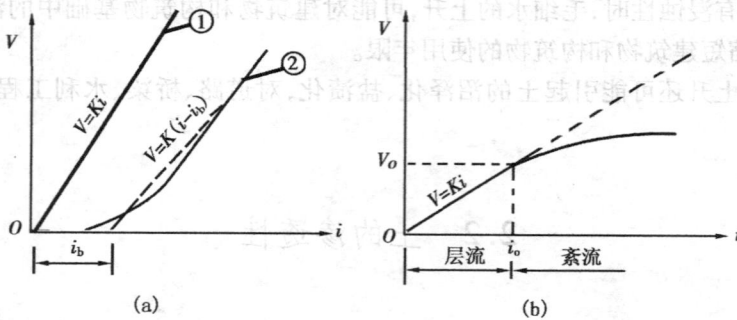

图 2.2　土的 $V$-$i$ 关系

(a)细粒土的 $V$-$i$ 关系　　(b)粗粒土的 $V$-$i$ 关系

1—砂土、一般粘土;2—颗粒极细的粘土

### 2.2.2　渗透系数的确定

渗透系数的测定,有实验室测定法,也有现场实验法。实验室测定法由于试验采用的试样代表性有限,且其结构也受到一定程度的破坏,因此,测试结果有一定的局限性。而现场测定

法的试验与实际情况基本吻合,测得的渗透系数 $K$ 值为整个渗流区较大范围内土体的渗透系数的平均值,是比较可靠的测定方法。

**(1)实验室测定法**

实验室测定渗透系数的方法称为室内渗透试验,根据所用试验装置的差异又分为常水头试验和变水头试验。

1)常水头试验

常水头试装量如图 2.3 所示,试件高度为 $L$,横断面积为 $A$,从土样上端注入与现场水温相同的水,并用溢水口使水头保持不变。当渗流达到稳定后,量得时间 $t$ 内流经试件的水量为 $Q$,则透水系数为

$$K = \frac{QL}{A \cdot H \cdot t}$$

常水头试验适用于透水性较大($K > 10^{-3}\,cm/s$)的土,应用范围大致为细砂到中等卵石。

2)变水头试验

当土样的透水性较差时($10^{-7}\,cm/s < K < 10^{-3}\,cm/s$),采用变水头试验测定渗透性系数 $K$ 值。

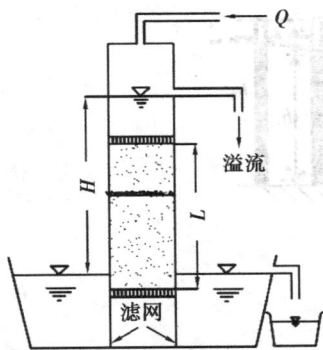

图 2.3　常水头渗透系数测定装量　　　　图 2.4　变水头渗透系数测定装量

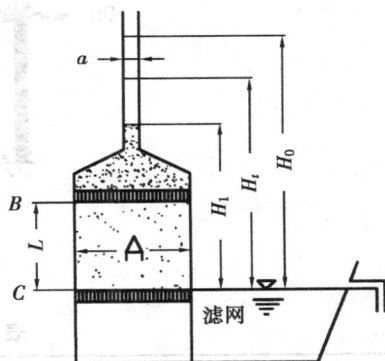

变水头试验装置如图 2.4 所示。截面面积为 $A$ 的试样置于圆筒中,圆筒上端与一根细玻璃量管连接,量管的过水断面积为 $a$。时间从 0 到 $t$,水头高度对应由 $H_0$ 变为 $H_1$。

由渗流的连续性可知,通过实验装置上部小管的单位时间流量和通过土样单位时间流量是相等的,因此可以得出

$$AK\frac{H}{L} = -a\frac{dH}{dt} \tag{2.3}$$

式中符号意义同图 2.3,分离变量积分

$$-a\int_{H_0}^{H_1}\frac{dH}{H} = K\frac{A}{L}\int_0^{t_1}dt$$

得

$$K = 2.3\frac{aL}{At_1}\lg\frac{H_0}{H_1} \tag{2.4}$$

**(2)现场测定法**

现场测定渗透系数的方法有野外注水试验和野外抽水试验。用得较多的是现场抽水实

验,即裘布依扬水试验,其原理是利用抽水井点抽水达到稳定的同时,量测不同点地下水位高度和渗流量(即抽水量),再根据井点抽水的涌水量公式,反算求出渗透系数 $K$ 值。以下仅以无压完整井点抽水试验为例推导,其余井点类型原理相同,可参考其他相关资料。

1)抽水试验井点布置

抽水试验,先根据当地水文地质特征,如地质构造、含水层的厚度及性质、地下水流方向等,在典型的地点布置一抽水井(主井)及若干个观测井,组成试验网。

观测井在与地下水流方向平行或垂直线上布置,如图 2.5 所示。观测井的距离可参考表2.1。

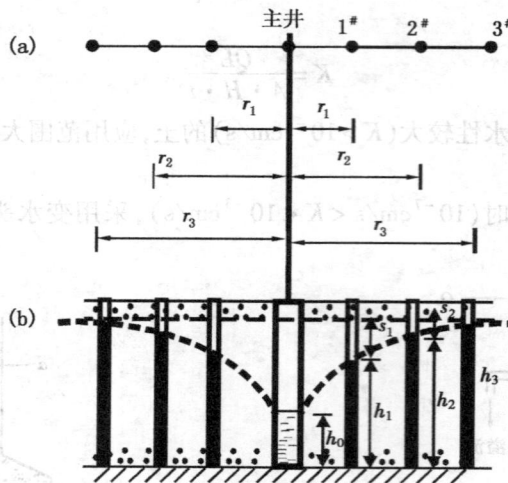

图 2.5　现场抽水试验
(a)平面图　　(b)剖面图
1—主井;2—观测井

表 2.1　观测井与主井的距离

| 土的名称 | 每条直线钻孔间距/m | | | 最后一孔与主井间距/m | |
|---|---|---|---|---|---|
| | 主孔-1#孔 | 1#孔-2#孔 | 2#孔-3#孔 | 最小 | 最大 |
| 粘性土 | 2~3 | 3~5 | 5~8 | 10 | 16 |
| 砂土 | 3~5 | 5~8 | 8~12 | 16 | 25 |
| 砾石土 | 5~10 | 10~15 | 15~20 | 30 | 45 |
| 坚硬裂缝岩石 | 5~10 | 15~20 | 20~30 | 40 | 60 |

主井直径不小于 200~250mm,以便安放抽水井管,观测井的直径一般不小于 50~75mm。主井及观测井都装有滤网,抽水应连续进行,形成稳定的降落曲线后,再抽 6~8 天才停止抽水,此时要连续测量水位,查明水位恢复情况,直至水位完全恢复为止。最后将资料整理绘制降落曲线剖面图,根据观测井水位值 $h_1$,$h_2$ 及距离 $r_1$,$r_2$ 和主井的涌水量 $Q$,对各种井点进行渗透系数 $K$ 计算。

2)渗透系数计算

假定土中任一半径处的水头梯度为常数,$i = \dfrac{\mathrm{d}h}{\mathrm{d}r}$,假想一个离井点中心为 $r$ 半径的过水断面,其过水面积为 $2\pi rh$。在抽水量稳定条件下,断面的涌水量与井点的抽水量是相等的。显然,达西定律公式(2.1b)可写为

$$Q = K(2\pi rh)\frac{\mathrm{d}h}{\mathrm{d}r}$$

分离变量积分:

$$Q\int \frac{\mathrm{d}r}{r} = 2\pi k \int h\mathrm{d}h \tag{2.5}$$

由图 2.5 可见,两观测孔距抽水井井轴半径由 $r_1$ 变到 $r_2$,而降落漏斗曲线上的水位由 $h_1$ 变为 $h_2$,以此为边界条件代入式(2.5)得

$$Q\ln \frac{r_2}{r_1} = \pi K(h_2^2 - h_1^2)$$

求得渗透系数为

$$K = \frac{Q\ln \dfrac{r_2}{r_1}}{\pi(h_2^2 - h_1^2)} \tag{2.6a}$$

或

$$K = 0.73 \ Q \frac{\lg \dfrac{r_2}{r_1}}{h_2^2 - h_1^2} \tag{2.6b}$$

即当抽水量稳定时,可通过抽水量和两观测孔离抽水井轴的半径、两观测孔的水位高度通过式(2.6a)或式(2.6b)计算出土的渗透系数,即

对承压完整井

$$K = 0.366 \frac{\lg \dfrac{r_2}{r_1}}{t(s_1 - s_2)} \tag{2.7}$$

式中　$t$——承压含水层厚度;

$s_1, s_2$——1,2 观测井的水位降深(见图 2.5)。

现场抽水试验不仅能确定土的渗透系数,而且也是确定土的抽水影响半径最可靠的方法。将各观测孔的水位值用平滑的曲线连接起来,并延长与原地下水位相交,即可得到土的抽水影响半径 $R$,对进一步进行抽水的相关各种计算十分重要。

**(3)经验估算法**

渗透系数还可以用一些经验公式估算,也可参考有关规范和邻近已建工程的资料来选用。

常见的经验公式有:

哈森(Hazen)有效粒径公式

$$K = d_{10}^2 \tag{2.8}$$

太沙基公式

$$K = 2d_{10}^2 \cdot e^2 \tag{2.9}$$

式中　$d_{10}$——有效粒径,mm;

$e$——孔隙比;

$K$——渗透系数,cm/s。

常见渗透系数表见表2.2。

表 2.2  土的渗透系数参考值

| 土的类别 | 渗透系数 $k/(\mathrm{cm \cdot s^{-1}})$ | 土的类别 | 渗透系数 $k/(\mathrm{cm \cdot s^{-1}})$ |
|---|---|---|---|
| 粘土 | $<10^{-7}$ | 中砂 | $10^{-2}$ |
| 粉质粘土 | $10^{-5} \sim 10^{-6}$ | 粗砂 | $10^{-2}$ |
| 粉土 | $10^{-4} \sim 10^{-5}$ | 砾砂 | $10^{-1}$ |
| 粉砂 | $10^{-3} \sim 10^{-4}$ | 砾石 | $>10^{-1}$ |
| 细砂 | $10^{-3}$ | | |

## 2.3  动水压力及流砂现象

　　水在土中渗流时,受到土颗粒的阻力 $T$ 的作用,相反土颗粒就受到一个相等的水力作用,把水流作用在单位体积土体中土颗粒上的力称为动水压力,用符号 $G_D$ 表示(单位 $kN/m^3$),也称渗流力,它的作用方向与水流方向一致。$G_D$ 和 $T$ 大小相等,方向相反。

　　动水压力对堤坝、路堤的稳定和基坑施工存在着重要影响,因此,研究动水压力计算在工程实践中有重要的意义。

### 2.3.1  动水压力的计算公式

　　在土中沿水流的渗流方向,切取一个土柱体 $ab$,见图2.6,土柱体的长度为 $l$,横截面积为 $F$。已知 $a,b$ 两点距基准面的高度分别为 $z_1$ 和 $z_2$,两点的测压管水柱高分别为 $h_1$ 和 $h_2$,则两点的水头分别为 $H_1 = h_1 + z_1$ 和 $H_2 = h_2 + z_2$。

　　将土柱体 $ab$ 内的水作为脱离体,考虑作用在水上的力系。因为水流的流速变化很小,其惯性力可以略去不计。这样,可以求得这些力在 $ab$ 轴线方向的分力分别为:

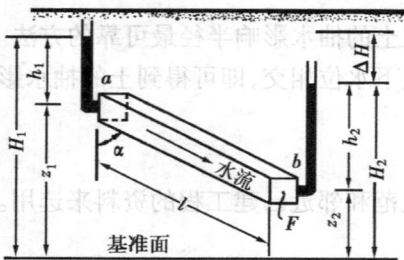

图 2.6　动水力的计算

$\gamma_w h_1 F$——作用在土柱体的截面 $a$ 处的水压力,其方向与水流方向一致;

$\gamma_w h_2 F$——作用在土柱体的截面 $b$ 处的水压力,其方向与水流方向相反;

$\gamma_w n l F \cos\alpha$——土柱体内水的重力在 $ab$ 方向的分力,其方向与水流方向一致;

$\gamma_w (1-n) l F \cos\alpha$——土柱体内土颗粒作用于水的力在 $ab$ 方向的分力(土颗粒作用于水的力,也是水对于土颗粒作用的浮力的反作用力),其方向与水流方向一致;

　　$lFT$——水渗流时,土柱中的土颗粒对水的阻力,其方向与水流方向相反。

其中　$\gamma_w$——水的重度；

$n$——土的孔隙率；

$T$——单位土体颗粒对水的阻力。

其他符号意义见图 2.6。

根据作用在土柱体 $ab$ 内水上的各力的平衡条件可得

$$\gamma_w h_1 F - \gamma_w h_2 F + \gamma_w n l F\cos\alpha + \gamma_w(1-n)lF\cos\alpha - lFT = 0$$

或

$$\gamma_w h_1 - \gamma_w h_2 + \gamma_w l\cos\alpha - lT = 0$$

以 $\cos\alpha = \dfrac{z_1 - z_2}{l}$ 代入上式,可得

$$T = \gamma_w \frac{(h_1 + z_1) - (h_2 + z_2)}{l} = \gamma_w \frac{H_1 - H_2}{l} = \gamma_w i \tag{2.10}$$

故得动水压力的计算公式为

$$G_D = T = \gamma_w i \quad kN/m^3 \tag{2.11}$$

从上式可知,动水力的方向是与水流方向一致,其数值与水力梯度 $i$ 成正比。

### 2.3.2　流砂现象、管涌和临界水力梯度

由于动水压力的方向与水流方向一致,因此当水的渗流自上而下时,动水压力方向与土体重力方向一致,这样将增加土颗粒间的压力;若水的渗流方向自下而上时,动水压力的方向与土体重力方向相反,这样将减小土颗粒间的压力。

当向上的动水力 $G_D$ 大于或等于土的浮重度时,即

$$G_D = \gamma_w i \geqslant r' = \gamma_{sat} - \gamma_w \tag{2.12}$$

式中　$\gamma_{sat}$——土的饱和重度;

$\gamma_w$——水的重度。

这时土颗粒间的压力就等于零,抗剪强度等于零,土颗粒将处于悬浮状态而失去稳定,土颗粒能随渗流的水一起流动,这种现象就称为流砂现象。当 $G_D = \gamma'$ 时,这时的水力梯度称为临界水力梯度 $i_{cr}$,可由公式(2.12)得到

$$i_{cr} = \frac{\gamma'}{\gamma_w} = \frac{\gamma_{sat}}{\gamma_w} - 1 \tag{2.13}$$

水在砂性土中渗流时,土中的一些细小颗粒在动水压力作用下,可能通过粗颗粒的孔隙被水流带走,这种现象称为管涌。管涌可以发生于局部范围,但也可能逐步扩大,最后导致土体失稳破坏。发生管涌时的临界水力梯度与土的颗粒大小及其级配情况有关。图 2.7 给出了临界水力梯度 $I_{cr}$ 与土的不均匀系数 $C_u$ 间的关系曲线。从图中可以看出,土的不均匀系数 $C_u$ 越大,管涌现象愈容易发生。

流砂现象是发生在土体表面渗流逸出处,不发生于土体内部,而管涌现象可以发生在渗流逸出处,也可能发生于土体内部。

流砂现象主要发生在细砂、粉砂及粉质粘土等土层中,而在粗颗粒土及粘土中则不易产生。

工程中在颗粒细、均匀而松散的饱和土质基坑开挖排水时,若采用明排水施工,坑底土将受到向上的动水压力作用,可能发生流砂现象。这时坑底挖土,土会边挖边冒无法清除,难以挖到设计标高,且施工条件恶化,土完全丧失承载力,工人难以立足,放置的机具也会下陷。由

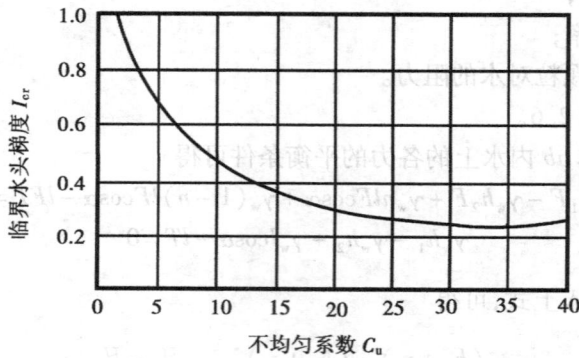

图 2.7　临界水头梯度与土颗粒组成关系

于坑底土随水涌入基坑,使坑底土的结构破坏,强度降低,将来会使建筑物产生附加下沉。严重时会引起边坡塌方,甚至危及附近建筑,造成裂缝、倾斜、倒塌等。水下深基坑或沉井排水挖土时,若发生流砂现象将危及施工安全,应引起特别注意。通常,施工前应做好周密的勘测工作,当基坑底面的土层是容易引起流砂现象的土质时,应避免明排水施工,可采用人工降低地下水位或采取其他措施。

　　河滩、路堤两侧有水位差时,在路堤内或基底土内发生渗流,当水力梯度较大时,可能产生管涌现象,导致路堤坍塌破坏。为了防止管涌现象发生,一般可在路基下游边坡的水下部分设置反滤层,可以防止路堤中的细小颗粒被渗透水流带走。

# 2.4　流网及其应用

　　前节所讲到的水力梯度及动水压力计算问题,在实际工程中必然涉及到渗流路径的长短,如何来确定渗流路径和其长短,就得引入一个新的概念:流网,即由流线和等势线两组互相垂直交织的曲线所组成的网,如图 2.8 所示,流线在稳定渗流情况下表示水质点的运动路线;等势线表示势能或水头的等值线,即每一根等势线上任意一点的水压相等,而不同等势线间的差值表示从高位势向低位势流动的趋势。

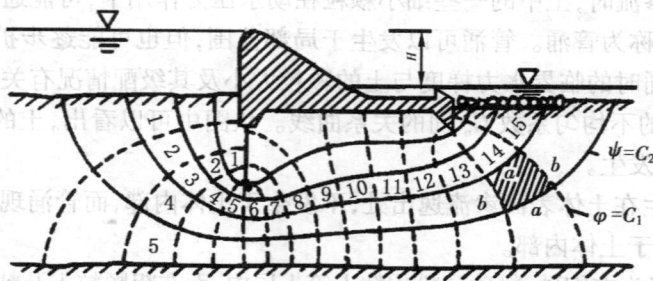

图 2.8　闸坝地基渗流流网

　　实际工程上遇到的渗流问题,都是边界比较复杂的二维或三维问题,必须首先建立它们的渗流微分方程,然后结合渗流边界条件与初始条件求解。但往往由于边界条件太复杂,难以用解析法严密求解,不得不借助数值解法、模型试验法和图解法。其中图解法即流网解法是用得最多的方法。

下面仅对二维稳定渗流问题进行介绍。

### 2.4.1　二维稳定渗流的基本微分方程

工程中涉及渗流问题的坝基、闸基、挡墙、基坑支护结构,地下连续墙等都是长度远远大于横断面尺寸,可近似认为长度为无限长,则可假定渗流仅发生在横断面内即认为渗流为二维渗流或平面渗流。

现从图 2.8 中取出一个微单元体来研究,见图 2.9。假定土体和水体都是不可压缩的,以 $V_x$、$V_z$ 代表水平和垂直方向的流速,以 $I_x = -\dfrac{\partial h}{\partial x}$、$I_z = -\dfrac{\partial h}{\partial z}$ 代表水平和垂直方向的水力梯度,根据质量守恒定理进入单元的流量和流出单元的流量相等,即

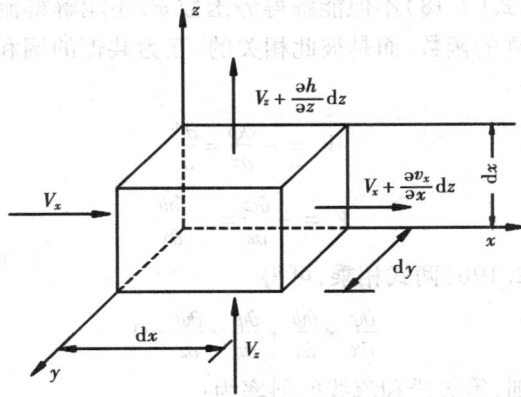

图 2.9　微单元体渗流量分析图

$$\left( V_x \mathrm{d}z\mathrm{d}y + \frac{\partial V_x}{\partial x}\mathrm{d}x\mathrm{d}z\mathrm{d}y + V_z \mathrm{d}x\mathrm{d}y + \frac{\partial V_z}{\partial z}\mathrm{d}z\mathrm{d}x\mathrm{d}y \right) - \left( V_x \mathrm{d}z\mathrm{d}y - V_z\mathrm{d}x\mathrm{d}y \right) = 0$$

则

$$\frac{\partial V_x}{\partial x} + \frac{\partial V_z}{\partial z} = 0 \tag{2.14}$$

式(2.14)称为二维渗流的连续微分方程。再以达西定律:$V_x = -K_x\dfrac{\partial h}{\partial x}$、$V_z = -K_z\dfrac{\partial h}{\partial x}$ 代入式(2.14),得

$$K_x \frac{\partial^2 h}{\partial x^2} + K_z \frac{\partial^2 h}{\partial z^2} = 0 \tag{2.15}$$

上式即为平面稳定流问题的基本微分方程,这里 $K_x$,$K_z$ 分别为 $x$,$z$ 方向的渗透系数,$h$ 为水头高度。

为求解方便,可对式(2.15)作适当变换,$x' = x\sqrt{\dfrac{K_z}{K_x}}$,可得

$$\frac{\partial^2 h}{\partial x^2} + \frac{\partial^2 h}{\partial z^2} = 0 \tag{2.16}$$

若土质在渗透方面各向同性,即 $K_z = K_x$,则式(2.15)写为

$$\frac{\partial^2 h}{\partial x^2} + \frac{\partial^2 h}{\partial z^2} = 0 \tag{2.17}$$

式(2.15)和式(2.16)是拉普拉斯方程,在渗流方面是描述稳定地下水运动的基本方程,即平面稳定渗流的求解可归结为上面拉普拉斯方程求解的问题。理论上当已知具体的边界条件时,便解得渗流问题的唯一解答。

### 2.4.2　流网及其性质

引入速度势函数 $\varphi = kh$,则有 $V_x = -\dfrac{\partial \varphi}{\partial x}$ 和 $V_z = -\dfrac{\partial \varphi}{\partial z}$,代入式(2.17)得

$$\frac{\partial^2 \varphi}{\partial x^2} + \frac{\partial^2 \varphi}{\partial z^2} = 0 \tag{2.18}$$

式(2.18)为平面稳定渗流的拉普拉斯势流方程。

在一定边界条件下,式(2.18)不但能解得势函数 $\varphi$,还能解得流函数 $\psi$,因为势函数 $\varphi$ 和流函数 $\psi$ 并不是两个孤立的函数,而是彼此相关的,互为共轭的调和函数,知道一个就可求得另一个,且有

$$V_x = -\frac{\partial \varphi}{\partial x} = \frac{\partial \psi}{\partial z} \tag{2.19a}$$

$$V_z = -\frac{\partial \varphi}{\partial z} = -\frac{\partial \psi}{\partial x} \tag{2.19b}$$

由式(2.19a)和式(2.19b)两式相乘,可得

$$\frac{\partial \varphi}{\partial x} \times \frac{\partial \psi}{\partial x} + \frac{\partial \varphi}{\partial z} \times \frac{\partial \psi}{\partial z} = 0 \tag{2.20}$$

根据隐函数微分法则,等势线和流线的斜率为:

$$\left(\frac{dz}{dx}\right)_\varphi = -\frac{\partial \varphi}{\partial x} \Big/ \frac{\partial \varphi}{\partial z} \tag{2.21a}$$

$$\left(\frac{dz}{dx}\right)_\psi = -\frac{\partial \psi}{\partial x} \Big/ \frac{\partial \psi}{\partial z} \tag{2.21b}$$

等势线 $\varphi$ 和流线 $\psi$ 交点处应满足式(2.20),考虑 $\varphi = C_1$ 和 $\psi = C_2$ 交点处(见图2.10),将式(2.20)改写为

$$\frac{\partial \varphi}{\partial x} \Big/ \frac{\partial \varphi}{\partial z} + \frac{\partial \psi}{\partial z} \Big/ \frac{\partial \psi}{\partial x} = 0$$

$$\left(\frac{dz}{dx}\right)_\varphi + \frac{1}{\left(\frac{dz}{dx}\right)_\varphi} = 1$$

即

$$\left(\frac{dz}{dx}\right)_\varphi = -\frac{1}{\left(\frac{dz}{dx}\right)_\varphi} \tag{2.22}$$

由式(2.22)可见,两组曲线的解互成负倒数,说明等势线和流线在交点处互相垂直,组成一个呈正交的流网,这表述了流网的一个重要的而非常有用的性质。

从解析法中可知,流网除以上性质外,还具有以下几个特性:①如果流网各等势线间的差值相等,各流线间的差值也相等,则各个网格的长宽比为常数。如果等势线差值 $a$ 和流线差值

$b$ 之比：$\dfrac{a}{b}=1$，则网格为曲边正方形；②任意两相邻等势线间的水头损失相等；③任意两相邻流线间(流槽)的单位流量相等。

### 2.4.3　流网的绘制

解析法绘制是用解析方法求出流速势函数及流函数，再令其函数等于一系列的常数，就可以描绘出一系列的流线和等势线。数学上求解流速势函数和流函数存在较大的困难，常用方法还是近似作图法。

近似作图法的过程大致为：先按流动趋势画出流线，然后根据流网正交性画出等势线，形成流网。如发现所画的流网不成曲边正方形时，需反复修改等势线和流线直至满足要求。

流网绘制的具体步骤如下：

①首先按一定的比例绘出建筑物、构筑物及土层剖面，并根据渗流区的边界定边界线及边界等势线。

②根据流网特性，初步绘出流网形态。

可先按上下边界线形态大致描绘几条流线，描绘时注意中间流线的形状由坝基线形状逐步变为与不透水层面相接近，中间流线数量越多，流网越准确，但绘制与修改工作量也越大，中间流线的数量应视工程的重要性而定，一般中间流线可绘 3～4 条。流线绘好后，根据流网曲边正方形网格特性，描绘等势线。绘制时应注意等势线与上、下边界流线应保持垂直，并且等势线与流线都应是光滑的曲线。

③逐步修改流网。

初绘的流网，可以加绘网格的对角线来检验其正确性，如果每一网格的对角线都正交，且呈正方形，则流网是正确的，否则应作进一步修改。但是，由于边界通常是不规则的，在形状突变处，很难保证网格为正方形，有时甚至成为三角形或五角形，对此应从整个流网来分析，只要绝大多数网格满足流网特征，个别网格不符合要求，对计算结果影响不大。

流网的修改过程是一项细致的工作，常常是改变一个网格便带来整个流网图的变化。

### 2.4.4　流网的应用

正确地绘制出流网后，可以用它来求解渗流量、渗流速度：

**(1)水力梯度计算**

在图 2.10 中，设流网中等势线为 $n$ 条(包括边界等势线)，上下游总水头差为 $h$，则任意网等势线间的水头差为：$\Delta h=\dfrac{h}{n-1}$ 量得某网格 $i$ 的流线长度 $a_i$，等势线长 $b_i$，则该网格上的水力梯度为 $i_i=\dfrac{\Delta h}{a_i}=\dfrac{h}{a_i(n-1)}$。

**(2)渗流速度计算**

根据达西定律，所求网格内的渗流速度为

$$V_i=Ki_i=K\dfrac{h}{a_i(n-1)} \qquad (2.23)$$

**(3)渗流量计算**

两相邻流线间单位流量 $\Delta q$：即流槽流量，等势线的长度 $b_i$ 即是流线宽度也即流槽宽度，

因此

$$\Delta q = V_i b_i = K \frac{h}{a_i(n-1)} b_i \tag{2.24}$$

设整个流网流线数为 $m$（包括边界流线）则单位宽度总流量 $q$ 为

$$q = (m-1)\Delta q = \frac{Kh(m-1)b_i}{(n-1)a_i} \tag{2.25}$$

如果所设流网网格为曲边正方形即 $a_i = b_i$，则

$$q = \frac{Kh(m-1)}{n-1} \tag{2.26}$$

## 思 考 题

2.1 土层中的毛细水带分成哪几种？各是怎样形成的？
2.2 试述毛细水上升的机理？
2.3 毛细现象对工程有哪些影响？
2.4 达西定理的流速通常指什么流速？
2.5 何为水力梯度？何为起始水力梯度？
2.6 确定渗透系数的方法有哪几种？它们的适用条件是什么？
2.7 出现流砂或管涌现象的根本原因是什么？哪些条件下容易出现流砂或管涌现象？
2.8 什么叫流网？流网在工程上有什么作用？
2.9 绘制流网的基本步骤是什么？

## 习 题

2.1 某土样在实验室做渗透性试验，装置如习题2.3图所示，已知土样高度 $L = 35\text{cm}$，面积为 $100\text{cm}^2$，常水头保持 $60\text{cm}^3$，求渗透系数 $K$。

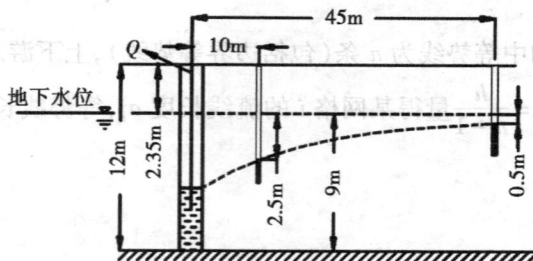

习题2.3图

2.2 以上试件做变水头试验装置如习题2.4图所示，已知 $a = 1\text{cm}^2$，经15s后，测得经土样流过的水量为 $45\text{cm}^3$，其水头由 $H_0 = 60\text{cm}$，变到 $H_1 = 54.3\text{cm}$，求渗透系数 $K$。分析两题结果，初步判断土的种类。

2.3    某现场进行抽水试验测定其渗透系数,抽水井管穿过 12m 厚的土层进入不透水层,在距井管中心 10m 及 45m 处设置观测孔,已知抽水前土中常年地下水位高度相对于不透水层为 9m,见习题 2.3 图,抽水渗流量稳定后,其出水量为 $Q = 3.5 \times 10^{-4} \text{m}^3/\text{s}$,同时从两个观测孔测得水位分别下降了 2.5m 和 0.5m,求该土层的渗透系数,并大致判断其土层种类。

2.4    某基坑开挖采用明排水法施工,天然水位线和集水沟水位线如习题图 2.4 所示,其中标注为相对标高。基底土质为粉质粘土,其土粒比重度 $d_s = 2.73$,孔隙比 $e = 0.8$,假定水渗流的最短路径为 7m,$\gamma_w = 10 \text{kN/m}^3$,判断是否可能出现流砂现象。

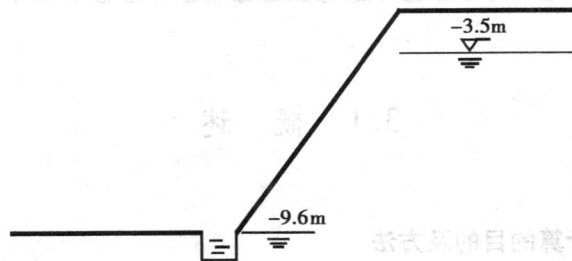

习题 2.4 图

2.3　某实验土层水层厚度为其倍面之处……抽水井若高度为 12m，且埋土层深入下透水层，

在上部含水层为 10m 及 15m 处设有观测孔，若两抽水稳定工中稳定水面下水位高度测出流量呈

为 9m，试问题 2.3 后，抽水系流量……，其出水量为 Q = 1.5 × 10⁻³ m³/s 问此土层不可渗漏性

数据大小为下测下降层的 2.5m。先稳定土层的降落各名……未大稳定期流量。

2.4　某均质基础由闭闸桩基及施工，工作然后经较大冲力水平向为外侧图 2.4 所示，其

中际段及相应解高，温度土样为拉标准……且土样比值有为 e = 2。粗粒……

地的最低测值重力之力 γ = 10kN/m³，则轴线局部……可抵出其流流量……

# 第 3 章
# 土中应力计算

## 3.1　概　述

### 3.1.1　土中应力计算的目的及方法

当地基上的作用发生变化时,土中应力状态将随之发生变化,从而引起地基变形,出现基础沉降,甚至使地基发生整体失稳破坏。常见的作用有建筑物荷载、地表堆载和降低地下水等。由于荷载的分布、大小差异以及地基土的不均匀性等因素,地基将产生不均匀的沉降变形,从而使基础各部分的沉降产生或多或少的差异,建筑物上部结构之中相应地产生附加的应力和变形。当地基沉降变形超过一定量值时,将导致建筑物开裂、倾斜甚至破坏,影响建筑物的正常使用和安全,如砌体承重结构的墙体开裂、厂房的吊车卡轨或脱轨、高层建筑物或高耸结构物倾斜、与建筑物连接的设备管道断裂等。可见地基变形计算,对于保证建筑物的安全、正常使用和经济性,具有重要的意义。土中应力计算是地基变形计算、地基承载力计算和稳定分析以及地基基础协同分析的前提。

本章主要研究由土的自重引起的土的自重应力计算、基底压力的基本概念和计算方法以及由外部作用引起的土的附加应力计算。

### 3.1.2　土中一点的应力状态分析

由材料力学理论知,土中任一点的应力状态可用 6 个独立的应力分量来表示,即微元体面上的正应力 $\sigma_x,\sigma_y,\sigma_z$ 和剪应力 $\tau_{xy},\tau_{yz},\tau_{zx}$。只要知道了这 6 个应力分量,其他任一斜截面上的应力就可以通过平衡条件完全确定。我们仅研究平面应力问题,对于平面应力问题,一点的应力状态可以由 3 个独立的应力分量 $\sigma_x,\sigma_y,\tau_{xy}$ 或最大、最小主应力 $\sigma_1,\sigma_3$ 完全确定。正应力和剪应力的正负符号规定与材料力学中不同,在土体中任取一微元体(图 3.1(a)),正应力以压应力为正;剪应力当其作用面外法线方向与坐标轴方向一致时,方向与坐标轴方向相反者为正。

由材料力学知识得该点的最大、最小主应力为

$$\left.\begin{matrix}\sigma_1\\\sigma_2\end{matrix}\right\} = \frac{\sigma_x+\sigma_y}{2}\pm\sqrt{\left(\frac{\sigma_x-\sigma_y}{2}\right)^2+\tau_{xy}^2} \qquad (3.1)$$

取

$$p = \frac{\sigma_x+\sigma_y}{2} = \frac{\sigma_1+\sigma_3}{2} \qquad (3.2)$$

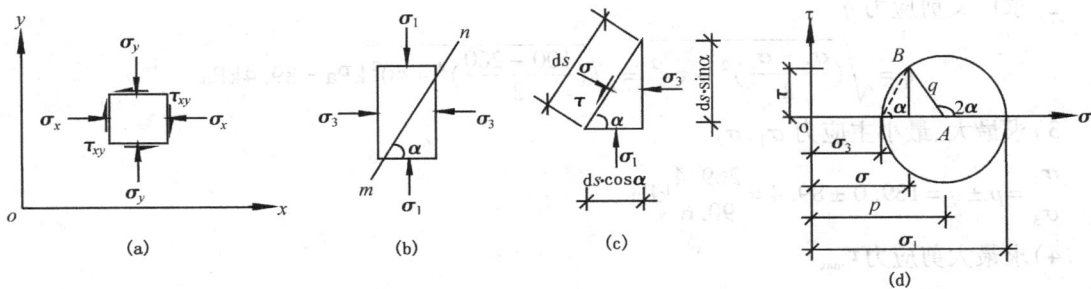

图 3.1 土中一点的应力

（a）任意微元体 （b）主应力微元体 （c）隔离体 （d）莫尔应力圆

$$q = \sqrt{(\frac{\sigma_x - \sigma_y}{2})^2 + \tau_{xy}^2} = \frac{\sigma_1 - \sigma_3}{2} \tag{3.3}$$

式（3.1）又可以写成：

$$\begin{matrix}\sigma_1\\\sigma_3\end{matrix} = p \pm q \tag{3.4}$$

最大主应力作用面与 $\sigma_x$ 作用面的夹角 $\alpha_x$ 为

$$\alpha_x = \frac{1}{2}\arctan\frac{2\tau_{xy}}{\sigma_x - \sigma_y} \tag{3.5}$$

现在来研究任意斜截面上的应力计算。如图 3.1（b）所示，任意斜截面 mn 与大主应力作用面的夹角为 $\alpha$，其上的正应力为 $\sigma$，剪应力为 $\tau$。取图 3.1（c）所示隔离体，略去隔离体自重，将其上各力分别在水平和竖直方向投影，由静力平衡条件可得：

$$\sigma_3 ds\sin\alpha - \sigma ds\sin\alpha + \tau ds\cos\alpha = 0$$

$$\sigma_1 ds\cos\alpha - \sigma ds\cos\alpha - \tau ds\sin\alpha = 0$$

联立求解上述方程组，并整理得 mn 斜截面上的应力为

$$\sigma = p + q\cos2\alpha \tag{3.6}$$

$$\tau = q\sin2\alpha \tag{3.7}$$

当 $\sin2\alpha = 1$ 时，即 $\alpha = 45°$ 时，剪应力取得最大值：

$$\tau_{max} = q \tag{3.8}$$

土中一点的应力状态还可以用莫尔应力圆（图 3.1（d））描述。在 $\sigma$-$\tau$ 直角坐标系中，按一定的比例尺，在 $\sigma$ 轴上截取 $OA = p$，以 $A$ 为圆心，$q$ 为半径作圆，从 $\sigma$ 轴的正方向开始逆时针方向转 $2\alpha$ 角，交于圆周上一点 $B$，$B$ 点的横坐标即为斜截面 mn 上的正应力 $\sigma$，纵坐标即为剪应力 $\tau$。由图容易看出，最大剪应力 $\tau_{max} = q$，其作用面与最大主应力作用面的夹角 $\alpha_0 = 45°$。

例 3.1 已知地基中某点的应力 $\sigma_x = 100kPa$，$\sigma_z = 260kPa$，$\tau_{xz} = 40kPa$，①求该点的最大、最小主应力 $\sigma_1$，$\sigma_3$ 和最大剪应力 $\tau_{max}$，②求与最大主应力面夹角为 20°的斜截面上的应力 $\sigma$，$\tau$。

解 1）求广义正应力 $p$

$$p = \frac{\sigma_x + \sigma_z}{2} = \frac{100 + 260}{2}kPa = 180.0kPa$$

2)求广义剪应力 $q$

$$q = \sqrt{\left(\frac{\sigma_x - \sigma_z}{2}\right)^2 + \tau_{xz}^2} = \sqrt{\left(\frac{100 - 260}{2}\right)^2 + 40^2}\,\text{kPa} = 89.4\,\text{kPa}$$

3)求最大、最小主应力 $\sigma_1$，$\sigma_3$

$$\begin{matrix}\sigma_1\\\sigma_3\end{matrix} = p \pm q = 189.0 \pm 89.4 = \begin{matrix}269.4\\90.6\end{matrix}\,\text{kPa}$$

4)求最大剪应力 $\tau_{max}$

$$\tau_{max} = q = 89.4\,\text{kPa}$$

5)求斜截面上的应力 $\sigma$，$\tau$

$$\sigma = p + q\cos2\alpha = (180.0 + 89.4\cos40°)\,\text{kPa} = 248.5\,\text{kPa}$$

$$\tau = q\sin2\alpha = 89.4\sin40°\,\text{kPa} = 57.46\,\text{kPa}$$

# 3.2 土的自重应力计算

由土自身的有效重力产生的应力，称为土的自重应力 $\sigma_{cz}$，单位为 kPa。研究土的自重应力的目的是为了确定土的初始应力状态。自重应力计算，通常假定土体表面为无限大的水平面，土体在自重的作用下压缩已趋于稳定，任一竖向平面为对称面且在竖向土粒间无相对位移的趋势。可见，任一竖向平面上的剪应力为零。根据剪应力互等定理，任一水平面上的剪应力也等于零。竖向和水平面上只有正应力，为主应力面。

## 3.2.1 均质土的自重应力计算

均质土层，土的重度为 $\gamma$。要计算地表下深度 $z$ 处的竖向自重应力 $\sigma_{cz}$，可取一底面积为 $A$ 的土柱来进行研究，如图 3.2(a)所示。

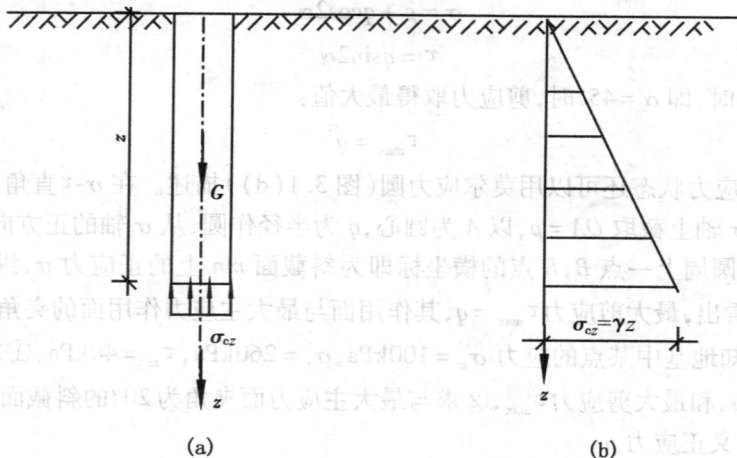

图 3.2 均质土的自重应力

(a)截面积为 $A$ 的土柱　(b)均质土的自重应力分布

土柱重量 $G$：$G = \gamma z A$

由土柱的竖向静力平衡条件得

$$G - \sigma_{cz}A = 0$$

将土柱重量代入上式,整理得

$$\sigma_{cz} = \gamma z \tag{3.9}$$

式中　$\gamma$——土的重度,$kN/m^3$;

　　　　$z$——计算点到地表的距离,m。

可见,在均质土层中,土的自重应力是深度 $z$ 的线性函数,随深度线性增加,呈三角形分布(图 3.2b)。

### 3.2.2　成层土的自重应力计算

成层土的自重应力计算与均质土层的自重应力计算类似,假定各层土的重度为常数。地表深度 $z$ 以上有 $n$ 层土(图 3.3a),$z$ 深度处的竖向自重应力 $\sigma_{cz}$,可按叠加原理计算,公式如下

$$\sigma_{cz} = \gamma_1 h_1 + \gamma_2 h_2 + \cdots + \gamma_n h_n = \sum_{i=1}^{n} \gamma_i h_i \tag{3.10}$$

$$\sum_{i=1}^{n} h_i = z \tag{3.11}$$

式中　$\gamma_i$——第 $i$ 层土的重度,$kN/m^3$;

　　　　$h_i$——第 $i$ 层土的厚度,m。

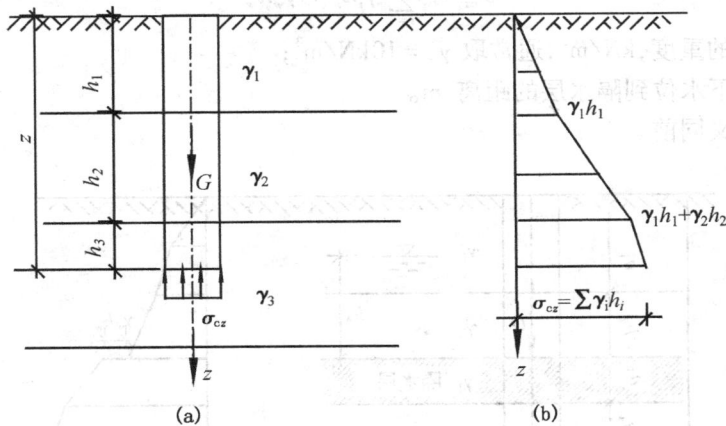

图 3.3　成层土的自重应力

(a)截面积为 A 的土柱　(b)成层土的自重应力分布

成层土的自重应力沿深度呈折线分布,转折点位于 $\gamma$ 值发生变化的土层界面上(图 3.3b)。

### 3.2.3　有地下水时土的自重应力计算

当地基中存在地下水时,处于地下水以下的土层,由于受到水的浮力作用,其自重应力减小。因此,对于地下水位以下的土层,在计算土的自重应力时,应扣除水对土的浮力,即土的重度采用有效重度,按式(3.10)计算。

$$\sigma_{cz} = \sum \gamma_i h_i$$

式中　$\gamma_i$——土的重度，$kN/m^3$。地下水位以下采用有效重度 $\gamma'$。

其他符号同前。

### 3.2.4　存在隔水层时土的自重应力计算

当地基中存在隔水层时，隔水层面以下土的自重应力计算应考虑其上静水压力的作用。

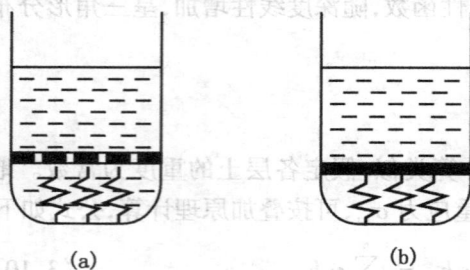

图 3.4　隔水层计算模层
(a)透水层模型　(b)隔水层模型

我们以图 3.4 所示模型来说明有隔水层时静水压力对土的自重应力的影响。用弹簧模拟受压土层，活塞模拟隔水层。当将水逐渐注入(a)容器内时，水通过透水层渗入弹簧体系，水位不断升高，结果发现弹簧没有被压缩。当将水逐渐注入(b)容器内时，弹簧逐渐被压缩，弹簧的内力增加了。这说明当地基中存在隔水层时，隔水层面以上水的静压力对隔水层面下土的应力有影响，即应考虑静水压力的作用。

隔水层面以下任意点处土的自重应力按下式计算：

$$\sigma_{cz} = \sum_{i=1}^{n} \gamma_i h_i + \gamma_w h_w \tag{3.12}$$

式中　$\gamma_w$——水的重度，$kN/m^3$，通常取 $\gamma_w = 10kN/m^3$；

$h_w$——地下水位到隔水层的距离，m。

其他符号意义同前。

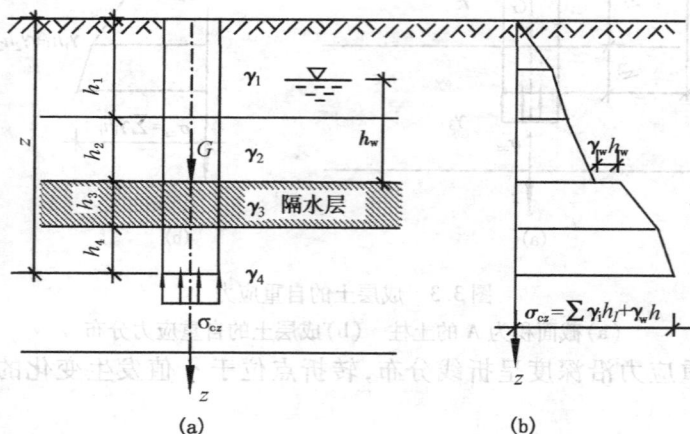

图 3.5　有隔水层时土的自重力
(a)截面积为 A 的土柱　(b)有隔水层时土的自重应力分布

由图 3.5 可以看出，隔水层面上土的自重应力突然增加，其增加值等于隔水层面上的静水压力 $\gamma_w h_w$。

### 3.2.5 土的水平自重应力

依据假设可知土体在自重作用下,没有侧向变形和剪切变形。根据弹性力学理论和土体的侧限条件,知土的水平自重应力 $\sigma_{cx}$,$\sigma_{cy}$ 与土的竖向自重应力 $\sigma_{cz}$ 成正比。

$$\sigma_{cx} = \sigma_{cy} = k_0 \sigma_{cz} \tag{3.13}$$

式中  $k_0$——土的侧压力系数;

   $\mu$——土的泊松比。

$k_0$ 一般应通过试验确定,无试验资料时亦可按下式计算

$$k_0 = \frac{\mu}{1-\mu} \tag{3.14}$$

**例 3.2**  某工程地基如图 3.6 所示,若地下水位从地表下 1.5m 迅速降到 4.5m,假定降水后土的重度不变,试作降水前后粉质粘土层中土的竖向自重应力分布图。

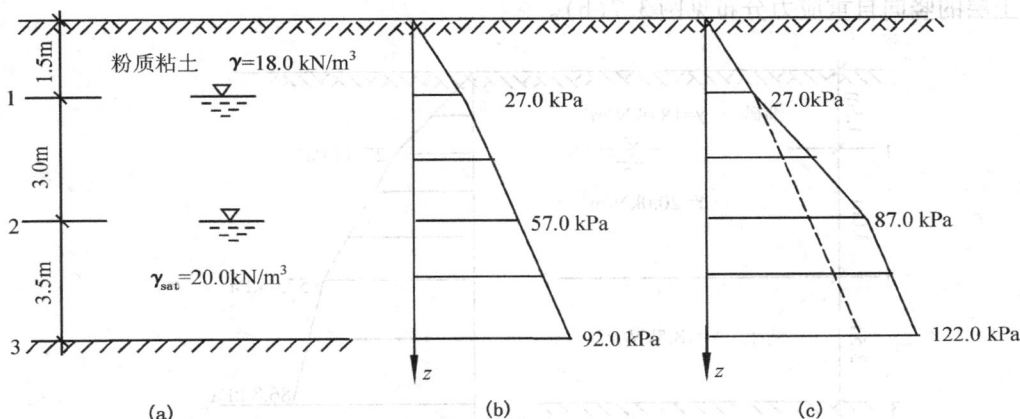

图 3.6  例 3.2 图
(a)土层分布  (b)降水前自重应力分布  (c)降水后自重应力分布

**解**  粉质粘土层中自重应力计算过程和结果列于表 3.1。

表 3.1  自重应力计算

| 状态 | 计算点 | $\gamma_i /(\mathrm{kN \cdot m^{-3}})$ | $h_i /\mathrm{m}$ | $\gamma_i h_i /\mathrm{kPa}$ | $\sigma_{cz} /\mathrm{kPa}$ |
|---|---|---|---|---|---|
| 降水前 | 1 | 18.0 | 1.5 | 27.0 | 27.0 |
| | 2 | 10.0 | 3.0 | 30.0 | 57.0 |
| | 3 | 10.0 | 3.5 | 35.0 | 92.0 |
| 降水后 | 1 | 18.0 | 1.5 | 27.0 | 27.0 |
| | 2 | 20.0 | 3.0 | 60.0 | 87.0 |
| | 3 | 10.0 | 3.5 | 35.0 | 122.0 |

土的自重应力分布见图 3.6(b)、(c)。由图可见,降低地下水位,会使地基中的自重应力增加,从而引起地基产生附加沉降变形。

例3.3  试作图3.7所示土层的竖向自重应力分布图,并求岩基面上土的自重应力。

**解**  土层中自重应力计算过程和结果列于表3.2。

表3.2

| 计算点 | $\gamma_i/(\mathrm{kN \cdot m^{-3}})$ | $h_i/\mathrm{m}$ | $\gamma_i h_i/\mathrm{kPa}$ | $\sigma_{cz}/\mathrm{kPa}$ |
|---|---|---|---|---|
| 1 | 18.0 | 1.5 | 27.0 | 27.0 |
| 2 | 10.0 | 3.0 | 30.0 | 57.0 |
| 3 | 8.5 | 3.5 | 29.8 | 86.8 |

岩基面为隔水层,其上土的自重应力为:

$$\sigma_{cz} = \sum \gamma_i h_i + \gamma_w h_w = (86.8 + 10 \times 7.5)\mathrm{kPa} = 161.8\mathrm{kPa}$$

土层的竖向自重应力分布见图3.7(b)。

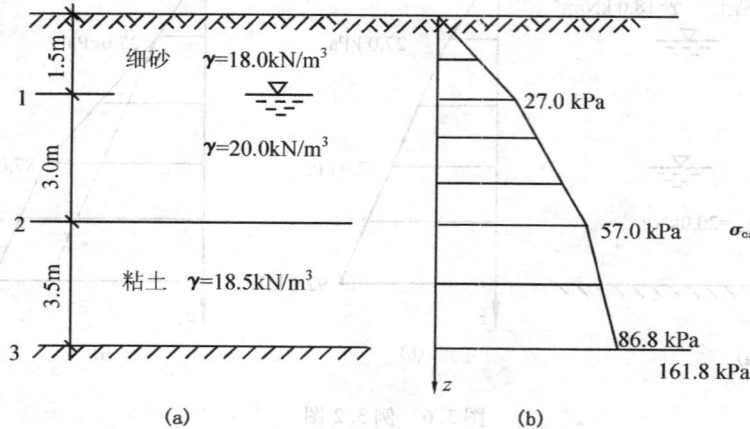

图3.7  例3.3图

(a)土层分布  (b)自重应力分布

## 3.3  基底压力计算

作用于基础底面土层单位面积上的压力称为基底压力,单位为 kPa。建筑物的荷载是通过基础传递给地基的,要计算由建筑物荷载引起的地基土中的应力,在常规设计方法中,需要首先了解基底压力的大小和分布规律。

### 3.3.1  基底压力分布及其影响因素

试验和理论研究表明,基底压力分布与许多因素有关,如基础和上部结构与地基的相对刚度、地基土的性质、基础大小、形状和埋深、作用于基础上的荷载大小、分布和性质等。如受中心荷载作用,刚性较大的条形基础,若建造于砂土地基上,沿横断面的基底压力呈抛物线分布,

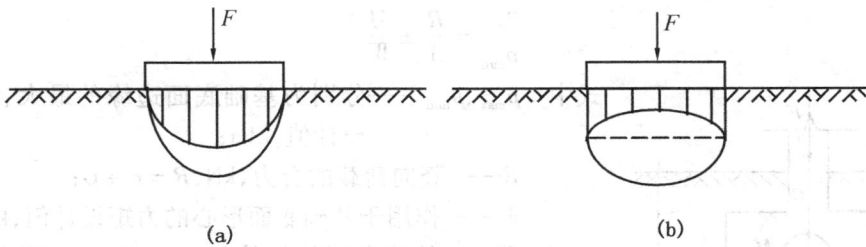

图 3.8　刚性基础基底压力分布

(a)砂土　(b)粘性土

如图 3.8(a)所示。若建造于粘性土地基上,荷载较
小时,基底压力呈马鞍形分布;荷载较大时,转变为
抛物线分布,如图 3.8(b)所示。如果基础是完全
柔性的,好像放置于地基上的柔软薄膜,能随地基
发生相同的变形,则基底压力分布与作用于基础上
的荷载分布相同,如图 3.9 所示。

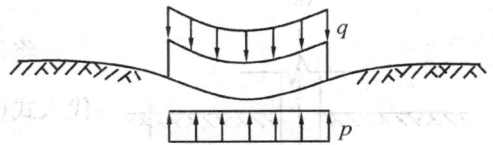

图 3.9　柔性基础基底压力分布

### 3.3.2　基底压力简化计算

基底压力分布是很复杂的,一般并非线性分布。当基础有一定的刚度且基底尺寸较小时,
工程上常将基底压力假定为线性分布,应用材料力学理论进行简化计算。

**(1)轴心荷载下的基底压力计算**

轴心荷载作用下的基础,其所受荷载的合力通过基底形心,基底压力为均匀分布。基底压
力按下式计算

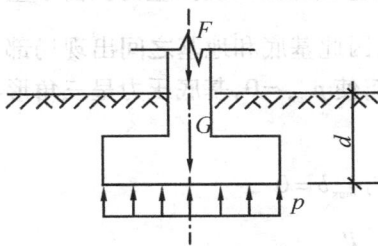

图 3.10　轴心荷载作用下
的基底压力

$$p = \frac{F+G}{A} \tag{3.15}$$

式中　$F$——上部结构传至基础顶面上的轴向力设计值,
　　　　kN;

　　　$G$——基础自重设计值及其上部回填土总重力标准
　　　　值,$G = \gamma_G A d$,kN;

　　　$\gamma_G$——基础及其上回填土的平均重度,kN/m³,一般
　　　　取 20kN/m³,在地下水位以下部分用有效重度
　　　　$\gamma'$;

$d$——基础埋深,m,从设计地面或室内外平均设计地面起算;

$A$——基础底面积,$A = lb$,m²;

$l$——基础底面长度,m;

$b$——基础底面宽度,m。

如果是条形基础,取单位长度 1.0m 进行计算。此时,$A = b$,荷载单位为 kN/m。

**(2)偏心荷载下的基底压力计算**

当荷载的合力不通过基底形心时,而是作用于某一形心主轴上,基底压力可按材料力学压
弯组合理论计算,即

土力学

$$\begin{array}{c} p_{max} \\ p_{min} \end{array} = \frac{R}{A} \pm \frac{M}{W} \qquad\qquad (3.16)$$

式中　$p_{max}$、$p_{min}$——分别为基础底面边缘的最大、最小压力
设计值,kPa;

$R$——竖向荷载的合力,kN,$R = F + G$;

$M$——作用于基础底面形心的力矩设计值,kN·m;

$W$——基础底面的抵抗矩,m³;对于矩形截面,$W = \frac{bl^2}{6}$。

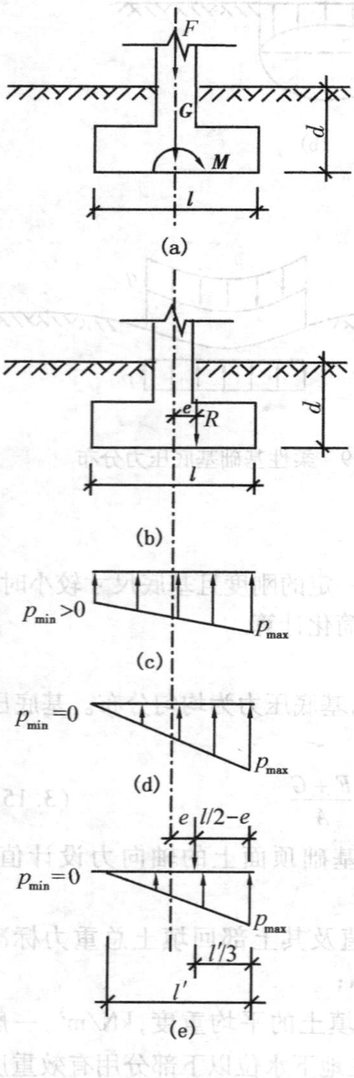

将偏心矩 $e = \frac{M}{R}$、面积 $A = lb$ 和基础底面抵抗矩 $W = \frac{bl^2}{6}$

代入式(3.16)得

$$\begin{array}{c} p_{max} \\ p_{min} \end{array} = \frac{R}{A}\left(1 \pm \frac{6e}{l}\right) \qquad\qquad (3.17)$$

由式(3.17)可见:

①当 $\frac{6e}{l} < 1.0$ 时,$p_{min} > 0$,基底压力呈梯形分布,如图
3.10(c)所示;

②当 $\frac{6e}{l} = 1.0$ 时,$p_{min} = 0$,基底压力呈三角形分布,如图
3.10(d)所示;

③当 $\frac{6e}{l} > 1.0$ 时,$p_{min} < 0$,基础底面出现拉应力。由于基
底和地基间不能承受拉应力,因此基底和地基之间出现局部
脱开,基底压力发生重新分布,使 $p_{min} = 0$,基底压力呈三角形
分布如图 3.11(e)所示。

由 $\sum Z = 0$ 得　$R - \frac{1}{2}l'p_{max}b = 0$

由 $\sum M = 0$ 得　$\frac{l}{2} - e = \frac{l'}{3}$

整理得

$$p_{max} = \frac{2R}{l'b}$$

图 3.11　偏心荷载作用下
的基底压力

$$l' = 3\left(\frac{l}{2} - e\right) \qquad\qquad (3.18)$$

式中　$l'$——为基底和地基的接触长度,m。

为了抵抗荷载的偏心作用,减小基底最大压力,设计时应将荷载偏心方向的基底尺寸作为
长边。

### 3.3.3　基底附加压力计算

基底附加压力是基础底面处地基土在初始应力基础上增加的压力。该处的初始应力为基

础底面处土的自重应力 $\sigma_{cd}$，现有压力为基底压力 $p$，所以基底附加压力 $p_0$ 等于基底压力 $p$ 与自重应力 $\sigma_{cd}$ 的差，即

$$p_0 = p - \sigma_{cd} \tag{3.19}$$

可见，建筑物建造后引起的基底压力一部分补偿由基坑开挖所卸除的土的自重应力，一部分(基底附加压力)使地基土产生附加应力和沉降变形，基底附加压力是地基中附加应力计算的依据。

**例 3.4**　某矩形基础底面尺寸 $l = 2.4\text{m}$，$b = 1.6\text{m}$，埋深 $d = 2.0\text{m}$，所受荷载设计值 $M = 100\text{kN} \cdot \text{m}$，$F = 450\text{kN}$，其他条件见图 3.12。试求基底压力和基底附加压力。

**解**　1)求基础及其上覆土重

$A = lb = 2.4 \times 1.6\text{m}^2 = 3.84\text{m}^2$

$G = \gamma_G Ad = 20 \times 3.84 \times 2\text{kN} = 153.6\text{kN}$

2)求竖向荷载的合力

$R = F + G = (450 + 153.6)\text{kN} = 603.6\text{kN}$

3)求偏心矩

$e = \dfrac{M}{R} = \dfrac{100}{603.6}\text{m} = 0.166\text{m}$

$\dfrac{6e}{l} = \dfrac{6 \times 0.166}{2.4} = 0.415 < 1.0$

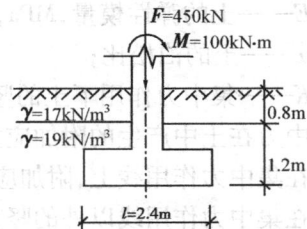

4)求基底压力

$\begin{matrix} p_{\max} \\ p_{\min} \end{matrix} = \dfrac{R}{A}\left(1 \pm \dfrac{6e}{l}\right) = \dfrac{603.6}{3.84}(1 \pm 0.415)\text{kPa} = \begin{matrix} 222.4 \\ 92.0 \end{matrix}\text{kPa}$

5)求基底附加压力

$\sigma_{cd} = (17 \times 0.8 + 19 \times 1.2)\text{kPa} = 36.4\text{kPa}$

$\begin{matrix} p_{0\max} \\ p_{0\min} \end{matrix} \quad \begin{matrix} p_{\max} \\ p_{\min} \end{matrix} - \sigma_{cd} = \left(\begin{matrix} 222.4 \\ 92.0 \end{matrix} - 36.4\right)\text{kPa} = \begin{matrix} 186.0 \\ 55.6 \end{matrix}\text{kPa}$

图 3.12

# 3.4　土中的附加应力

土中附加应力是指土在初始应力基础上增加的应力。土中附加应力计算一般假设地基土是均匀、连续、各向同性的半无限空间线性弹性体。这样就可以直接用弹性力学关于弹性半空间的理论解答。

### 3.4.1　竖向集中力作用下土中的附加应力计算

均质半空间弹性体表面上作用一竖向集中力，弹性体内任一点 $M$ 引起的应力和位移解析解，已由法国学者 J. 布辛奈斯克(Boussinesq,1885)用弹性力学理论导出。如图 3.13 所示，仅给出 $M$ 点的竖向应力和位移解答。

$$\sigma_z = \frac{3P}{2\pi R^2}\cos^3\theta = \frac{3P}{2\pi} \cdot \frac{z^3}{R^5} = K\frac{P}{z^2} \tag{3.20}$$

$$w = \frac{P(1+\mu)}{2\pi E}\left[\frac{z^2}{R^3} + 2(1-\mu)\frac{1}{R}\right] \tag{3.21}$$

式中　$\sigma_z$——$M$ 点的竖向附加应力,kPa;

　　　$w$——$M$ 点的竖向位移,mm;

　　　$P$——竖向集中力,kN;

　　　$R$——计算点到竖向集中力作用点的距离,m;$R = \sqrt{x^2+y^2+z^2}$;

　　　$Z$——计算点到荷载作用面的距离,m;

　　　$\theta$——$R$ 线与 $z$ 轴的夹角;

　　　$E$——土的弹性模量,MPa;

　　　$\mu$——土的泊松比;

　　　$K$——集中力作用下土的竖向附加应力系数,是 $r/z$ 的函数,可由表3.3查得。

集中力在土中产生的附加应力分布规律如图3.14所示。

①在集中力作用线上,附加应力随深度的增加逐渐减小。

②在集中力作用线以外的竖直线上,附加应力随深度的增加逐渐增大,至某一深度后随深度逐渐减小。

③在水平面上,附加应力在集中力作用线上最大,向四周逐渐减小。

**表3.3　集中力作用下竖向附加应力系数 $K$**

| $\frac{r}{z}$ | $K$ | $\frac{r}{z}$ | $K$ | $\frac{r}{z}$ | $K$ | $\frac{r}{z}$ | $K$ | $\frac{r}{z}$ | $K$ |
|---|---|---|---|---|---|---|---|---|---|
| 0.00 | 0.477 5 | 0.50 | 0.273 3 | 1.00 | 0.084 4 | 1.50 | 0.025 1 | 2.00 | 0.008 5 |
| 0.05 | 0.474 5 | 0.55 | 0.246 6 | 1.05 | 0.074 4 | 1.55 | 0.022 4 | 2.05 | 0.005 8 |
| 0.10 | 0.465 7 | 0.60 | 0.221 4 | 1.10 | 0.065 8 | 1.60 | 0.020 0 | 2.10 | 0.004 0 |
| 0.15 | 0.451 6 | 0.65 | 0.197 8 | 1.15 | 0.058 1 | 1.65 | 0.017 9 | 2.15 | 0.002 9 |
| 0.20 | 0.432 9 | 0.70 | 0.176 2 | 1.20 | 0.051 3 | 1.70 | 0.016 0 | 2.20 | 0.002 1 |
| 0.25 | 0.410 3 | 0.75 | 0.156 5 | 1.25 | 0.045 4 | 1.75 | 0.014 4 | 2.25 | 0.001 5 |
| 0.30 | 0.384 9 | 0.80 | 0.138 6 | 1.30 | 0.040 2 | 1.80 | 0.012 9 | 2.30 | 0.000 7 |
| 0.35 | 0.357 7 | 0.85 | 0.122 6 | 1.35 | 0.035 7 | 1.85 | 0.011 6 | 2.35 | 0.000 4 |
| 0.40 | 0.329 4 | 0.90 | 0.108 8 | 1.40 | 0.031 7 | 1.90 | 0.010 5 | 2.40 | 0.000 2 |
| 0.45 | 0.301 1 | 0.95 | 0.095 6 | 1.45 | 0.028 2 | 1.95 | 0.009 5 | 2.45 | 0.0001 |

**例3.5**　如图3.15所示,在地基上作用的集中力 $P = 200$kN,试求 $M$ 点的竖向附加应力 $\sigma_z$。

**解**　1)求点 $M$ 到荷载作用点的距离 $R$

$$R = \sqrt{x^2+y^2+z^2} = \sqrt{3^2+2^2+2.5^2}\text{m} = 4.39\text{m}$$

2)求附加应力 $\sigma_{cz}$

$$\sigma_z = \frac{3P}{2\pi}\cdot\frac{z^3}{R^5} = \frac{3\times200}{2\times3.14}\cdot\frac{2.5^3}{4.39^5}\text{kPa} = 0.9\text{kPa}$$

### 3.4.2　任意荷载作用下土中附加应力计算

当荷载为任意分布的竖向荷载时,可将荷载作用面划分成若干个小块,将小块上的荷载分

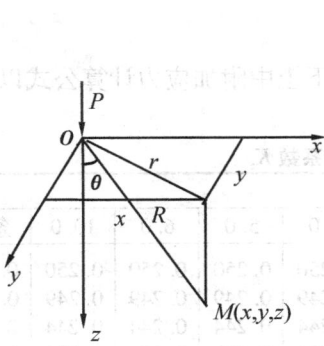

图 3.13　竖向集中力下土中加应力

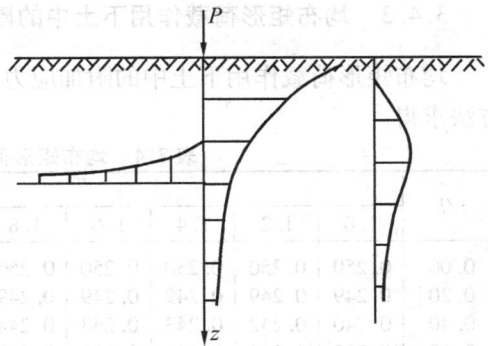

图 3.14　集中力作用下土中的
附加应力分布

布看做均匀的,以集中荷载代替分布荷载来计算土中附加应力,然后应用叠加原理来近似计算任意荷载在土中引起的附加应力。

如图 3.16 所示任意荷载,划分为 $n$ 个小块,设第 $j$ 小块的面积为 $A_j$,荷载强度平均值为 $P_j$,则有

$$P_j = P_j A_j$$

$P_j$ 在 $M$ 点引起的附加应力 $\sigma_{zj}$

$$\sigma_{zj} = \frac{3P_j}{2\pi} \cdot \frac{z^3}{R_j^5}$$

其中

$$R_j = \sqrt{x_j^2 + y_j^2 + z^2}$$

任意荷载在 $M$ 点引起的附加应力 $\sigma_z$

$$\sigma_z = \sum_{j=1}^{n} \sigma_{zj} = \frac{3z^3}{2\pi} \sum \frac{P_j A_j}{R_j^5} \qquad (3.22)$$

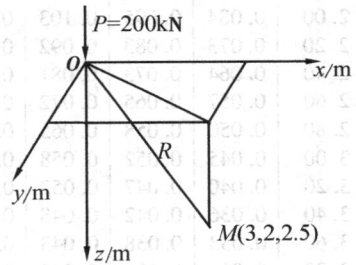

图 3.15

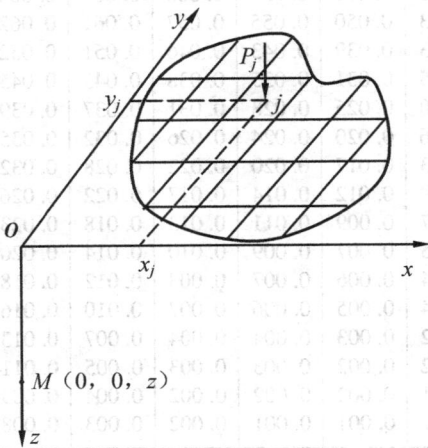

图 3.16　任意荷载作用下
土中附加应力

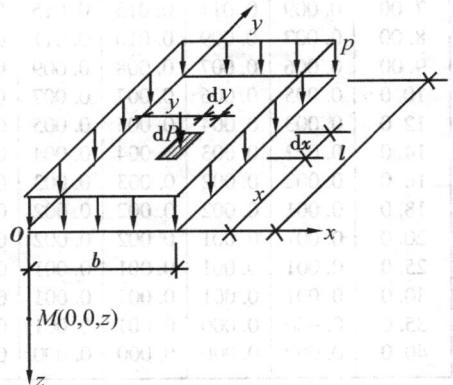

图 3.17　均布矩形荷载

### 3.4.3 均布矩形荷载作用下土中的附加应力计算

均布矩形荷载作用下土中的附加应力可利用集中力作用下土中附加应力计算公式以积分方法求得。

**表 3.4 均布矩形荷载下土中的附加应力系数 $K_c$**

| z/b | l/b | | | | | | | | | | | |
|------|-------|-------|-------|-------|-------|-------|-------|-------|-------|-------|-------|-------|
| | 1.0 | 1.2 | 1.4 | 1.6 | 1.8 | 2.0 | 3.0 | 4.0 | 5.0 | 6.0 | 10.0 | 条形 |
| 0.00 | 0.250 | 0.250 | 0.250 | 0.250 | 0.250 | 0.250 | 0.250 | 0.250 | 0.250 | 0.250 | 0.250 | 0.250 |
| 0.20 | 0.249 | 0.249 | 0.249 | 0.249 | 0.249 | 0.249 | 0.249 | 0.249 | 0.249 | 0.249 | 0.249 | 0.249 |
| 0.40 | 0.240 | 0.242 | 0.243 | 0.243 | 0.244 | 0.244 | 0.244 | 0.244 | 0.244 | 0.244 | 0.244 | 0.244 |
| 0.60 | 0.223 | 0.228 | 0.230 | 0.232 | 0.232 | 0.233 | 0.234 | 0.234 | 0.234 | 0.234 | 0.234 | 0.234 |
| 0.80 | 0.200 | 0.207 | 0.212 | 0.215 | 0.216 | 0.218 | 0.220 | 0.220 | 0.220 | 0.220 | 0.220 | 0.220 |
| 1.00 | 0.175 | 0.185 | 0.191 | 0.195 | 0.198 | 0.200 | 0.203 | 0.204 | 0.204 | 0.204 | 0.205 | 0.205 |
| 1.20 | 0.152 | 0.163 | 0.171 | 0.176 | 0.179 | 0.182 | 0.187 | 0.188 | 0.189 | 0.189 | 0.189 | 0.189 |
| 1.40 | 0.131 | 0.142 | 0.151 | 0.157 | 0.161 | 0.164 | 0.171 | 0.173 | 0.174 | 0.174 | 0.174 | 0.174 |
| 1.60 | 0.112 | 0.124 | 0.133 | 0.140 | 0.145 | 0.148 | 0.157 | 0.159 | 0.160 | 0.160 | 0.160 | 0.160 |
| 1.80 | 0.097 | 0.108 | 0.117 | 0.124 | 0.129 | 0.133 | 0.143 | 0.146 | 0.147 | 0.148 | 0.148 | 0.148 |
| 2.00 | 0.084 | 0.095 | 0.103 | 0.110 | 0.116 | 0.120 | 0.131 | 0.135 | 0.136 | 0.137 | 0.137 | 0.137 |
| 2.20 | 0.073 | 0.083 | 0.092 | 0.098 | 0.104 | 0.108 | 0.121 | 0.125 | 0.126 | 0.127 | 0.128 | 0.128 |
| 2.40 | 0.064 | 0.073 | 0.081 | 0.088 | 0.093 | 0.098 | 0.111 | 0.116 | 0.118 | 0.118 | 0.119 | 0.119 |
| 2.60 | 0.057 | 0.065 | 0.072 | 0.079 | 0.084 | 0.089 | 0.102 | 0.107 | 0.110 | 0.111 | 0.112 | 0.112 |
| 2.80 | 0.050 | 0.058 | 0.065 | 0.071 | 0.076 | 0.080 | 0.094 | 0.100 | 0.102 | 0.104 | 0.105 | 0.105 |
| 3.00 | 0.045 | 0.052 | 0.058 | 0.064 | 0.069 | 0.073 | 0.087 | 0.093 | 0.096 | 0.097 | 0.099 | 0.099 |
| 3.20 | 0.040 | 0.047 | 0.053 | 0.058 | 0.063 | 0.067 | 0.081 | 0.087 | 0.090 | 0.092 | 0.093 | 0.094 |
| 3.40 | 0.036 | 0.042 | 0.048 | 0.053 | 0.057 | 0.061 | 0.075 | 0.081 | 0.085 | 0.086 | 0.088 | 0.089 |
| 3.60 | 0.033 | 0.038 | 0.043 | 0.048 | 0.052 | 0.056 | 0.069 | 0.076 | 0.080 | 0.082 | 0.084 | 0.084 |
| 3.80 | 0.030 | 0.035 | 0.040 | 0.044 | 0.048 | 0.052 | 0.065 | 0.072 | 0.075 | 0.077 | 0.080 | 0.080 |
| 4.00 | 0.027 | 0.032 | 0.036 | 0.040 | 0.044 | 0.048 | 0.060 | 0.067 | 0.071 | 0.073 | 0.076 | 0.076 |
| 4.20 | 0.025 | 0.029 | 0.033 | 0.037 | 0.041 | 0.044 | 0.056 | 0.063 | 0.067 | 0.070 | 0.072 | 0.073 |
| 4.40 | 0.023 | 0.027 | 0.031 | 0.034 | 0.038 | 0.041 | 0.053 | 0.060 | 0.064 | 0.066 | 0.069 | 0.070 |
| 4.60 | 0.021 | 0.025 | 0.028 | 0.032 | 0.035 | 0.038 | 0.049 | 0.056 | 0.061 | 0.063 | 0.066 | 0.067 |
| 4.80 | 0.019 | 0.023 | 0.026 | 0.029 | 0.032 | 0.035 | 0.046 | 0.053 | 0.058 | 0.060 | 0.064 | 0.064 |
| 5.00 | 0.018 | 0.021 | 0.024 | 0.027 | 0.030 | 0.033 | 0.043 | 0.050 | 0.055 | 0.057 | 0.061 | 0.062 |
| 6.00 | 0.013 | 0.015 | 0.017 | 0.020 | 0.022 | 0.024 | 0.033 | 0.039 | 0.043 | 0.046 | 0.051 | 0.052 |
| 7.00 | 0.009 | 0.011 | 0.013 | 0.015 | 0.016 | 0.018 | 0.025 | 0.031 | 0.035 | 0.038 | 0.043 | 0.045 |
| 8.00 | 0.007 | 0.009 | 0.010 | 0.011 | 0.013 | 0.014 | 0.020 | 0.025 | 0.028 | 0.031 | 0.037 | 0.039 |
| 9.00 | 0.006 | 0.007 | 0.008 | 0.009 | 0.010 | 0.011 | 0.016 | 0.020 | 0.024 | 0.026 | 0.032 | 0.035 |
| 10.0 | 0.005 | 0.006 | 0.007 | 0.007 | 0.008 | 0.009 | 0.013 | 0.017 | 0.020 | 0.022 | 0.028 | 0.032 |
| 12.0 | 0.003 | 0.004 | 0.005 | 0.005 | 0.006 | 0.006 | 0.009 | 0.012 | 0.014 | 0.017 | 0.022 | 0.026 |
| 14.0 | 0.002 | 0.003 | 0.004 | 0.004 | 0.004 | 0.005 | 0.007 | 0.009 | 0.011 | 0.013 | 0.018 | 0.023 |
| 16.0 | 0.002 | 0.002 | 0.003 | 0.003 | 0.003 | 0.004 | 0.005 | 0.007 | 0.009 | 0.010 | 0.014 | 0.020 |
| 18.0 | 0.001 | 0.002 | 0.002 | 0.002 | 0.003 | 0.003 | 0.004 | 0.006 | 0.007 | 0.008 | 0.012 | 0.018 |
| 20.0 | 0.001 | 0.001 | 0.002 | 0.002 | 0.002 | 0.002 | 0.004 | 0.005 | 0.006 | 0.007 | 0.010 | 0.016 |
| 25.0 | 0.001 | 0.001 | 0.001 | 0.001 | 0.001 | 0.002 | 0.002 | 0.003 | 0.004 | 0.004 | 0.007 | 0.013 |
| 30.0 | 0.001 | 0.001 | 0.001 | 0.001 | 0.001 | 0.001 | 0.002 | 0.002 | 0.003 | 0.003 | 0.005 | 0.011 |
| 35.0 | 0.000 | 0.000 | 0.001 | 0.001 | 0.001 | 0.001 | 0.001 | 0.002 | 0.002 | 0.002 | 0.004 | 0.009 |
| 40.0 | 0.000 | 0.000 | 0.000 | 0.000 | 0.001 | 0.001 | 0.001 | 0.001 | 0.001 | 0.002 | 0.003 | 0.008 |

**（1）角点下的附加应力**

如图 3.17 所示，均布矩形荷载长度为 $l$，宽度为 $b$。在矩形面积上取一微面积 $dA = dxdy$，

微面积上的合力为 $\mathrm{d}P = p\mathrm{d}A$，其在点 $M$ 处产生的附加应力为

$$\mathrm{d}\sigma_z = \frac{3p}{2\pi} \cdot \frac{z^3}{(x^2 + y^2 + z^2)^{5/2}}\mathrm{d}x\mathrm{d}y$$

积分得均布矩形荷载下土中的附加应力

$$\sigma_z = \iint_A \mathrm{d}\sigma_z = \frac{3pz^3}{2\pi}\int_0^l\int_0^b \frac{1}{(x^2 + y^2 + z^2)^{5/2}}\mathrm{d}x\mathrm{d}y =$$

$$\frac{p}{2\pi}\left[\arctan\frac{m}{n\sqrt{1 + m^2 + n^2}} + \frac{mn}{\sqrt{1 + m^2 + n^2}}\left(\frac{1}{m^2 + n^2} + \frac{1}{1 + n^2}\right)\right] = \tag{3.23}$$

$$K_c p$$

式中　$K_c$——均布矩形荷载下土中的附加应力系数，$K_c = f\left(\dfrac{l}{b}, \dfrac{z}{b}\right)$，见表 3.4，表中 $m = \dfrac{l}{b}$，

$n = \dfrac{z}{b}$；

$p$——均布矩形荷载强度，kPa。

**(2)任意点下的附加应力**

均布矩形荷载作用下土中任意点下的附加应力可利用式(3.23)和叠加原理求解，此法称为角点法。均布矩形荷载下土中任意点下的附加应力计算有四种情况。如图 3.18 所示，设定 ABCD 为荷载作用面，计算 $O$ 点下的附加应力。过 $O$ 点作辅助线，将矩形均布荷载 ABCD 划分为小矩形均布荷载，$O$ 点便成为小矩形均布荷载的角点，分别计算各矩形荷载角点下的附加应力，然后叠加即可。

1)计算点在矩形荷载作用面中

如图 3.15(a)所示，荷载作用面及相应的附加应力系数列于表3.5。

**表 3.5　荷载作用面及相应的附加应力系数**

| 荷载作用面 | OGCH | OHDE | OEAF | OFBH |
|---|---|---|---|---|
| $K_c$ | $K_{c1}$ | $K_{c2}$ | $K_{c3}$ | $K_{c4}$ |

$$\sigma_z = (K_{c1} + K_{c2} + K_{c3} + K_{c4})p_0 \tag{3.24}$$

2)计算点在矩形荷载边缘上

如图 3.18(b)所示，荷载作用面及相应的附加应力系数列于表3.6。

**表 3.6　荷载作用面及相应的附加应力系数**

| 荷载作用面 | OCDE | OEAB |
|---|---|---|
| $K_c$ | $K_{c1}$ | $K_{c2}$ |

$$\sigma_z = (K_{c1} + K_{c2})p_0 \tag{3.25}$$

3)计算点在矩形荷载一边外

如图 3.18(c)所示，荷载作用面及相应的附加应力系数列于表3.7。

**表 3.7　荷载作用面及相应的附加应力系数**

| 荷载作用面 | OGDE | OEAF | OGCH | OHBF |
|---|---|---|---|---|
| $K_c$ | $K_{c1}$ | $K_{c2}$ | $K_{c3}$ | $K_{c4}$ |

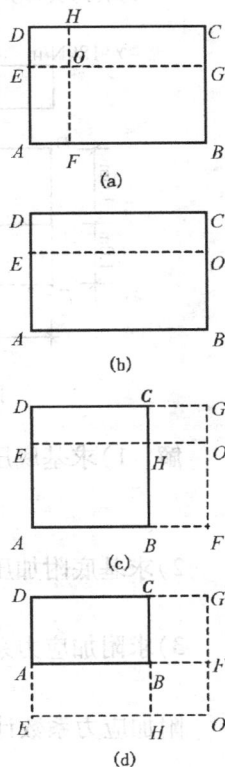

图 3.18　角点法应用

$$\sigma_z = (K_{c1} + K_{c2} - K_{c3} - K_{c4})p_0 \tag{3.26}$$

4)计算点在矩形荷载两边外

如图 3.18(d)所示,荷载作用面及相应的附加应力系数列于表 3.8。

表 3.8　荷载作用面及相应的附加应力系数

| 荷载作用面 | OGDE | OGCH | OFAE | OFBH |
|---|---|---|---|---|
| $K_c$ | $K_{c1}$ | $K_{c2}$ | $K_{c3}$ | $K_{c4}$ |

$$\sigma_z = (K_{c1} - K_{c2} - K_{c3} + K_{c4})p_0 \tag{3.27}$$

**例 3.6**　如图 3.19 所示,基底尺寸 $l = 2.4\text{m}$, $b = 1.6\text{m}$,求地表 $O$ 点下深 4.0m 处土的附加应力。

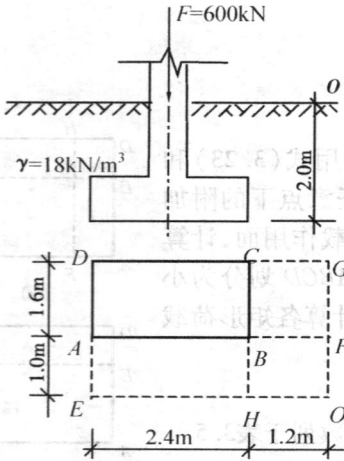

图 3.19

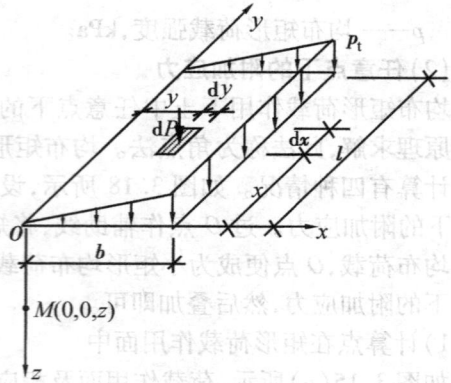

图 3.20　矩形面积三角形分布荷载

**解**　1)求基底压力

$$p = \frac{F}{A} + \gamma_G d = \left(\frac{600}{2.4 \times 1.6} + 20 \times 2.0\right)\text{kPa} = 196.3\text{kPa}$$

2)求基底附加压力

$$p_0 = p - \gamma_0 d = (196.3 - 18 \times 2)\text{kPa} = 160.3\text{kPa}$$

3)求附加应力系数

$$z = 4.0 - d = 2.0\text{m}$$

附加应力系数计算列于表 3.9。

表 3.9　附加应力系数计算

| 荷载作用面 | OGDE | OGCH | OFAE | OFBH |
|---|---|---|---|---|
| $l$ | 3.6 | 2.6 | 3.6 | 1.2 |
| $b$ | 2.6 | 1.2 | 1.0 | 1.0 |
| $l/b$ | 1.15 | 2.17 | 3.6 | 1.2 |
| $z/b$ | 0.77 | 1.67 | 2.0 | 2.0 |
| $K_c$ | 0.209 3 | 0.145 4 | 0.133 9 | 0.094 7 |

$$K_c = K_{c1} - K_{c2} - K_{c3} + K_{c4} =$$
$$0.209\,3 - 0.145\,4 - 0.133\,9 + 0.094\,7 = 0.024\,7$$

4)求附加应力

$$\sigma_z = K_c p_0 = 160.3 \times 0.024\,7\text{kPa} = 4.0\text{kPa}$$

### 3.4.4　矩形面积三角形分布荷载作用下土中的附加应力计算

矩形面积三角形分布荷载(图3.20)作用下土中的附加应力计算原理和均布矩形荷载作用下土中的附加应力计算类似。

**(1)角点下的附加应力**

荷载强度为零($p = 0$)的角点下土中附加应力计算

$$\sigma_z = \frac{mn}{2\pi}\left[\frac{1}{\sqrt{m^2 + n^2}} - \frac{n^2}{(1 + n^2)\sqrt{1 + m^2 + n^2}}\right] \cdot p_t = K_{t1} p_t \tag{3.28}$$

荷载强度最大($p = p_t$)的角点下土中附加应力计算

$$\sigma_z = K_{t2} p_t \tag{3.29}$$

式中　$m = l/b, n = z/b$;

$p_t$——三角形分布荷载强度最大值,kPa;

$K_{t1}$、$K_{t2}$——分别为荷载强度为零($p = 0$)和荷载强度最大($p = p_t$)的角点下的附加应力系数,都是$l/b, z/b$的函数,可由表3.10查得;

$b$——荷载呈三角形分布方向的尺寸,m。

**表 3.10　矩形面积三角形分布荷载角点下的附加应力系数 $K_t$**

| $l/b$ <br> $z/b$ | 0.2 | | 0.4 | | 0.6 | | 0.8 | | 1.0 | |
|---|---|---|---|---|---|---|---|---|---|---|
| | $K_{t1}$ | $K_{t2}$ | $K_{t1}$ | $K_{t2}$ | $K_{t1}$ | $K_{t2}$ | $K_{t1}$ | $K_{t2}$ | $K_{t1}$ | $K_{t2}$ |
| 0.0 | 0.000 0 | 0.250 0 | 0.000 0 | 0.250 0 | 0.000 0 | 0.250 0 | 0.000 0 | 0.250 0 | 0.000 0 | 0.250 0 |
| 0.2 | 0.022 3 | 0.182 1 | 0.028 0 | 0.211 5 | 0.029 6 | 0.216 5 | 0.030 1 | 0.217 8 | 0.030 4 | 0.218 2 |
| 0.4 | 0.026 9 | 0.109 4 | 0.042 0 | 0.160 4 | 0.048 7 | 0.178 1 | 0.051 7 | 0.184 4 | 0.053 1 | 0.187 0 |
| 0.6 | 0.025 9 | 0.070 0 | 0.044 8 | 0.116 5 | 0.056 0 | 0.140 5 | 0.062 1 | 0.152 0 | 0.065 4 | 0.157 5 |
| 0.8 | 0.023 2 | 0.048 0 | 0.042 1 | 0.085 3 | 0.055 3 | 0.109 3 | 0.063 7 | 0.123 2 | 0.068 8 | 0.131 1 |
| 1.0 | 0.020 1 | 0.034 6 | 0.037 5 | 0.063 8 | 0.050 8 | 0.085 2 | 0.060 2 | 0.099 6 | 0.066 6 | 0.108 6 |
| 1.2 | 0.017 1 | 0.026 0 | 0.032 4 | 0.049 1 | 0.045 0 | 0.067 3 | 0.054 6 | 0.080 7 | 0.061 5 | 0.090 1 |
| 1.4 | 0.014 5 | 0.020 2 | 0.027 8 | 0.038 6 | 0.039 2 | 0.054 0 | 0.048 3 | 0.066 1 | 0.055 4 | 0.075 1 |
| 1.6 | 0.012 3 | 0.016 0 | 0.023 8 | 0.031 0 | 0.033 9 | 0.044 0 | 0.042 4 | 0.054 7 | 0.049 2 | 0.062 8 |
| 1.8 | 0.010 5 | 0.013 0 | 0.020 4 | 0.025 4 | 0.029 4 | 0.036 3 | 0.037 1 | 0.045 7 | 0.043 5 | 0.053 4 |
| 2.0 | 0.009 0 | 0.010 8 | 0.017 6 | 0.021 1 | 0.025 5 | 0.030 4 | 0.032 4 | 0.038 7 | 0.038 4 | 0.045 6 |
| 2.5 | 0.006 3 | 0.007 2 | 0.012 5 | 0.014 0 | 0.018 3 | 0.020 5 | 0.023 6 | 0.026 5 | 0.028 4 | 0.031 3 |
| 3.0 | 0.004 6 | 0.005 1 | 0.009 2 | 0.010 0 | 0.013 5 | 0.014 8 | 0.017 6 | 0.019 2 | 0.021 4 | 0.023 3 |
| 5.0 | 0.001 8 | 0.001 9 | 0.003 6 | 0.003 8 | 0.005 4 | 0.005 6 | 0.007 1 | 0.007 4 | 0.008 8 | 0.009 1 |
| 7.0 | 0.000 9 | 0.001 0 | 0.001 9 | 0.001 9 | 0.002 8 | 0.002 9 | 0.003 8 | 0.003 8 | 0.004 7 | 0.004 7 |
| 10.0 | 0.000 5 | 0.000 4 | 0.000 9 | 0.001 0 | 0.001 4 | 0.001 4 | 0.001 9 | 0.001 9 | 0.002 4 | 0.002 4 |

续表

| l/b<br>z/b | 1.2 | | 1.4 | | 1.6 | | 1.8 | | 2.0 | |
|---|---|---|---|---|---|---|---|---|---|---|
| | $K_{t1}$ | $K_{t2}$ | $K_{t1}$ | $K_{t2}$ | $K_{t1}$ | $K_{t2}$ | $K_{t1}$ | $K_{t2}$ | $K_{t1}$ | $K_{t2}$ |
| 0.0 | 0.000 0 | 0.250 0 | 0.000 0 | 0.250 0 | 0.000 0 | 0.250 0 | 0.000 0 | 0.250 0 | 0.000 0 | 0.250 0 |
| 0.2 | 0.030 5 | 0.214 8 | 0.030 5 | 0.218 5 | 0.030 6 | 0.218 5 | 0.030 6 | 0.218 5 | 0.030 6 | 0.218 5 |
| 0.4 | 0.053 9 | 0.188 1 | 0.054 3 | 0.188 6 | 0.054 5 | 0.188 9 | 0.054 6 | 0.189 1 | 0.054 7 | 0.189 2 |
| 0.6 | 0.067 3 | 0.160 2 | 0.068 4 | 0.161 6 | 0.069 0 | 0.162 5 | 0.069 4 | 0.163 0 | 0.069 6 | 0.163 3 |
| 0.8 | 0.072 2 | 0.135 5 | 0.073 9 | 0.138 1 | 0.075 1 | 0.139 6 | 0.075 9 | 0.140 5 | 0.076 4 | 0.141 2 |
| 1.0 | 0.070 8 | 0.114 3 | 0.073 5 | 0.117 6 | 0.075 3 | 0.120 2 | 0.076 6 | 0.121 8 | 0.077 4 | 0.122 5 |
| 1.2 | 0.066 4 | 0.096 2 | 0.069 2 | 0.100 7 | 0.072 1 | 0.103 7 | 0.073 8 | 0.105 5 | 0.074 9 | 0.106 9 |
| 1.4 | 0.060 6 | 0.081 7 | 0.064 4 | 0.086 4 | 0.067 7 | 0.089 7 | 0.069 2 | 0.092 1 | 0.070 7 | 0.093 7 |
| 1.6 | 0.054 5 | 0.069 6 | 0.058 6 | 0.074 3 | 0.061 6 | 0.078 0 | 0.063 9 | 0.080 6 | 0.065 6 | 0.082 6 |
| 1.8 | 0.048 7 | 0.059 6 | 0.052 8 | 0.064 4 | 0.056 0 | 0.068 1 | 0.058 5 | 0.070 9 | 0.060 4 | 0.073 0 |
| 2.0 | 0.043 4 | 0.051 3 | 0.047 4 | 0.056 0 | 0.050 7 | 0.059 6 | 0.053 3 | 0.062 5 | 0.055 3 | 0.064 9 |
| 2.5 | 0.032 6 | 0.036 5 | 0.036 2 | 0.040 5 | 0.039 3 | 0.044 0 | 0.041 9 | 0.046 9 | 0.044 0 | 0.049 1 |
| 3.0 | 0.024 9 | 0.027 0 | 0.028 0 | 0.030 3 | 0.030 7 | 0.033 3 | 0.033 1 | 0.035 9 | 0.035 2 | 0.038 0 |
| 5.0 | 0.010 4 | 0.010 8 | 0.012 0 | 0.012 3 | 0.013 5 | 0.013 9 | 0.014 8 | 0.015 5 | 0.016 1 | 0.016 7 |
| 7.0 | 0.005 6 | 0.005 6 | 0.006 4 | 0.006 6 | 0.007 3 | 0.007 4 | 0.008 1 | 0.008 3 | 0.008 9 | 0.009 1 |
| 10.0 | 0.002 8 | 0.002 8 | 0.003 3 | 0.003 2 | 0.003 7 | 0.003 7 | 0.004 1 | 0.004 2 | 0.004 6 | 0.004 6 |

| l/b<br>z/b | 3.0 | | 4.0 | | 6.0 | | 8.0 | | 10.0 | |
|---|---|---|---|---|---|---|---|---|---|---|
| | $K_{t1}$ | $K_{t2}$ | $K_{t1}$ | $K_{t2}$ | $K_{t1}$ | $K_{t2}$ | $K_{t1}$ | $K_{t2}$ | $K_{t1}$ | $K_{t2}$ |
| 0.0 | 0.000 0 | 0.250 0 | 0.000 0 | 0.250 0 | 0.000 0 | 0.250 0 | 0.000 0 | 0.250 0 | 0.000 0 | 0.250 0 |
| 0.2 | 0.030 6 | 0.218 6 | 0.030 6 | 0.218 6 | 0.030 6 | 0.218 6 | 0.030 6 | 0.218 6 | 0.030 6 | 0.218 6 |
| 0.4 | 0.054 8 | 0.189 4 | 0.054 9 | 0.189 4 | 0.054 9 | 0.189 4 | 0.054 9 | 0.189 4 | 0.054 9 | 0.189 4 |
| 0.6 | 0.070 1 | 0.163 8 | 0.070 2 | 0.163 9 | 0.070 2 | 0.164 0 | 0.070 2 | 0.164 0 | 0.070 2 | 0.164 0 |
| 0.8 | 0.077 3 | 0.142 3 | 0.077 6 | 0.142 4 | 0.077 6 | 0.142 6 | 0.077 6 | 0.142 6 | 0.077 6 | 0.142 6 |
| 1.0 | 0.079 0 | 0.124 4 | 0.079 4 | 0.124 8 | 0.079 5 | 0.125 0 | 0.079 6 | 0.125 0 | 0.079 6 | 0.125 0 |
| 1.2 | 0.077 4 | 0.109 6 | 0.077 9 | 0.110 3 | 0.078 2 | 0.110 5 | 0.078 3 | 0.110 5 | 0.078 3 | 0.110 5 |
| 1.4 | 0.073 9 | 0.097 3 | 0.074 4 | 0.098 2 | 0.075 2 | 0.098 6 | 0.075 2 | 0.098 7 | 0.075 3 | 0.098 7 |
| 1.6 | 0.069 7 | 0.087 0 | 0.070 8 | 0.088 2 | 0.071 4 | 0.088 7 | 0.071 5 | 0.088 8 | 0.071 5 | 0.088 9 |
| 1.8 | 0.065 2 | 0.078 2 | 0.066 6 | 0.079 7 | 0.067 3 | 0.080 5 | 0.067 5 | 0.080 6 | 0.067 5 | 0.080 8 |
| 2.0 | 0.060 7 | 0.070 7 | 0.062 4 | 0.072 6 | 0.063 4 | 0.073 4 | 0.063 6 | 0.073 6 | 0.063 6 | 0.073 8 |
| 2.5 | 0.050 4 | 0.055 9 | 0.052 4 | 0.058 5 | 0.054 3 | 0.060 1 | 0.054 7 | 0.060 4 | 0.054 8 | 0.060 5 |
| 3.0 | 0.041 9 | 0.045 1 | 0.044 9 | 0.048 2 | 0.046 9 | 0.050 4 | 0.047 4 | 0.050 9 | 0.047 6 | 0.051 1 |
| 5.0 | 0.021 4 | 0.022 1 | 0.024 8 | 0.025 6 | 0.028 3 | 0.029 0 | 0.029 6 | 0.030 3 | 0.030 1 | 0.030 9 |
| 7.0 | 0.012 4 | 0.012 6 | 0.015 4 | 0.015 5 | 0.018 6 | 0.019 0 | 0.020 7 | 0.020 7 | 0.021 2 | 0.021 6 |
| 10.0 | 0.006 6 | 0.006 6 | 0.008 4 | 0.008 3 | 0.011 1 | 0.011 1 | 0.012 8 | 0.013 0 | 0.013 9 | 0.014 1 |

**(2)任意点下的附加应力**

矩形面积三角形分布荷载作用下任意点下的附加应力,亦可按角点法计算。以图 3.21(a)为例,计算点在荷载作用面 AB 边上的 O 点下。O 点下土中附加应力,可由图 3.21(b),(c), （d）三种荷载情况叠加得到。图中 $p_1 = \dfrac{a}{b}p_{\rm t}$，$p_2 = p_{\rm t} - p_1$。若 $a = b/2$，则图 3.21（c），（d）两种荷载情况应力叠加结果为零，$O$ 点下的附加应力可按 $p = p_{\rm t}/2$ 的矩形均布荷载计算。实际上当 $a = b/2$ 时，$OE$ 线下的附加应力均可按 $p = p_{\rm t}/2$ 的矩形均布荷载计算。

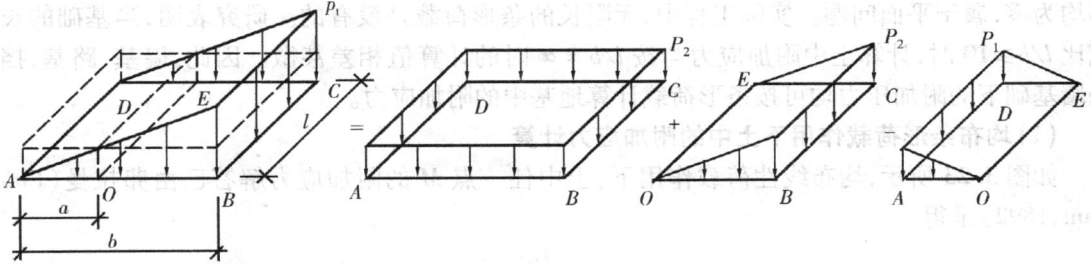

图 3.21　角点法应用

### 3.4.5　圆形面积均布荷载作用下土中的附加应力计算

如图 3.22 所示，用类似于求矩形均布荷载作用下土中附加应力的方法，可得圆形面积均布荷载圆心下土的附加应力计算公式：

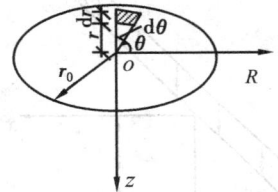

图 3.22　均布圆形荷载

$$\sigma_z = \left[ 1 - \frac{1}{(m^2 + 1)^{3/2}} \right] \cdot p = K_0 p \qquad (3.30)$$

同理，可到得圆形面积均布荷载周边下土的附加应力：

$$\sigma_z = K_r p \qquad (3.31)$$

式中　$m = \dfrac{z}{r_0}$；

$K_0$——圆心 $O$ 点下土的附加应力系数，$K_0 = f(m)$；

$K_r$——周边下土的附加应力系数，$K_r = f(m)$。$K_0$，$K_r$ 可由表 3.11 查得。

表 3.11　均布圆形荷载中点和周边下的附加应力系数

| $z/r_0$ | $K_0$ | $K_r$ | $z/r_0$ | $K_0$ | $K_r$ | $z/r_0$ | $K_0$ | $K_r$ |
|---|---|---|---|---|---|---|---|---|
| 0.0 | 1.000 | 0.500 | 1.6 | 0.390 | 0.244 | 3.2 | 0.130 | 0.103 |
| 0.1 | 0.999 | 0.482 | 1.7 | 0.360 | 0.229 | 3.3 | 0.124 | 0.099 |
| 0.2 | 0.993 | 0.464 | 1.8 | 0.332 | 0.217 | 3.4 | 0.117 | 0.094 |
| 0.3 | 0.976 | 0.447 | 1.9 | 0.307 | 0.204 | 3.5 | 0.111 | 0.089 |
| 0.4 | 0.949 | 0.432 | 2.0 | 0.285 | 0.193 | 3.6 | 0.106 | 0.084 |
| 0.5 | 0.911 | 0.412 | 2.1 | 0.264 | 0.182 | 3.7 | 0.100 | 0.079 |
| 0.6 | 0.864 | 0.374 | 2.2 | 0.246 | 0.172 | 3.8 | 0.096 | 0.074 |
| 0.7 | 0.811 | 0.369 | 2.3 | 0.229 | 0.162 | 3.9 | 0.091 | 0.070 |
| 0.8 | 0.756 | 0.363 | 2.4 | 0.211 | 0.154 | 4.0 | 0.087 | 0.066 |
| 0.9 | 0.701 | 0.347 | 2.5 | 0.200 | 0.146 | 4.2 | 0.079 | 0.058 |
| 1.0 | 0.646 | 0.332 | 2.6 | 0.187 | 0.139 | 4.4 | 0.073 | 0.052 |
| 1.1 | 0.595 | 0.313 | 2.7 | 0.175 | 0.133 | 4.6 | 0.067 | 0.049 |
| 1.2 | 0.547 | 0.303 | 2.8 | 0.165 | 0.125 | 4.8 | 0.062 | 0.047 |
| 1.3 | 0.502 | 0.286 | 2.9 | 0.155 | 0.119 | 5.0 | 0.057 | 0.045 |
| 1.4 | 0.461 | 0.270 | 3.0 | 0.146 | 0.113 | | | |
| 1.5 | 0.424 | 0.256 | 3.1 | 0.138 | 0.108 | | | |

### 3.4.6 条形荷载作用下土中附加应力计算

条形荷载是宽度有限,长度无限的分布荷载。若其在长度方向的分布不变,由对称性可知,其在土中垂直于长度方向任一截面上产生的应力分布规律相同,沿长度方向土的应变和位移均为零,属于平面问题。实际工程中,无限长的条形荷载是没有的。研究表明,当基础的长宽比 $l/b \geq 10$ 时,计算土中附加应力与按 $l/b = \infty$ 时的计算值相差甚微。因此,墙基、路基、挡土墙基础下的附加压力均可按条形荷载计算地基中的附加应力。

**(1)均布条形荷载作用下土中的附加应力计算**

如图 3.23 所示,均布线性荷载作用下,土中任一点 $M$ 的附加应力解答已由弗拉曼(Flamant,1892)推得

$$\sigma_z = \frac{2pz^3}{\pi(x^2 + z^2)^2} \tag{3.32}$$

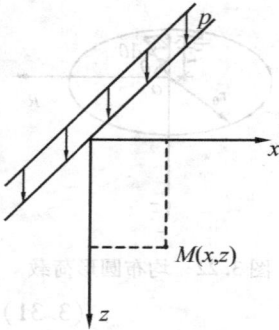

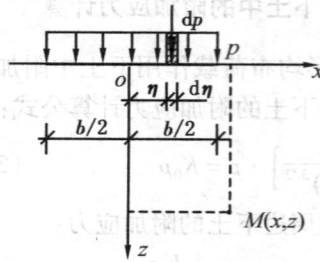

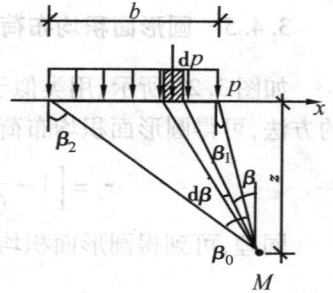

图 3.23 均布线荷载　　图 3.24 均布条形荷载直角坐标解　　图 3.25 均布条形荷载极坐标解

如图 3.24 所示,取均布条形荷载宽度的中点作为坐标原点,则土中任一点的附加应力可由式(3.32)通过积分得到

$$d\sigma_z = \frac{2pz^3}{\pi} \cdot \frac{d\eta}{[(x-\eta)^2 + z^2]^2}$$

$$\sigma_z = \int_{-b/2}^{b/2} d\sigma_z = \frac{2pz^3}{\pi} \int_{-b/2}^{b/2} \frac{1}{[(x-\eta)^2 + z^2]^2} d\eta =$$

$$\frac{p}{\pi}\left[ \arctan\frac{m}{n} + \frac{mn}{m^2 + n^2} - \arctan\frac{m-1}{n} - \frac{n(m-1)}{n^2 + (m-1)^2} \right] = K_{sz}p \tag{3.33}$$

式中　$m = x/b$,$n = z/b$;

　　$K_{sz}$——均布条形荷载作用下土中的附加应力系数,$K_{sz} = f(m,n)$,可由表 3.12 查得。

同样的道理,也可以得到均布条形荷载作用下土中任一点 $M$ 的附加应力的极坐标解答(图 3.25)。

附加应力分量

$$\sigma_z = \frac{p}{\pi}\left[ \sin\beta_2\cos\beta_2 - \sin\beta_1\cos\beta_1 + (\beta_2 - \beta_1) \right] \tag{3.34}$$

$$\sigma_x = \frac{p}{\pi}\left[ -\sin(\beta_2 - \beta_1)\cos(\beta_2 + \beta_1) + (\beta_2 - \beta_1) \right] \tag{3.35}$$

$$\tau_{xz} = \frac{p}{\pi}(\sin^2\beta_2 - \sin^2\beta_1) \tag{3.36}$$

主应力

$$\frac{\sigma_1}{\sigma_2} = \frac{p}{\pi}(\beta_0 \pm \sin\beta_0) \tag{3.37}$$

表 3.12　均布条形荷载作用下土中的附加应力系数 $K_{sz}$

| z/b | x/b | | | | | |
|---|---|---|---|---|---|---|
| | 0.00 | 0.25 | 0.50 | 1.0 | 1.5 | 2.0 |
| 0.00 | 1.00 | 1.00 | 0.50 | 0.00 | 0.00 | 0.00 |
| 0.25 | 0.96 | 0.90 | 0.50 | 0.02 | 0.00 | 0.00 |
| 0.50 | 0.82 | 0.74 | 0.48 | 0.08 | 0.02 | 0.00 |
| 0.75 | 0.67 | 0.61 | 0.45 | 0.15 | 0.04 | 0.02 |
| 1.00 | 0.55 | 0.51 | 0.41 | 0.19 | 0.07 | 0.03 |
| 1.25 | 0.46 | 0.44 | 0.37 | 0.20 | 0.10 | 0.04 |
| 1.50 | 0.40 | 0.38 | 0.33 | 0.21 | 0.11 | 0.06 |
| 1.75 | 0.35 | 0.34 | 0.30 | 0.21 | 0.13 | 0.07 |
| 2.00 | 0.31 | 0.31 | 0.28 | 0.20 | 0.14 | 0.08 |
| 3.00 | 0.21 | 0.21 | 0.20 | 0.17 | 0.13 | 0.10 |
| 4.00 | 0.16 | 0.16 | 0.15 | 0.14 | 0.12 | 0.10 |
| 5.00 | 0.13 | 0.13 | 0.12 | 0.12 | 0.11 | 0.09 |
| 6.00 | 0.11 | 0.10 | 0.10 | 0.10 | 0.10 | — |

**（2）三角形分布条形荷载作用下土中的附加应力计算**

如图 3.26 所示,为三角形分布条形荷载作用情况,荷载最大值为 $p_t$,坐标原点取在零荷载处,以荷载增大的方向为 $x$ 的正方向。应用式(3.31)积分得

$$\sigma_z = \frac{p_t}{\pi}\left[m\left(\arctan\frac{m}{n} - \arctan\frac{m-1}{n}\right) - \frac{n(m-1)}{(m-1)^2 + n^2}\right] = K_{tz}p_t \tag{3.38}$$

式中　$m = x/b, n = z/b$;

　　$K_{tz}$——三角形分布条形荷载作用下土中的附加应力系数,$K_{tz} = f(m,n)$,可由表 3.13 查
　　　　得。

表 3.13　三角形分布条形荷载作用下土中的附加应力系数 $K_{tz}$

| z/b | x/b | | | | | | | | |
|---|---|---|---|---|---|---|---|---|---|
| | -0.50 | -0.25 | 0.00 | 0.25 | 0.50 | 0.75 | 1.00 | 1.25 | 1.50 |
| 0.0 | 0.000 | 0.000 | 0.003 | 0.249 | 0.500 | 0.750 | 0.497 | 0.000 | 0.000 |
| 0.1 | 0.000 | 0.002 | 0.032 | 0.251 | 0.498 | 0.737 | 0.468 | 0.010 | 0.002 |
| 0.2 | 0.003 | 0.009 | 0.061 | 0.255 | 0.489 | 0.682 | 0.437 | 0.050 | 0.009 |
| 0.4 | 0.010 | 0.036 | 0.110 | 0.263 | 0.441 | 0.534 | 0.379 | 0.137 | 0.043 |
| 0.6 | 0.030 | 0.066 | 0.140 | 0.258 | 0.378 | 0.421 | 0.328 | 0.177 | 0.080 |
| 0.8 | 0.050 | 0.089 | 0.155 | 0.243 | 0.321 | 0.343 | 0.285 | 0.188 | 0.106 |
| 1.0 | 0.065 | 0.104 | 0.159 | 0.224 | 0.275 | 0.286 | 0.250 | 0.184 | 0.121 |
| 1.2 | 0.070 | 0.111 | 0.154 | 0.204 | 0.239 | 0.246 | 0.221 | 0.176 | 0.126 |
| 1.4 | 0.080 | 0.144 | 0.151 | 0.486 | 0.210 | 0.215 | 0.198 | 0.165 | 0.127 |
| 2.0 | 0.090 | 0.108 | 0.127 | 0.143 | 0.153 | 0.155 | 0.147 | 0.134 | 0.115 |

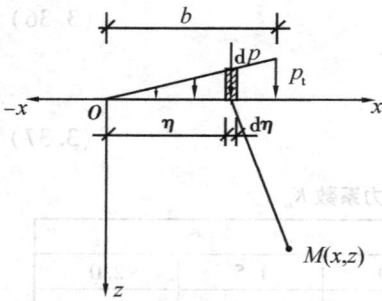

图 3.26 三角形分布条形荷载

**例** 3.7 如图 3.27 所示,某条形基础底面宽度 $b = 2.0\text{m}$,所受轴向荷载设计值 $F = 250\text{kN/m}$,地基土的重度 $\gamma = 18\text{kN/m}^3$,试求基础中心点下各点的附加应力。

**解** 1)求基底压力

$$p = \frac{F}{b} + \gamma_c d = \frac{250}{2} + 20 \times 1.5 = 155$$

2)求基底附加压力

$$p_0 = p - \gamma_0 d = 155 - 18 \times 1.5 = 128$$

3)求地基中的附加应力

$$\frac{x}{b} = 0 \qquad \sigma_z = K_{sz} p_0$$

附加应力计算列于表3.14。

表 3.14

| 计算点 | $z/\text{m}$ | $z/b$ | $K_{sz}$ | $\sigma_z/\text{kPa}$ |
|---|---|---|---|---|
| 0 | 0.0 | 0.00 | 1.00 | 128.0 |
| 1 | 0.5 | 0.25 | 0.96 | 122.9 |
| 2 | 1.0 | 0.50 | 0.82 | 105.0 |
| 3 | 1.5 | 0.75 | 0.67 | 85.8 |
| 4 | 2.0 | 1.00 | 0.55 | 70.4 |
| 5 | 2.5 | 1.25 | 0.46 | 58.9 |

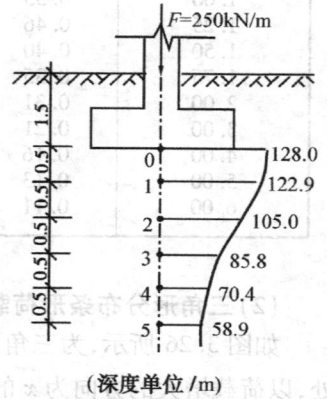

(深度单位 /m)

图 3.27

### 3.4.7 地基土的非均质性对附加应力的影响

前述土中附加应力计算,把地基土视作均匀、连续、各向同性的线弹性体。实际工程中的地基土与假设有一定的差异,通常是成层构造,且压缩性往往随深度的增加而减小(尤其是砂土地基),具有明显的各向异性。下面主要定性地分析成层地基中的附加应力分布。

若地基上层土软弱,下层土坚硬,则土中的附加应力扩散比均质土体时扩散得慢,即荷载中轴线附近一定范围内土中的附加应力比均质土体时大,离开中轴线应力差逐渐减少,至一定范围后,土中的附加应力反而比均质土体时小,这种现象称为应力集中(图 3.28 中曲线 2)。当土的压缩性随深度逐渐减小时,也出现应力集中现象。应力集中的程度与荷载宽度 $b$ 和压缩层厚度 $H$ 有关,随着 $H/b$ 增大,应力集中现象减小。当 $H \leq 0.5b$ 时,荷载面积下的附加应力扩散很慢,荷载中心点下土中的附加应力可认为沿深度是均匀分布的(图 3.29)。若地基上层土坚硬,下层土软弱,则土中的附加应力扩散比均质土体时扩散得快,这种现象称为应力扩散(图 3.28 中曲线 3)。应力扩散的结果,荷载中轴线附近附加应力减小,地基中的附加应力分布趋于均匀,使不均匀沉降减小。

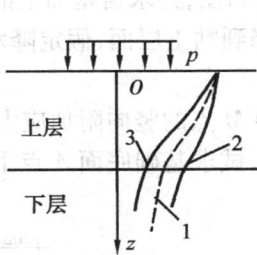

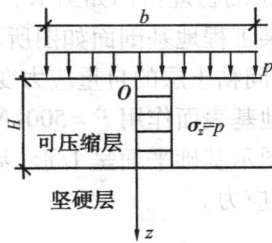

图 3.28 双层地基附加应力分布 　　　　　　　图 3.29 $H \leqslant 0.5b$ 时土中附加应力分布
1—均质土中的 $\sigma_z$;2—应力集中;3—应力扩散

# 思 考 题

3.1 如何表示土中一点的应力状态?

3.2 土的自重应力分布有什么规律?

3.3 影响基底压力分布的因素有哪些?

3.4 基底压力简化计算的基本假定是什么?什么情况下可以采用这一假定?

3.5 为什么要研究基底附加压力?

3.6 土中附加应力计算作了哪些假定?和实际有什么不同?

3.7 土中附加应力计算公式中 $z$ 和 $R$ 的物理意义是什么?

3.8 地下水降低对地基中的自重应力有何影响?

# 习 题

3.1 已知土中某点的应力 $\sigma_x = 80\text{kPa}$,$\sigma_z = 260\text{kPa}$,$\tau_{xz} = 60\text{kPa}$。①求该点的最大、最小主应力;②求与大主应力面夹角 $\alpha = 60°$ 的斜截面上的应力。

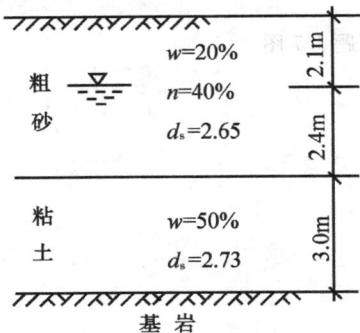

习题 3.2 图

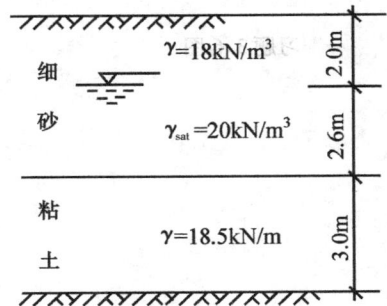

习题 3.3 图

3.2 某工程地基如图,岩基埋深 7.5m,其上粗砂层厚 4.5m,粘土层 3.0m,地下水埋深

2.1m,各层土的物理指标如图示。试作土层中的自重应力分布图,并求岩基面上的自重应力。

3.3 某工程地基剖面如图所示,地下水埋深由 2.0m 降到粘土层面,假定降水后,细砂的重度不变。问粘土层的自重应力变化了多少?

3.4 地基表面作用 $P = 500$kN 的集中力,求图示地基中 $M$ 点的竖向附加应力。

3.5 图示基础平面呈 L 形,基底附加压力 $p_0 = 200$kPa,试求基础底面 $A$ 点下深 6m 处土的竖向附加应力。

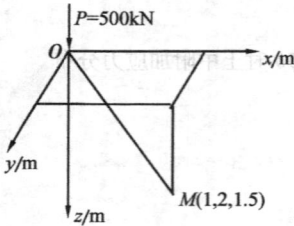

习题 3.4 图

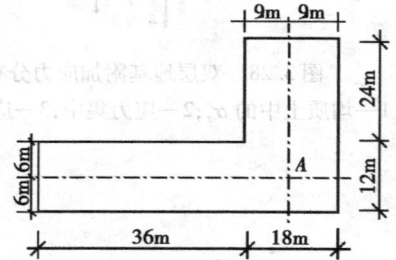

习题 3.5 图

3.6 图示某矩形基础底面尺寸 $l = 3$m,$b = 2$m,埋深 $d = 2$m,所受荷载设计值 $F = 800$kN,$M = 120$kN·m,埋深范围内土的平均重度 $\gamma_0 = 18$kN/m³,试求基础中心点下 3m 处土的竖向附加应力。

3.7 图示甲、乙两条形基础,基底附加压力分别为 $p_{01} = 100$kPa,$p_{02} = 100$kPa,考虑乙基础的影响,求甲基础下图示各点的竖向附加应力。

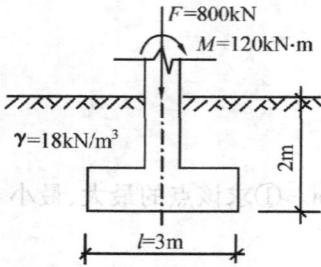

习题 3.6 图

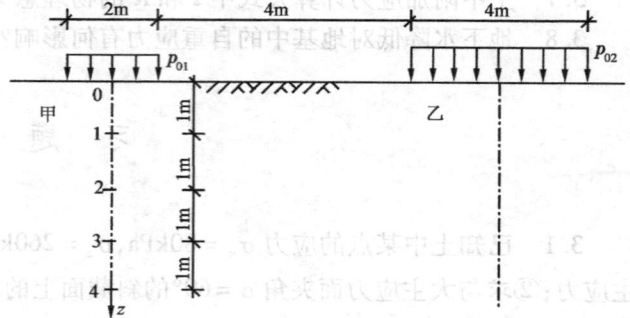

习题 3.7 图

# 第**4**章
# 土的压缩性与地基沉降计算

## 4.1 土的压缩性概念

土的压缩性是土在压力作用下体积减小的性质。

土的压缩变形主要是土中孔隙体积的减小。在压力作用下,土的压缩变形由孔隙中气体和水的压缩与排出以及固体土粒的压缩变形组成。固体土粒和水的压缩变形量相对于土的总压缩量是很小的,可以忽略不计。无论是孔隙中气体的压缩与排出,还是水的排出都是孔隙体积的减小。可见,土的压缩变形主要是土中孔隙体积的减小。

土的压缩与时间有关。土体在压力作用下,变形总是要经历一段时间才能完成。变形历时的长短与土的性质有关。土体的透水性大、土层薄变形历时短,如无粘性土变形历时短,透水性小的饱和粘性土变形历时就长许多。土的压缩随时间变化的过程称为土的固结。

## 4.2 有效应力原理

外荷载在土中产生的总应力分别由土粒和孔隙水承担。由土粒传递的应力称为有效应力,由孔隙水传递的应力称为孔隙水应力。饱和土体中的孔隙水应力有静止孔隙水应力和超孔隙水应力之分。超孔隙水应力是在外荷载的作用下孔隙水应力的增加量,简称为孔隙水应力。有效应力原理可以描述为土中总应力等于有效应力与孔隙水应力之和,即

$$\sigma = \sigma' + u \tag{4.1}$$

式中   $\sigma$——土中总应力,kPa;

      $\sigma'$——有效应力,kPa;

      $u$——孔隙水应力,kPa。

孔隙水应力在各个方向上的作用是相等的,它仅能使土粒和水体产生压缩变形,而这部分变形是很微小的,可忽略不计。有效应力是土粒间的作用力,它使土粒发生相对错动,从而使土体挤密变形。可见,有效应力才是引起土体压缩变形的主要因素,同时也是影响土体强度的主要因素。

图 4.1 所示,在土的自重作用下,$M$ 点的总应力为:

$$\sigma = \gamma h_1 + \gamma_{sat} h_2$$

孔隙水应力为:

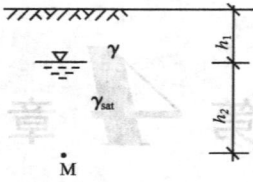

図 4.1　土中的
有效应力

$$u = \gamma_w h_2$$

根据有效应力原理得:

$$\sigma' = \sigma - u = \gamma h_1 + (\gamma_{sat} - \gamma_w) h_2 = \gamma h_1 + \gamma' h_2$$

与式(3.10)比较可知,在自重作用下,土中的有效应力就是土的自重应力。

地下水位降低使土中自重应力增加,亦即使土中有效应力增加,因而使土体产生沉降变形。

# 4.3　土的压缩性

土体的变形计算,需要取得土的压缩性指标,这些指标可以通过室内侧限压缩试验或现场原位试验得到。无论采用何种试验方法,都应力求使试验条件与土的天然状态和实际的受力条件相适应。

## 4.3.1　侧限压缩试验

在试验室内,常采用侧限压缩试验方法来研究土的压缩性,见图 4.2。侧限压缩试验又称为固结试验。所谓侧限,就是约束土样的侧向变形。压缩试验时,用金属环刀切取保持天然结构的原状土样,置于压缩容器的刚性护环内,在土样上下各垫一块透水石,以便土样中水的排出。通过传压板给土样施加垂直荷载。荷载分级施加,并用百分表量测土样在各级荷载作用下,压缩稳定后的垂直变形量 $s$。侧限压缩试验的目的就是获取土的压缩曲线,压缩性指标,用于评定土的压缩性和地基变形计算。

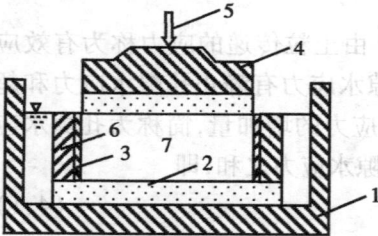

図 4.2　侧限压缩试验
1—压缩容器　2—透水石
3—环刀　4—传压板　5—荷载
6—护环　7—土样

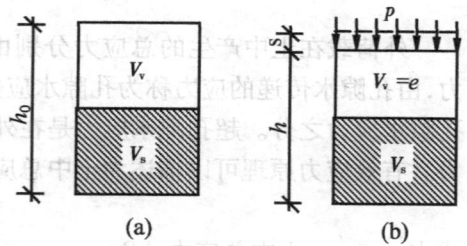

図 4.3　土样孔隙比的变化
(a)加载前　(b)加载稳定后

### (1)压缩曲线

压缩曲线是土的孔隙比 $e$ 和压力 $p$ 的关系曲线。如图 4.3 所示,土样原始高度为 $h_0$,初始孔隙比为 $e_0$。在荷载 $p$ 作用下,土样压缩稳定后的高度为 $h$,压缩量为 $s$,孔隙比为 $e$。土样横截面积为 $A$,土粒体积为 $V_s$,$A$ 和 $V_s$ 在试验过程中不变。

由土的物理性指标一节可知,土粒体积:

$$V_s = \frac{1}{1+e}V$$

因而有

$$\frac{1}{1+e_0}V_0 = \frac{1}{1+e}V$$

其中

$$V_0 = h_0 A$$
$$V = hA$$
$$h = h_0 - s$$

整理得

$$e = e_0 - \frac{s}{h_0}(1+e_0) \tag{4.2}$$

按式(4.2)可求得各级荷载作用下,土样压缩稳定后的孔隙比,从而画出压缩曲线(图4.4)。压缩曲线可在普通直角坐标系中绘制成 $e$-$p$ 曲线,亦可在半对数坐标系中绘制成 $e$-$\lg p$ 曲线。

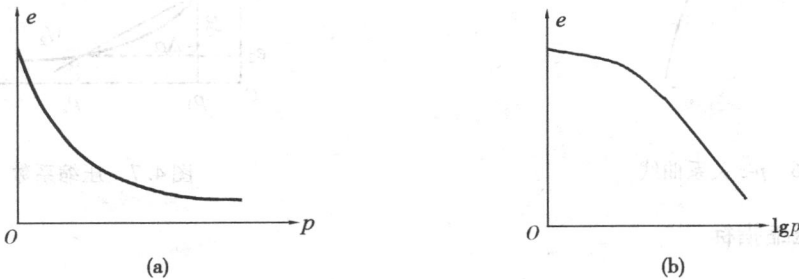

图4.4　压缩曲线
(a)$e$-$p$ 曲线　(b)$e$-$\lg p$ 曲线

**(2)回弹曲线和再压缩曲线**

在室内压缩试验过程中,如荷载加至某一值 $p_i$ 后,逐级卸载,土样回弹升高。测定土样卸载回弹稳定后压缩量,可得到相应的孔隙比。由此绘制的 $e$-$p$ 关系曲线称为回弹曲线。从回弹曲线可以看出,土样的回弹变形量小于压缩量,显示出压缩变形是由弹性变形和塑性变形两部分组成,并以塑性变形为主。如再重新逐级加载,土样重新被压缩,这一过程称为再压缩过程。由此绘制的 $e$-$p$ 关系曲线称为再压缩曲线。再压缩曲线和回弹曲线也不重合,荷载加至 $p_i$ 后又沿压缩曲线进行。

### 4.3.2　现场静载荷试验

现场静载荷试验是地基基础工程中一项重要的原位测试,主要用以测定土的压缩性和承载力。静载荷试验设备、压板面积、试坑大小、加载方法、数据采集及处理等,详见6.5.1。

现场静载荷试验可取得荷载 $p$ 和压板沉降 $s$ 的关系线(图4.6),据以确定土的压缩性指标和承载力。

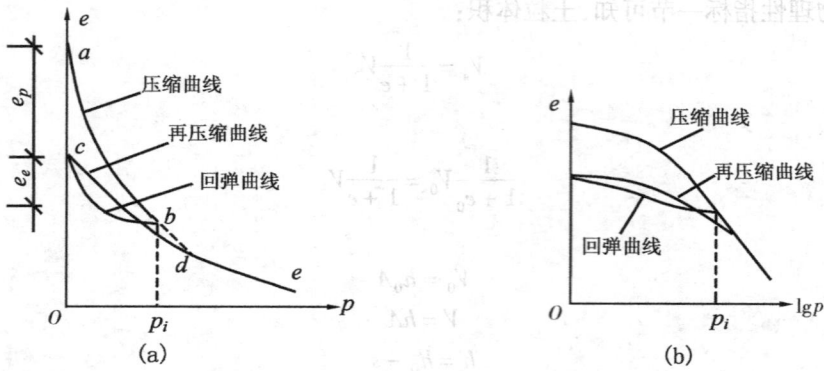

图 4.5 回弹和再压缩曲线

(a)e-p 曲线 (b)e-lgp 曲线

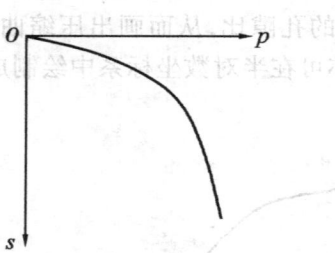

图 4.6 p-s 关系曲线

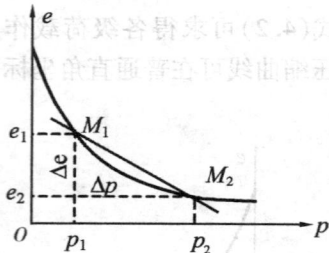

图 4.7 压缩系数

### 4.3.3 压缩指标

表示土的压缩性的指标主要有压缩系数、压缩模量、压缩指数和变形模量,下面就给出各种指标的意义和它们间的关系。

**(1)压缩系数**

压缩系数是压缩曲线上两点割线的斜率(图 4.7)。

$$a = -\frac{\Delta e}{\Delta p} = \frac{e_1 - e_2}{p_2 - p_1} \tag{4.3}$$

式中 $a$——压缩系数,$MPa^{-1}$;

$p_1$——土的初始应力,一般应取为土的自重应力,kPa;

$p_2$——土的现有应力,一般应取为土的自重应力与附加应力之和,kPa;

$e_1$——在 $p_1$ 作用下土体压缩稳定后的孔隙比;

$e_2$——在 $p_2$ 作用下土体压缩稳定后的孔隙比。

式中负号表示孔隙比随应力的增加而减少。压缩系数是反映土的压缩性的重要指标。压缩系数越大,土的压缩性就越高。由图 4.7 可以看出,在低应力状态下土的压缩性高,随着应力的增加,土体逐渐被压密,压缩性降低,压缩系数是应力的函数。为了便于应用和比较,《建筑地基基础设计规范》规定用压力间隔由 $p_1 = 100kPa$ 增加到 $p_2 = 200kPa$ 时所得的压缩系数 $a_{1-2}$ 来评定土的压缩性。

当 $a_{1-2} < 0.1\text{MPa}^{-1}$ 时，属低压缩性土；$0.1\text{MPa}^{-1} \leqslant a_{1-2} < 0.5\text{MPa}^{-1}$ 时，属中压缩性土；$a_{1-2} \geqslant 0.5\text{MPa}^{-1}$ 时，属高压缩性土。

**(2) 压缩指数**

压缩指数是 $e \sim \lg p$ 曲线上直线部分的斜率（图4.8），即

$$C_c = \frac{e_1 - e_2}{\lg p_2 - \lg p_1} = \frac{e_1 - e_2}{\lg \dfrac{p_2}{p_1}} \tag{4.4}$$

式中　$C_c$——土的压缩指数，无量刚。

其他符号意义同式(4.3)。

压缩指数同压缩系数一样，其值越大，土的压缩性就越高。压缩指数小于 0.2 时，一般为低压缩性土；大于 0.4 时，为高压缩性土。$e\text{-}\lg p$ 曲线常用于研究应力历史对土的压缩性的影响。

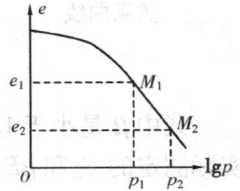

图 4.8　$e\text{-}\lg p$ 压缩曲线

**(3) 压缩模量**

压缩模量是土体在完全侧限条件下，竖向应力增量与竖向应变增量的比值。

$$E_s = \frac{\mathrm{d}p}{\mathrm{d}\varepsilon_z} \tag{4.5}$$

压缩模量与压缩系数之间有如下的关系：

$$E_s = \frac{1+e_1}{a} \tag{4.6}$$

推导如下：

竖向应力增量：$\mathrm{d}p = p_2 - p_1$

竖向应变增量：$\mathrm{d}\varepsilon = \dfrac{s}{h_1}$

由式(4.2)得　$\dfrac{\varepsilon}{h_1} = \dfrac{e_1 - e_2}{1+e_1}$

由式(4.3)得　$e_1 - e_2 = a(p_2 - p_1)$

由此得：　$\mathrm{d}\varepsilon = \dfrac{a(p_2 - p_1)}{1+e_1}$

将 $\mathrm{d}p$ 和 $\mathrm{d}\varepsilon$ 代入式(4.5)，并整理得

$$E_s = \frac{1+e_1}{a}$$

式中　$E_s$——土的压缩模量，MPa。

土的压缩模量是土的主要压缩性指标之一。土的压缩模量越大，土的压缩性就越低。

**(4) 土的变形模量**

土的变形模量是土在无侧向约束条件下竖向应力与竖向应变的比值。竖向应变中包含弹性应变和塑性应变，为了区分于弹性模量，而称之为变形模量。变形模量可以由现场静载荷试验或旁压试验测定。

$$E_0 = \omega(1-\mu^2)\frac{p_1 b}{s_1} \tag{4.7}$$

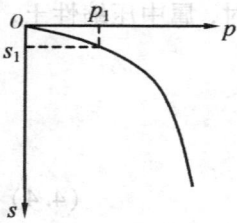

图 4.9 p-s
关系曲线

式中  $E_0$ ——土的变形模量，MPa；

$\omega$ ——承压板的形状系数，刚性方形板取 0.88，刚性圆形板取 0.79；

$b$ ——承压板边长或直径，m；

$p_1$ ——土的比例极限，MPa；

$\mu$ ——土的泊松比；

$s_1$ ——对应于比例极限，承压板的沉降量，m。

根据材料力学理论可得变形模量与压缩模量的关系：

$$E_0 = (1 - \frac{2\mu^2}{1-\mu})E_s = \beta E_s \qquad (4.8)$$

式中 $\beta$ 是小于 1.0 的系数。式（4.8）是 $E_0$ 与 $E_s$ 的理论关系，由于各种试验因素的影响，实际测定的 $E_0$ 和 $\beta E_s$，往往不能满足式（4.8）的理论关系。对于硬土，$E_0$ 可能较 $\beta E_s$ 大数倍；对于软土，$E_0$ 与 $\beta E_s$ 比较接近。

## 4.4  基础最终沉降量计算

基础最终沉降量是指地基在荷载作用下达到完全固结时的沉降量。常用的计算方法有：分层总和法、《规范》法、弹性理论法和数值分析法。

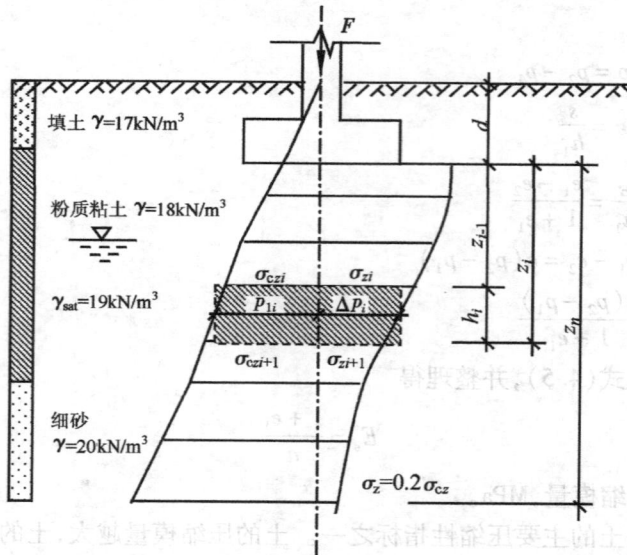

图 4.10  分层总和法计算基础沉降

### 4.4.1  分层总和法

分层总和法就是将地基沉降计算深度划分为若干个薄层，分别计算出各薄层的压缩量，然后求其总和。它用弹性理论计算地基中的附加应力，以基础中心点下的附加应力和侧限压缩指标计算基础最终沉降量,假定基础最终沉降量是由基础下有限土层的压缩组成。

方法和步骤:

①按比例绘制地基和基础剖面图。

②划分计算薄层。计算薄层的厚度通常为基底宽度的 0.4 倍,但土层交界面和地下水位面应是计算薄层层面。

③计算各薄层面处的自重应力和附加应力,分别绘于基础中心线的左侧与右侧。

④确定沉降计算深度。沉降计算深度是指由基础底面向下计算地基压缩变形所要求的深度。沉降计算深度以下地基中的附加应力已很小,其下土的压缩变形可以忽略不计。一般取附加应力与自重应力之比为 20% 的点处;对高压缩性土取附加应力与自重应力之比为 10% 的点处,核算精度为 ±5kPa。

⑤计算各薄层的压缩量。

$$s_i = \varepsilon_i h_i \tag{4.9}$$

$$\varepsilon_i = \frac{e_{1i} - e_{2i}}{1 + e_{1i}} \tag{4.10}$$

或

$$\varepsilon_i = \frac{a_i}{1 + e_{1i}} \overline{\sigma}_{zi} \tag{4.11}$$

$$\varepsilon_i = \frac{\overline{\sigma}_{zi}}{E_{si}} \tag{4.12}$$

式中　$h_i$——第 $i$ 薄层的厚度,m;

$e_{1i}$——与第 $i$ 薄层平均应力 $p_{1i} = \overline{\sigma}_{czi} = \frac{\sigma_{czi} + \sigma_{czi+1}}{2}$ 相应的孔隙比;

$e_{2i}$——与第 $i$ 薄层平均应力 $p_{2i} = p_{1i} + \overline{\sigma}_{zi}$ 相应的孔隙比;

$\overline{\sigma}_{zi}$——第 $i$ 薄层的平均附加应力 $\overline{\sigma}_{zi} = \frac{\sigma_{zi} + \sigma_{zi+1}}{2}$,kPa。

⑥计算基础最终沉降量。

$$s = \sum s_i \tag{4.13}$$

**例 4.1**　如图 4.11 所示,某柱下单独基础底面尺寸为 2m × 2.4m,埋深 1.2m,地下水埋深 2.6m,所受荷载设计值 $F = 800$kN,试用分层总和法计算基础最终沉降量。

**解**　1)按比例绘制地基和基础剖面图。

2)划分计算薄层。各薄层的厚度分别取为 0.6m,0.8m,0.8m,0.8m,0.8m,0.8m,0.8m。

3)计算各薄层面处的自重应力和附加应力

$p = \dfrac{F}{A} + \gamma_G d = 190.7$kPa

$p_0 = p - \sigma_{cd} = 169.0$kPa

$b_1 = b/2 = 1.0$m, $l_1 = l/2 = 1.2$m

$l_1/b_1 = 1.2$

计算过程列于表 4.1。

4)确定沉降计算深度。

$0.2\sigma_{cz} = 15.1$ kPa,由表 4.1 计算结果可取 $z_n = 4.6$m。

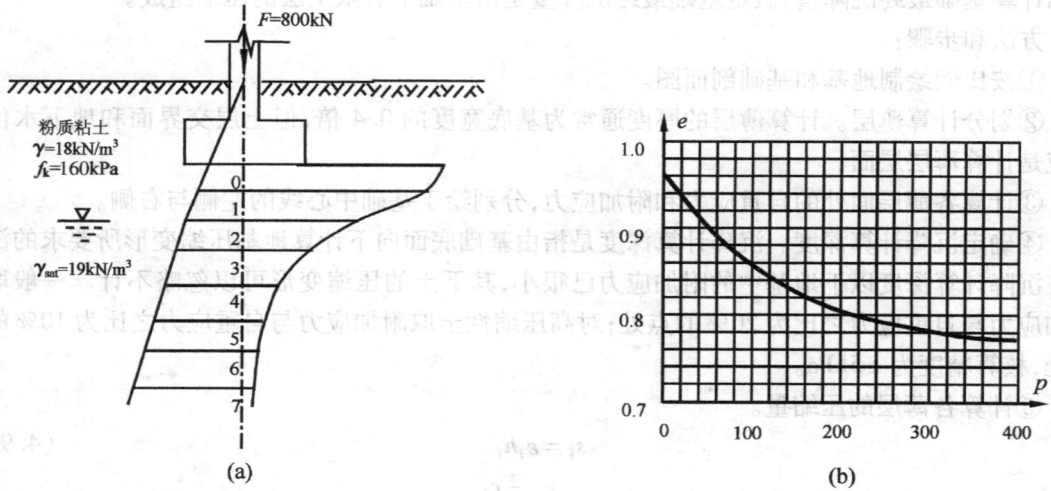

图 4.11

5）计算各薄层压缩量，计算过程列于表 4.2。

表 4.1

| 计算点 | $\sigma_{cz}$/kPa | $z$/m | $z/b_1$ | $K_c$ | $\sigma_z$/kPa |
|---|---|---|---|---|---|
| 0 | 21.6 | 0.0 | 0.0 | 0.2500 | 169.0 |
| 1 | 32.4 | 0.6 | 0.6 | 0.2275 | 153.8 |
| 2 | 46.8 | 1.4 | 1.4 | 0.1423 | 96.2 |
| 3 | 54.0 | 2.2 | 2.2 | 0.0832 | 56.2 |
| 4 | 61.2 | 3.0 | 3.0 | 0.0519 | 35.1 |
| 5 | 68.4 | 3.8 | 3.8 | 0.0348 | 23.5 |
| 6 | 75.6 | 4.6 | 4.6 | 0.0247 | 16.7 |
| 7 | 82.8 | 5.2 | 5.2 | 0.0200 | 13.5 |

表 4.2

| 计算层 | $p_1 = \overline{\sigma_{cz}}$/kPa | $\overline{\sigma_z}$/kPa | $p_2$/kPa | $e_1$ | $e_2$ | $h$/m | $\varepsilon$ | $s_i$/mm |
|---|---|---|---|---|---|---|---|---|
| 1 | 27.0 | 161.4 | 188.4 | 0.925 | 0.808 | 0.6 | 0.0608 | 36.5 |
| 2 | 39.6 | 125.0 | 164.6 | 0.908 | 0.819 | 0.8 | 0.0466 | 37.3 |
| 3 | 50.4 | 76.2 | 126.6 | 0.898 | 0.841 | 0.8 | 0.0300 | 24.0 |
| 4 | 57.6 | 45.7 | 103.3 | 0.890 | 0.858 | 0.8 | 0.0169 | 13.5 |
| 5 | 64.8 | 29.3 | 94.1 | 0.882 | 0.862 | 0.8 | 0.0106 | 8.5 |
| 6 | 72.0 | 20.1 | 92.1 | 0.877 | 0.864 | 0.8 | 0.0069 | 5.5 |

6) 计算基础最终沉降量

$$s = \sum s_i = 125.3 \text{mm}$$

### 4.4.2 《规范》法

分层总和法的计算条件与地层的实际条件及其受力的实际条件有出入,因此基础沉降量计算值和实测值往往不符。对于软土,计算值小于实测值;对于坚硬土层,计算值大于实测值。为了简化计算,使基础沉降量计算值接近实测值,《建筑地基基础设计规范》在分层总和法的基础上,采用平均附加应力,引入沉降计算经验系数,提出了一种新的计算方法。把这种方法简称为《规范》法。

平均附加应力是基底下某一深度范围内附加应力总和与其深度的比值。假定,同一土层土的压缩模量不随深度变化,则深度 $h_i$ 范围内土的压缩量为(图 4.12)。

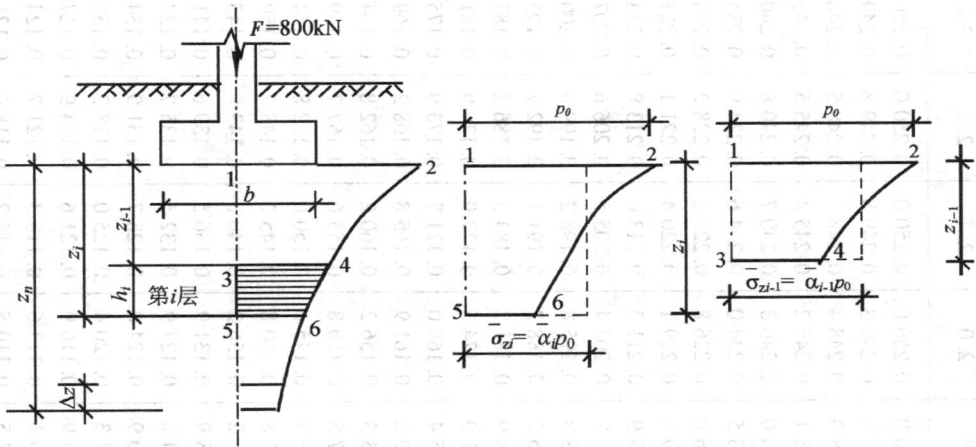

图 4.12　《规范》法计算基础沉降

$$s_i' = \int_0^{h_i} \frac{\sigma_z}{E_{si}} dz = \frac{\Delta A_i}{E_{si}}$$

$$\Delta A_i = A_i - A_{i-1} = \overline{\sigma}_{zi} z_i - \overline{\sigma}_{zi-1} z_{i-1}$$

$$\overline{\sigma}_{zi} = \overline{\alpha}_i \cdot p_0$$

$$\overline{\sigma}_{zi-1} = \overline{\alpha}_{i-1} p_0$$

$$s_i' = \frac{\Delta A_i}{E_{si}} = \frac{p_0}{E_{si}} (\overline{\alpha}_i z_i - \overline{\alpha}_{i-1} z_{i-1})$$

式中　$\Delta A_i$ —— 第 $i$ 层土的附加应力面积;

$A_i, A_{i-1}$ —— 基底下 $z_i, z_{i-1}$ 深度范围内土的附加应力面积;

$p_0$ —— 基底附加应力,kPa;

$E_{si}$ —— 第 $i$ 层土的压缩模量,MPa;

$\overline{\alpha}_i, \overline{\alpha}_{i-1}$ —— 基底下 $z_i, z_{i-1}$ 深度范围内土的平均附加应力系数,可由表 4.3 查得;

$\overline{\sigma}_i, \overline{\sigma}_{i-1}$ —— 基底下 $z_i, z_{i-1}$ 深度范围内土的平均附加应力,kPa。

表 4.3 均布矩形荷载角点下的平均附加应力系数 $\bar{\alpha}_i$

| z/b \ l/b | 1.0 | 1.2 | 1.4 | 1.6 | 1.8 | 2.0 | 2.4 | 2.8 | 3.2 | 3.6 | 4.0 | 5.0 | 10.0 |
|---|---|---|---|---|---|---|---|---|---|---|---|---|---|
| 0.0 | 0.250 0 | 0.250 0 | 0.250 0 | 0.250 0 | 0.250 0 | 0.250 0 | 0.250 0 | 0.250 0 | 0.250 0 | 0.250 0 | 0.250 0 | 0.250 0 | 0.250 0 |
| 0.2 | 0.249 6 | 0.249 7 | 0.249 7 | 0.249 8 | 0.249 8 | 0.249 8 | 0.249 8 | 0.249 8 | 0.249 8 | 0.249 8 | 0.249 8 | 0.249 8 | 0.249 8 |
| 0.4 | 0.247 4 | 0.247 9 | 0.248 1 | 0.248 3 | 0.248 3 | 0.248 4 | 0.248 5 | 0.248 5 | 0.248 5 | 0.248 5 | 0.248 5 | 0.248 5 | 0.248 5 |
| 0.6 | 0.242 3 | 0.243 7 | 0.244 4 | 0.244 8 | 0.245 1 | 0.245 2 | 0.245 4 | 0.245 5 | 0.245 5 | 0.245 5 | 0.245 5 | 0.245 5 | 0.245 6 |
| 0.8 | 0.234 6 | 0.237 2 | 0.238 7 | 0.239 5 | 0.240 0 | 0.240 3 | 0.240 7 | 0.240 8 | 0.240 9 | 0.240 9 | 0.241 0 | 0.241 0 | 0.241 0 |
| 1.0 | 0.225 2 | 0.229 1 | 0.231 3 | 0.232 6 | 0.233 5 | 0.234 0 | 0.234 6 | 0.234 9 | 0.235 1 | 0.235 2 | 0.235 2 | 0.235 3 | 0.235 3 |
| 1.2 | 0.214 9 | 0.219 9 | 0.222 9 | 0.224 8 | 0.226 0 | 0.226 8 | 0.227 8 | 0.228 2 | 0.228 5 | 0.228 6 | 0.228 7 | 0.228 8 | 0.228 9 |
| 1.4 | 0.204 3 | 0.210 2 | 0.214 0 | 0.216 4 | 0.219 0 | 0.219 1 | 0.220 4 | 0.221 1 | 0.221 5 | 0.221 7 | 0.221 8 | 0.222 0 | 0.222 1 |
| 1.6 | 0.193 9 | 0.200 6 | 0.204 9 | 0.207 9 | 0.209 9 | 0.211 3 | 0.213 0 | 0.213 8 | 0.214 4 | 0.214 6 | 0.214 8 | 0.215 0 | 0.215 2 |
| 1.8 | 0.184 0 | 0.191 2 | 0.196 0 | 0.199 4 | 0.201 8 | 0.203 4 | 0.205 5 | 0.206 6 | 0.207 3 | 0.207 7 | 0.207 9 | 0.208 2 | 0.208 4 |
| 2.0 | 0.174 60 | 0.182 2 | 0.187 5 | 0.191 2 | 0.193 8 | 0.195 5 | 0.198 2 | 0.199 6 | 0.200 4 | 0.200 9 | 0.201 2 | 0.201 5 | 0.201 8 |
| 2.2 | 0.165 9 | 0.173 7 | 0.179 3 | 0.183 3 | 0.186 2 | 0.188 2 | 0.191 1 | 0.192 7 | 0.193 7 | 0.194 3 | 0.194 7 | 0.195 2 | 0.195 5 |
| 2.4 | 0.157 8 | 0.165 7 | 0.171 5 | 0.175 7 | 0.178 9 | 0.181 1 | 0.184 3 | 0.186 2 | 0.187 2 | 0.188 0 | 0.188 5 | 0.189 0 | 0.189 5 |
| 2.6 | 0.150 3 | 0.158 3 | 0.164 2 | 0.168 6 | 0.171 9 | 0.174 5 | 0.177 7 | 0.179 9 | 0.181 2 | 0.182 0 | 0.182 5 | 0.183 2 | 0.183 8 |
| 2.8 | 0.143 3 | 0.151 4 | 0.157 4 | 0.161 9 | 0.165 4 | 0.168 0 | 0.171 7 | 0.173 9 | 0.175 3 | 0.176 3 | 0.176 9 | 0.177 7 | 0.178 4 |
| 3.0 | 0.136 9 | 0.144 9 | 0.151 0 | 0.155 6 | 0.159 2 | 0.161 9 | 0.165 8 | 0.168 2 | 0.169 8 | 0.170 8 | 0.171 5 | 0.172 5 | 0.173 3 |
| 3.2 | 0.131 0 | 0.139 0 | 0.145 0 | 0.149 7 | 0.153 3 | 0.156 2 | 0.160 2 | 0.162 8 | 0.164 5 | 0.165 7 | 0.166 4 | 0.167 5 | 0.168 5 |
| 3.4 | 0.125 6 | 0.133 4 | 0.139 4 | 0.144 1 | 0.147 7 | 0.150 8 | 0.155 0 | 0.157 7 | 0.159 5 | 0.160 7 | 0.161 6 | 0.162 8 | 0.163 9 |
| 3.6 | 0.120 5 | 0.128 2 | 0.134 2 | 0.138 9 | 0.142 7 | 0.145 6 | 0.150 0 | 0.152 8 | 0.154 8 | 0.156 1 | 0.157 0 | 0.158 3 | 0.159 5 |
| 3.8 | 0.115 8 | 0.123 4 | 0.129 3 | 0.134 0 | 0.137 8 | 0.140 8 | 0.145 2 | 0.148 2 | 0.150 2 | 0.151 6 | 0.152 6 | 0.154 1 | 0.155 4 |
| 4.0 | 0.111 4 | 0.118 9 | 0.124 8 | 0.129 4 | 0.133 2 | 0.136 2 | 0.140 8 | 0.143 8 | 0.145 9 | 0.147 4 | 0.148 5 | 0.150 0 | 0.151 6 |
| 4.2 | 0.107 3 | 0.114 7 | 0.120 5 | 0.125 1 | 0.128 9 | 0.131 9 | 0.136 5 | 0.139 6 | 0.141 8 | 0.143 4 | 0.144 5 | 0.146 2 | 0.147 9 |
| 4.4 | 0.103 5 | 0.110 7 | 0.116 4 | 0.121 0 | 0.124 8 | 0.127 9 | 0.132 5 | 0.135 7 | 0.137 9 | 0.139 6 | 0.140 7 | 0.142 5 | 0.144 4 |
| 4.6 | 0.100 0 | 0.107 0 | 0.112 7 | 0.117 2 | 0.120 9 | 0.124 0 | 0.128 7 | 0.131 9 | 0.134 2 | 0.135 9 | 0.137 1 | 0.139 0 | 0.141 0 |
| 4.8 | 0.096 7 | 0.103 6 | 0.109 1 | 0.113 6 | 0.117 3 | 0.120 4 | 0.125 0 | 0.128 3 | 0.130 7 | 0.132 4 | 0.133 7 | 0.135 7 | 0.137 9 |
| 5.0 | 0.093 5 | 0.100 3 | 0.105 7 | 0.110 2 | 0.113 9 | 0.116 9 | 0.121 6 | 0.124 9 | 0.127 3 | 0.129 1 | 0.130 4 | 0.132 5 | 0.134 8 |
| 5.2 | 0.090 6 | 0.097 2 | 0.102 6 | 0.107 0 | 0.110 6 | 0.113 6 | 0.118 3 | 0.121 7 | 0.124 1 | 0.125 9 | 0.127 3 | 0.129 5 | 0.132 0 |
| 5.4 | 0.087 8 | 0.094 3 | 0.099 6 | 0.103 9 | 0.107 5 | 0.110 5 | 0.115 2 | 0.118 6 | 0.121 1 | 0.122 9 | 0.124 3 | 0.126 5 | 0.129 2 |
| 5.6 | 0.085 2 | 0.091 60 | 0.096 8 | 0.101 0 | 0.104 6 | 0.107 6 | 0.112 2 | 0.115 6 | 0.118 1 | 0.120 0 | 0.121 5 | 0.123 8 | 0.126 6 |
| 5.8 |  |  | 0.094 1 | 0.098 3 | 0.101 8 | 0.104 7 | 0.109 4 | 0.112 8 | 0.115 3 | 0.117 2 | 0.118 7 | 0.121 1 | 0.124 0 |

| | | | | | | | | | | | | | |
|---|---|---|---|---|---|---|---|---|---|---|---|---|---|
| 6.0 | 0.121 6 | 0.118 5 | 0.116 1 | 0.114 6 | 0.112 6 | 0.110 1 | 0.106 7 | 0.102 1 | 0.099 1 | 0.095 7 | 0.091 6 | 0.086 6 | 0.080 5 |
| 6.2 | 0.119 3 | 0.116 1 | 0.113 6 | 0.112 0 | 0.110 1 | 0.107 5 | 0.104 1 | 0.099 5 | 0.096 6 | 0.093 2 | 0.089 1 | 0.084 2 | 0.078 3 |
| 6.4 | 0.117 1 | 0.113 7 | 0.111 1 | 0.109 6 | 0.107 6 | 0.105 0 | 0.101 6 | 0.097 1 | 0.094 2 | 0.090 9 | 0.086 9 | 0.082 0 | 0.076 2 |
| 6.6 | 0.114 9 | 0.111 4 | 0.108 8 | 0.107 3 | 0.105 3 | 0.102 7 | 0.099 3 | 0.094 8 | 0.091 9 | 0.088 6 | 0.084 7 | 0.079 9 | 0.074 2 |
| 6.8 | 0.112 9 | 0.109 2 | 0.106 6 | 0.105 0 | 0.103 0 | 0.100 4 | 0.097 0 | 0.092 6 | 0.089 8 | 0.086 5 | 0.082 6 | 0.077 9 | 0.072 3 |
| 7.0 | 0.110 9 | 0.107 1 | 0.104 4 | 0.102 8 | 0.100 8 | 0.098 2 | 0.094 9 | 0.090 4 | 0.087 7 | 0.084 4 | 0.080 6 | 0.076 1 | 0.070 5 |
| 7.2 | 0.109 0 | 0.105 1 | 0.102 3 | 0.100 8 | 0.098 7 | 0.096 2 | 0.092 8 | 0.088 4 | 0.085 7 | 0.082 5 | 0.078 7 | 0.074 2 | 0.068 8 |
| 7.4 | 0.107 1 | 0.103 1 | 0.100 4 | 0.100 0 | 0.096 7 | 0.094 2 | 0.090 8 | 0.086 5 | 0.083 8 | 0.080 6 | 0.076 9 | 0.072 5 | 0.067 2 |
| 7.6 | 0.105 4 | 0.101 2 | 0.098 4 | 0.098 8 | 0.094 8 | 0.092 2 | 0.088 9 | 0.084 6 | 0.082 0 | 0.078 9 | 0.075 2 | 0.070 9 | 0.065 6 |
| 7.8 | 0.103 6 | 0.099 4 | 0.096 6 | 0.096 8 | 0.092 9 | 0.090 4 | 0.087 1 | 0.082 8 | 0.080 2 | 0.077 1 | 0.073 6 | 0.069 3 | 0.064 2 |
| 8.0 | 0.102 0 | 0.097 6 | 0.094 8 | 0.095 0 | 0.091 2 | 0.088 6 | 0.085 3 | 0.081 1 | 0.078 5 | 0.075 5 | 0.072 0 | 0.067 8 | 0.062 7 |
| 8.2 | 0.100 4 | 0.095 9 | 0.093 1 | 0.093 2 | 0.089 4 | 0.086 9 | 0.083 7 | 0.079 5 | 0.076 9 | 0.073 9 | 0.070 5 | 0.066 3 | 0.061 4 |
| 8.4 | 0.098 8 | 0.094 3 | 0.091 4 | 0.091 4 | 0.087 8 | 0.085 2 | 0.082 0 | 0.077 9 | 0.075 4 | 0.072 4 | 0.069 0 | 0.064 9 | 0.060 1 |
| 8.6 | 0.097 3 | 0.092 7 | 0.089 8 | 0.089 8 | 0.086 2 | 0.083 6 | 0.080 5 | 0.076 4 | 0.073 9 | 0.071 0 | 0.067 6 | 0.063 6 | 0.058 8 |
| 8.8 | 0.095 9 | 0.091 2 | 0.088 2 | 0.088 2 | 0.084 6 | 0.082 1 | 0.079 0 | 0.074 9 | 0.072 4 | 0.069 6 | 0.066 3 | 0.062 3 | 0.057 6 |
| 9.2 | 0.093 1 | 0.088 2 | 0.085 3 | 0.086 0 | 0.081 7 | 0.079 2 | 0.076 1 | 0.072 1 | 0.069 7 | 0.067 0 | 0.063 7 | 0.059 9 | 0.055 4 |
| 9.6 | 0.090 5 | 0.085 5 | 0.082 5 | 0.083 7 | 0.078 9 | 0.076 5 | 0.073 4 | 0.069 6 | 0.067 2 | 0.064 5 | 0.061 4 | 0.057 7 | 0.053 3 |
| 10.0 | 0.088 0 | 0.082 9 | 0.079 9 | 0.080 9 | 0.076 3 | 0.073 9 | 0.071 0 | 0.067 2 | 0.064 9 | 0.062 2 | 0.059 2 | 0.055 6 | 0.051 4 |
| 10.4 | 0.085 7 | 0.080 4 | 0.077 5 | 0.078 3 | 0.073 9 | 0.071 6 | 0.068 6 | 0.064 9 | 0.062 7 | 0.060 1 | 0.057 2 | 0.053 7 | 0.049 6 |
| 10.8 | 0.083 4 | 0.078 1 | 0.075 1 | 0.075 9 | 0.071 7 | 0.069 3 | 0.066 4 | 0.062 8 | 0.060 6 | 0.058 1 | 0.055 3 | 0.051 9 | 0.047 9 |
| 11.2 | 0.081 3 | 0.075 9 | 0.073 0 | 0.073 6 | 0.069 5 | 0.067 1 | 0.064 4 | 0.060 9 | 0.058 7 | 0.056 3 | 0.053 5 | 0.050 2 | 0.046 3 |
| 11.6 | 0.079 3 | 0.073 8 | 0.070 9 | 0.071 4 | 0.067 5 | 0.065 2 | 0.062 5 | 0.059 1 | 0.056 9 | 0.054 5 | 0.051 8 | 0.048 6 | 0.044 8 |
| 12.0 | 0.077 4 | 0.071 9 | 0.069 0 | 0.069 4 | 0.065 6 | 0.063 4 | 0.060 7 | 0.057 3 | 0.055 2 | 0.052 9 | 0.050 2 | 0.047 1 | 0.043 5 |
| 12.8 | 0.073 9 | 0.068 2 | 0.065 4 | 0.067 4 | 0.062 1 | 0.059 9 | 0.057 3 | 0.054 1 | 0.052 1 | 0.049 9 | 0.047 4 | 0.044 4 | 0.040 9 |
| 13.6 | 0.070 7 | 0.064 9 | 0.062 1 | 0.063 9 | 0.058 9 | 0.056 8 | 0.054 3 | 0.051 2 | 0.049 3 | 0.047 2 | 0.044 8 | 0.042 0 | 0.038 7 |
| 14.4 | 0.067 7 | 0.061 9 | 0.059 2 | 0.060 7 | 0.056 1 | 0.054 0 | 0.051 6 | 0.048 6 | 0.046 8 | 0.044 8 | 0.072 5 | 0.039 8 | 0.036 7 |
| 15.2 | 0.065 0 | 0.059 2 | 0.056 5 | 0.057 7 | 0.053 5 | 0.051 5 | 0.049 2 | 0.046 3 | 0.044 6 | 0.042 6 | 0.040 4 | 0.037 9 | 0.034 9 |
| 16.0 | 0.062 5 | 0.056 7 | 0.054 0 | 0.055 1 | 0.051 1 | 0.049 2 | 0.046 9 | 0.044 2 | 0.042 5 | 0.040 7 | 0.038 5 | 0.036 1 | 0.033 2 |
| 18.0 | 0.057 0 | 0.051 2 | 0.048 7 | 0.052 7 | 0.046 0 | 0.044 2 | 0.042 2 | 0.039 6 | 0.038 1 | 0.036 4 | 0.034 5 | 0.032 3 | 0.029 7 |
| 20.0 | 0.052 4 | 0.046 8 | 0.044 4 | 0.043 2 | 0.041 8 | 0.040 2 | 0.033 8 | 0.035 9 | 0.034 5 | 0.033 0 | 0.031 2 | 0.029 2 | 0.026 9 |

考虑地基土的非均匀性、上部结构和基础对地基沉降的调整,引入沉降计算经验系数,得基础最终沉降量:

$$s = \Psi_s s' = \Psi_s \sum_{i=1}^{n} \frac{p_0}{E_{si}} (\overline{\alpha_i} z_i - \overline{\alpha_{i-1}} z_{i-1}) \tag{4.14}$$

式中　$s$——基础最终沉降量,mm;

　　　$s'$——按分层总和法计算的基础最终沉降量,mm;

　　　$n$——地基沉降计算深度范围内计算分层数;

　　　$\Psi_s$——地基沉降计算经验系数,应根据地区沉降观测资料及经验确定,也可按表4.4确定。

**表4.4　地基沉降计算经验系数 $\Psi_s$**

| 基底附加压力 $\overline{E_s}/\text{MPa}$ | 2.5 | 4.0 | 7.0 | 15.0 | 20.0 |
|---|---|---|---|---|---|
| $p_0 \geqslant f_k$ | 1.4 | 1.3 | 1.0 | 0.4 | 0.2 |
| $p_0 \leqslant 0.75 f_{ak}$ | 1.1 | 1.0 | 0.7 | 0.4 | 0.2 |

$\overline{E_s}$ 为沉降计算深度范围内压缩模量的当量值,MPa。按下式计算[1]

$$\overline{E_s} = \frac{\sum A_i}{\sum \dfrac{A_i}{E_{si}}} \qquad \left( \overline{E_i} = \frac{\overline{\alpha_n} z_n p_0}{s'} \right) \tag{4.15}$$

式中　$A_i$——第 $i$ 层土附加应力系数沿土层厚度的积分;

　　　$\overline{\alpha_n}$——沉降计算深度范围内土的平均附加应力系数。

　　　地基沉降计算深度 $z_n$ 应满足下式要求:

$$\Delta s' \leqslant 0.025 s' \tag{4.16}$$

式中　$\Delta s'$——从地基沉降计算深度 $z_n$ 处向上取厚度为 $\Delta z$ 的土层压缩量,mm,$\Delta z$ 可按表4.5确定。

**表4.5　$\Delta z$ 值**

| $b \leqslant 2$ | $2 < b \leqslant 4$ | $4 < b \leqslant 8$ | $b > 8$ |
|---|---|---|---|
| 0.3 | 0.6 | 0.8 | 1.0 |

注:如确定的计算深度下部仍有较软土层时,应继续计算。

当无相邻荷载影响,基础宽度在 1~30 范围内时,基础中心点的沉降计算深度也可按下式计算:

$$z_n = b(2.5 - 0.4 \ln b) \tag{4.17}$$

式中　$z_n$——地基沉降计算深度,m;

　　　$b$——基础底面宽度,m。

　　在计算深度范围内存在基岩时,$Z_n$ 可取至基岩表面;当存在较厚的坚硬粘性土层,其孔隙比小于0.5、压缩模量大于50MPa,或存在较厚的密实砂卵石层,其压缩模量大于80MPa 时,$Z_n$

可取至该层表面。

**例** 4.2　某工程条形基础底面宽度 $b = 2.0\text{m}$，埋深 $d = 1.5\text{m}$，所受荷载设计值 $F = 300\text{kN/m}$，地基土的性质如图 4.13 所示，试用《规范》法计算基础最终沉降量。

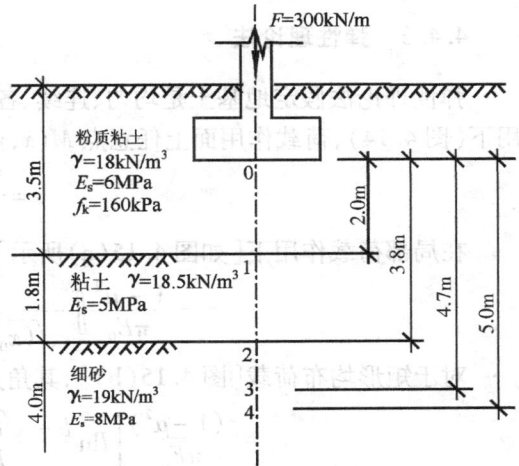

图 4.13

**解**　1）求基底压力

$$P = \frac{F}{b} + \gamma_G d = \left(\frac{300}{2} + 20 \times 1.5\right)\text{kPa} = 180\text{kPa}$$

2）求基底附加压力

$$P_0 = P - \sigma_{cd} = (180 - 18 \times 1.5)\text{kPa} = 153\text{kPa}$$

3）初取沉降计算深度

$$z_n = 2.5b = 5\text{m}$$

4）平均附加应力及 $s_i'$ 计算过程列于表 4.6，表中

$$A_i = 4\,\overline{\alpha}_i z_i p_0$$

$$\Delta A_i = A_i - A_{i-1}$$

$$s_i' = \frac{\Delta A_i}{E_{si}}$$

$$b_1 = b/2\text{m}$$

$$s' = \sum s_i' = 70.5\text{mm}$$

表 4.6

| 计算层 | $z_i/\text{m}$ | $z_i/b_1$ | $\overline{\alpha}_i$ | $A_i$ | $\Delta A_i$ | $E_{si}/\text{MPa}$ | $s_i'/\text{mm}$ |
|---|---|---|---|---|---|---|---|
| 0 | 0 | 0 | 0.250 0 | 0.0 | | | |
| 1 | 2.0 | 2.0 | 0.201 8 | 247.0 | 247.0 | 6.0 | 41.2 |
| 2 | 3.8 | 3.8 | 0.155 4 | 361.4 | 114.4 | 5.0 | 22.9 |
| 3 | 4.7 | 4.7 | 0.139 5 | 401.3 | 39.9 | 8.0 | 5.0 |
| 4 | 5.0 | 5.0 | 0.134 8 | 412.5 | 11.2 | 8.0 | 1.4 |

5）验算沉降计算深度

$$\Delta s_n' = 1.4\text{mm} \leqslant 0.025s' = 1.8\text{mm}$$

沉降计算深度 $z_n$ 满足要求。

6）求基础沉降量 $s$

$$\overline{E}_s = \frac{\overline{\alpha}_n z_n p_0}{s'} = \frac{412.5}{70.5}\text{MPa} = 5.85\text{MPa}$$

查表 4.4 得　$\Psi_s = 1.12$

$$s = \Psi_s s' = 1.12 \times 70.5\text{mm} = 79.0\text{mm}$$

### 4.4.3　弹性理论法

弹性理论法假定地基土是均匀、连续、各向同性的半无限空间弹性体。在竖向集中荷载作用下(图 4.14)，荷载作用面上任意点 $M(x,y)$ 的沉降量由式(3.21)得

$$s = \frac{P(1-\mu^2)}{\pi E_0 r} \tag{4.18}$$

在局部荷载作用下[如图 4.15(a)所示]，荷载作用面上任意点 $M(x_0, y_0)$ 的沉降量为

$$s = \frac{1-\mu^2}{\pi E_0} \iint \frac{p(x,y)}{\sqrt{(x_0-x)^2+(y_0-y)^2}} dxdy \tag{4.19}$$

对于矩形均布荷载[图 4.15(b)]，其角点沉降为

$$s_c = \frac{p(1-\mu^2)}{\pi E_0}\left[l\ln\frac{b+\sqrt{l^2+b^2}}{l}+b\ln\frac{l+\sqrt{l^2+b^2}}{b}\right] = \delta_c p \tag{4.20}$$

式中　$\delta_c$——单位矩形荷载在角点处引起的沉降，称为角点沉降系数。

$$\delta_c = \frac{(1-\mu^2)}{\pi E_0}\left[l\ln\frac{b+\sqrt{l^2+b^2}}{l}+b\ln\frac{l+\sqrt{l^2+b^2}}{b}\right] \tag{4.21}$$

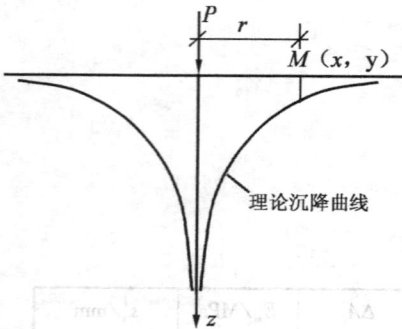

图 4.14　集中力下地表沉降曲线

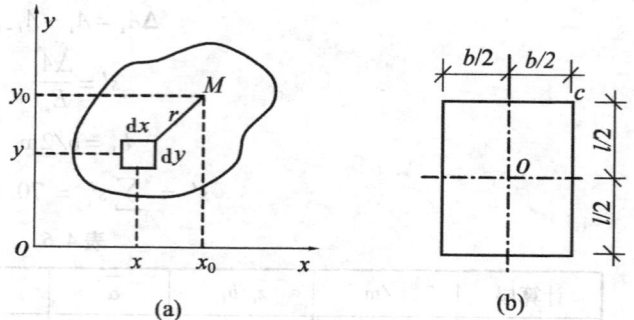

图 4.15　弹性理论法计算地基沉降
(a)任意荷载面　(b)矩形荷载面

同理，可导得其他荷载情况下，荷载作用面上任一点的沉降。这部分由读者自己推导。由于弹性理论法公式是按均质、弹性半空间假定得到的，而实际的地基土往往是非均质的成层土，通常压缩模量随深度增加而增大，因此弹性理论计算值常较实测值大。

### 4.4.4　应力历史对固结沉降的影响

#### (1)前期固结压力 $p_c$

应力历史是地基土在形成过程中所经历的应力状态。在应力历史上地基土所经受的最大有效应力，称为前期固结压力 $p_c$。前期固结压力与现有的自重应力的比值称为超固结比 OCR。依据超固结比，可将土划分为：

超固结土，OCR > 1；

正常固结土，OCR = 1；

欠固结土，OCR < 1。

由回弹和再压缩曲线可知,OCR 越大,土在前期被压得越密,土的压缩性越低。

前期固结压力通常根据 $e$-$\lg p$ 曲线,采用卡萨格兰德(Casagrande,1936)建议的经验作图法确定,作法如下(图 4.16):

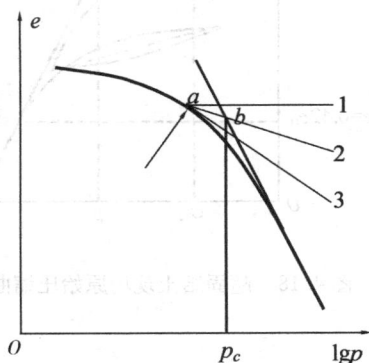

图 4.16　前期固结压力的确定　　　　图 4.17　正常固结土现场原始压缩曲线

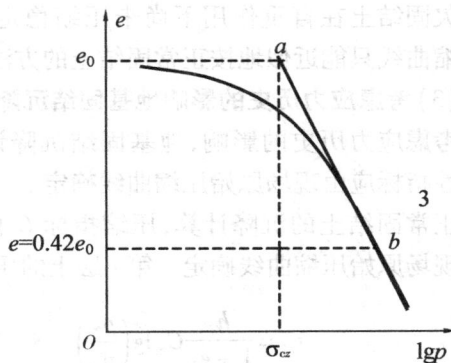

①在 $e$-$\lg p$ 曲线上找出曲率最大的点 $a$,过 $a$ 点作水平线 1 和切线 3;

②作线 1、3 的角平分线 2,延长 $e$-$\lg p$ 曲线的直线部分交线 2 于点 $b$;

③点 $b$ 对应的应力就是前期固结压力 $p_c$。

**(2)现场原始压缩曲线**

土在取样试验的过程中,存在着卸载回弹和再压缩问题,所以室内试验得到的压缩曲线并非天然土层的实际压缩曲线,应加以修正,找出天然土层的实际压缩曲线,即现场原始压缩曲线。

正常固结土,在自然形成的过程中已完全固结,前期固结压力等于现有的自重应力。其现有自重应力和初始孔隙比应对应于现场原始压缩曲线上的一点,许多室内压缩试验发现不同扰动程度的试样,所得的室内压缩曲线的直线部分都大致交于 $e=0.42e_0$ 的点。由此推断,现场原始压缩曲线也交于该点。正常固结土的现场原始压缩曲线,可根据施门特曼(Schmertmann,1955)提出的方法,由室内压缩曲线求得(图 4.17):

①作 $a$ 点,其纵、横坐标分别为初始孔隙比和现有自重应力;

②作纵坐标值为 $0.42e_0$ 的水平线交室内压缩曲线于 $b$ 点;

③作 $ab$ 直线,以 $ab$ 直线作为正常固结土的现场原始压缩曲线,其斜率为压缩指数 $C_c$。

超固结土在应力历史上,存在着一个卸载回弹的历史,其前期固结压力大于现有的自重应力。同理,其自重应力和初始孔隙比应对应于现场原始压缩曲线上的一点,其现场原始压缩曲线也交于 $e=0.42e_0$ 的点。试验研究还表明,不论在多大压力下卸载、再压缩,其回弹和再压缩曲线的平均斜率大致相同。由此推断超固结土由现有的自重应力到前期固结压力这一段再压缩过程,现场原始再压缩曲线的斜率应与室内回弹和再压缩曲线的平均斜率相同。超固结土的现场原始压缩曲线的作法如下(图 4.15(a)):

①作 $a$ 点,其纵、横坐标分别为初始孔隙比和现有自重应力。

②过 $b$ 点作直线,其斜率等于室内回弹和再压缩曲线的平均斜率,该直线与横坐标值为 $p_c$ 的垂线交于 $b$ 点。以 $ab$ 直线段作为超固结土的现场原始再压缩曲线,其斜率称为回弹指数 $C_e$。

③作纵坐标值为 $0.42e_0$ 的水平线交室内压缩曲线于 $c$ 点,以 $bc$ 直线作为超固结土的现场原始压缩曲线,其斜率为压缩指数 $C_c$。

欠固结土在自重作用下尚未压缩稳定,其现场原始压缩曲线只能近似地按正常固结土的方法求得。

**(3)考虑应力历史的影响地基固结沉降计算**

考虑应力历史的影响,地基固结沉降计算中土的压缩性指标应由现场原始压缩曲线确定。

正常固结土的沉降计算,压缩指标 $C_c$ 由正常固结土的现场原始压缩曲线确定。第 $i$ 层土的压缩量 $s_{ci}$ 为

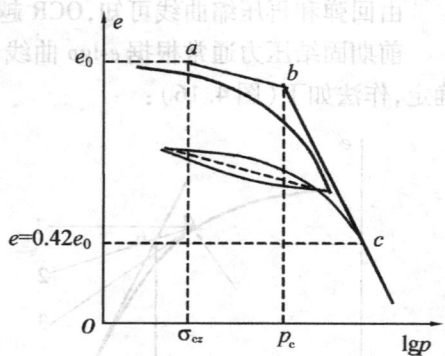

图 4.18 超固结土现场原始压缩曲线

$$s_{ci} = \frac{h_i}{1+e_{0i}} C_{ci} \lg\left(\frac{p_{2i}}{p_{1i}}\right) \tag{4.22}$$

式中　$e_{0i}$——第 $i$ 层土的初始孔隙比;

$p_{1i}$——第 $i$ 层土的初始应力平均值,$p_{1i} = \overline{\sigma_{czi}}$,kPa;

$p_{2i}$——第 $i$ 层土的现有应力平均值,$p_{2i} = p_{1i} + \overline{\sigma_{zi}}$,kPa;

$\overline{\sigma_{zi}}$——第 $i$ 层土的附加应力平均值,kPa;

$C_{ci}$——第 $i$ 层土的压缩指数。

超固结土的沉降计算,压缩指标由超固结土的现场原始压缩曲线确定。超固结土的现场原始压缩曲线为一条折线,$p \leqslant p_c$ 为再压缩阶段,其斜率为回弹指数 $C_e$,$p > p_c$ 为正常压缩阶段,其斜率为压缩指数 $C_c$。第 $i$ 层土的压缩量 $s_{ci}$ 为

$$p \leqslant p_c \qquad s_{ci} = \frac{h_i}{1+e_{0i}} C_{ei} \lg\left(\frac{p_{2i}}{p_{1i}}\right) \tag{4.23}$$

$$p > p_c \qquad s_{ci} = \frac{h_i}{1+e_{0i}} \left[ C_{ei} \lg\left(\frac{p_{ci}}{p_{1i}}\right) + C_{ci} \lg\left(\frac{p_{2i}}{p_{ci}}\right) \right] \tag{4.24}$$

式中　$p_{ci}$——第 $i$ 层土的前期固结压力,kPa;

$C_{ei}$——第 $i$ 层土的回弹指数。

其余符号同前。

欠固结土在自重作用下尚未固结完成,沉降计算中应考虑在自重应力作用下继续固结所引起的那部分沉降。因此,初始应力 $p_1$ 应取为前期固结压力 $p_c$。第 $i$ 层土的压缩量 $s_{ci}$ 为

$$s_{ci} = \frac{h_i}{1+e_{0i}} C_{ci} \lg\left(\frac{p_{2i}}{p_{ci}}\right) \tag{4.25}$$

### 4.4.5　地基瞬时沉降和次固结沉降

按照地基土沉降变形过程,基础最终沉降量可认为是由瞬时沉降、固结沉降和次固结沉降3部分组成,即

$$s = s_d + s_c + s_s \tag{4.26}$$

式中　$s_d$——瞬时沉降;

$s_c$——固结沉降;

$s_s$——次固结沉降。

瞬时沉降是由地基在加载后的瞬间发生剪切变形所引起的。饱和土体,在加载的瞬间地基还来不及发生体积变化,仅发生剪切变形。固结沉降是由地基在压力作用下,土粒向孔隙中位移,孔隙体积减少所引起的,是地基沉降的主要组成部分。次固结沉降是由地基在长期不变的有效应力作用下发生蠕变变形所引起的。一般情况下,次固结沉降所占的比例很小,但对于高塑性的软粘土,或含有机质的软粘土,次固结沉降不应忽视。

**(1)瞬时沉降计算**

试验研究和现场实测结果表明,地基瞬时沉降可按式(4.19)的弹性理论公式计算。对于柔性基础和绝对刚性基础,在矩形和圆形面荷载作用下,荷载作用面处地基的沉降量计算公式,可写成如下的统一形式:

$$s = \frac{1-\mu^2}{E}\omega pb \tag{4.27}$$

式中　$\omega$——沉降影响系数,可由表4.7查得。表中 $\omega_c$,$\omega_o$,$\omega_m$ 分别是柔性基础角点处、中心点处的沉降影响系数和平均沉降影响系数;$\omega_r$ 是刚性基础的沉降影响系数;

　　　$b$——矩形荷载的底面宽度或圆形基础的直径;

　　　$E$——土的弹性模量;

　　　$\mu$——土的泊松比。

表4.7　沉降影响系数 $\omega$ 值

| 荷载面形状 | | 圆形 | 矩　　形($l/b$) | | | | | | | | | | |
| --- | --- | --- | --- | --- | --- | --- | --- | --- | --- | --- | --- | --- | --- |
| | | | 1.0 | 1.5 | 2.0 | 3.0 | 4.0 | 5.0 | 6.0 | 7.0 | 8.0 | 9.0 | 10.0 | 100.0 |
| 柔性基础 | $\omega_c$ | 0.64 | 0.56 | 0.68 | 0.77 | 0.89 | 0.98 | 1.05 | 1.11 | 1.16 | 1.20 | 1.24 | 1.27 | 2.00 |
| | $\omega_o$ | 1.00 | 1.12 | 1.36 | 1.53 | 1.78 | 1.96 | 2.10 | 2.22 | 2.32 | 2.40 | 2.48 | 2.54 | 4.01 |
| | $\omega_m$ | 0.85 | 0.95 | 1.15 | 1.30 | 1.52 | 1.70 | 1.83 | 1.96 | 2.04 | 2.12 | 2.19 | 2.25 | 3.70 |
| 刚性基础 | $\omega_r$ | 0.79 | 0.88 | 1.08 | 1.22 | 1.44 | 1.61 | 1.72 | — | — | — | — | 2.12 | 3.40 |

**(2)次固结沉降计算**

试验研究表明,次固结的孔隙比与时间的关系曲线在半对数坐标系中接近直线(图4.19)。次固结引起的孔隙比变化可用下式近似计算,即

$$\Delta e = C_a \lg \frac{t}{t_1} \tag{4.28}$$

式中　$C_a$——次固结系数;

　　　$t$——所求次固结沉降时间;

　　　$t_1$——固结沉降完成时间,根据次固结直线外沿线与固结沉降曲线切线交点求得。

按下式计算次固结沉降:

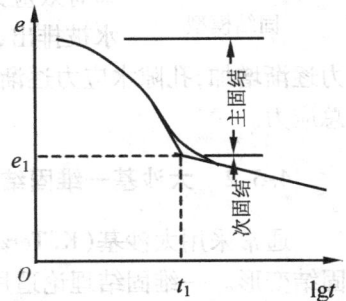

图 4.19　$e$-$\lg t$ 关系曲线

$$s_t = \sum_{i=1}^{n} \frac{h_i}{1+e_{0i}} C_{ai} \lg \frac{t}{t_1} \tag{4.29}$$

次固结系数 $C_a$ 主要与土的塑性指数、含水量和有机质含量有关。塑性指数越大,含水量和有机质含量越高,次固结系数就越大。

# 4.5 土的变形与时间的关系

在工程中,常常需要预估建筑物在施工或竣工后某一时刻的基础沉降量,以便控制施工速率,确定建筑物的安全或正常使用措施,如考虑建筑物有关部分之间的预留净空或连接方法。堆载预压法处理地基时,也需预估地基在某一时刻的固结程度。可见,研究地基沉降与时间的关系是很必要的。

碎石土和砂土的透水性大,在荷载作用下固结稳定所需历时短,可以认为,在建筑物施工完毕时,其固结沉降已基本完成。对于粘性土和粉土,其固结历时就比较长,尤其是深厚饱和的软粘土层,其固结历时需要几年甚至几十年。因此,这里只讨论饱和粘性土和粉土的变形与时间的关系。

## 4.5.1 饱和土体的渗透固结

饱和土体在压力作用下,孔隙中的水随时间的增长逐渐被排出,同时孔隙体积也随之减小的过程,称为饱和土体的渗透固结。

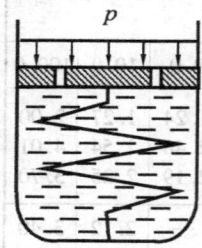

图 4.20 土的固结模型

饱和土体的渗透固结,可用图 4.20 所示弹簧活塞模型来说明。以弹簧模拟土骨架,容器中的水模拟孔隙中的水,活塞孔模拟土的透水性。活塞上作用着均布荷载 $p$,其在系统中引起的总应力等于 $p$。在加载的瞬间,弹簧没有被压缩,所受的力为零,总应力全部由孔隙中的水承担,即孔隙水应力等于总应力。随着时间的迁延,一方面,水在压力作用下由活塞孔逐渐排出,随之活塞下降,弹簧压缩,孔隙体积减小;另一方面,孔隙水应力逐渐减小,弹簧所受的力(有效应力)逐渐增加,直到总应力全部由弹簧承担,即有效应力等于总应力。可见,饱和土体的渗透固结过程,一方面是孔隙水被排出,孔隙体积减小的过程;另一方面是孔隙水应力逐渐消散,有效应力逐渐增加,孔隙水应力逐渐转化为有效应力的过程。土体固结完成的条件是有效应力等于总应力。

## 4.5.2 太沙基一维固结理论

通常采用太沙基(K. Terzaghi,1925)提出的一维固结理论来研究饱和土层在某一时刻的固结变形。一维固结理论适用于荷载面积远大于压缩土层厚度的情况;对于堤坝及其地基,属于二维固结问题;高层房屋地基,属于三维固结问题。

一维固结理论的基本假定:

①土体是均质、各向同性、完全饱和的;

②土粒和孔隙水都是不可压缩的;

③土体只有竖向的压缩和水的渗流;

④土中水的渗流服从达西定律;

⑤在渗透固结过程中,土的渗透系数 $k$ 和压缩系数 $\alpha$ 都不变;

⑥外荷载是一次瞬间施加的,且外荷载在土中引起的总应力沿深度是均匀分布的。

图 4.21(a)所示,饱和粘性土层顶面是透水层,其下为不透水层及不可压缩层,粘性土层厚 $H$,其上作用大面积的均布荷载。假设土体在自重作用下已固结完成且符合上述假定。在饱和土层顶面下深度处取一微单元,如图 4.21(b)所示。只有自下向上的渗流,在荷载施加后的某一时间内渗入和流出微单元体的水量分别为 $q_1$ 和 $q_2$,根据固结渗流的连续条件,在同一时间内流出水量与渗入水量的差应与微单元体的体积减少量 $\Delta V$ 相等,即

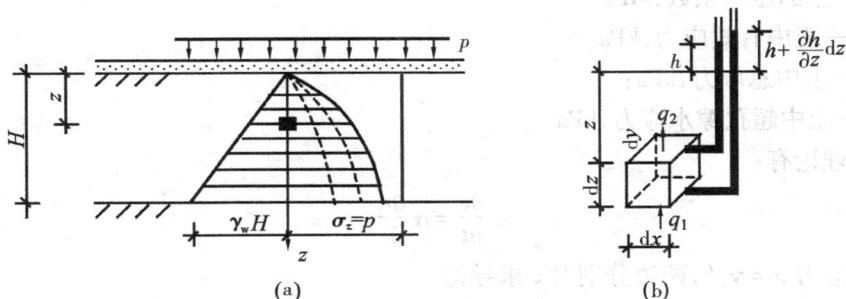

图 4.21 一维固结理论示意
(a)一维固结情况之一 (b)微单元体

$$q_2 - q_1 = \Delta V \tag{4.30a}$$

由土中水的渗流理论得

$$q_2 = KiA\mathrm{d}t = K\left(-\frac{\partial h}{\partial z}\right)\mathrm{d}x\mathrm{d}y\mathrm{d}t$$

$$q_1 = K\left(-\frac{\partial h}{\partial z} - \frac{\partial^2 h}{\partial z^2}\mathrm{d}z\right)\mathrm{d}x\mathrm{d}y\mathrm{d}t$$

$$q_2 - q_1 = K\frac{\partial^2 h}{\partial z^2}\mathrm{d}x\mathrm{d}y\mathrm{d}z\mathrm{d}t \tag{4.30b}$$

式中 $K$——土在竖向的渗透系数,cm/s;

$i$——水力梯度;

$h$——透水面下深度 $z$ 处的超静孔隙水压力水头,cm;

$A$——过水面积,cm²,$A = \mathrm{d}x\mathrm{d}y$。

微单元体的体积为

$$V = V_s + V_v = \mathrm{d}x\mathrm{d}y\mathrm{d}z$$

由土的物理性指标间的关系,可得土粒体积

$$V_s = \left(\frac{1}{1+e}\right)\mathrm{d}x\mathrm{d}y\mathrm{d}z$$

式中 $e$——土的天然孔隙比。

孔隙体积

$$V_v = eV_s$$

在固结过程中,土粒体积不变,有

$$\frac{\partial V}{\partial t} = \frac{\partial V_v}{\partial t} = \frac{\partial e}{\partial t}V_s = \frac{1}{1+e}\frac{\partial e}{\partial t}\mathrm{d}x\mathrm{d}y\mathrm{d}z$$

$$\Delta V = \frac{\partial V}{\partial t} dt = \frac{1}{1+e} \frac{\partial e}{\partial t} dx dy dz dt \tag{4.30c}$$

将式(4.30b,c)代入式(4.30a)并整理得

$$K \frac{\partial^2 h}{\partial z^2} = \frac{1}{1+e} \frac{\partial e}{\partial t} \tag{4.30d}$$

由土的应力和孔隙比的关系得

$$de = -\alpha dp = -\alpha d\sigma' = -\alpha d(\sigma - u) = \alpha du$$

式中　$\alpha$——土的压缩系数，$MPa^{-1}$；

$\sigma'$——土中有效应力，kPa；

$\sigma$——土中总应力，kPa；

$u$——土中超孔隙水应力，kPa。

由微分理论有：

$$\frac{\partial e}{\partial t} = \alpha \frac{\partial u}{\partial t} \tag{4.30e}$$

孔隙水应力 $u = \gamma_w h$，两边分别对 $z$ 求导得

$$\frac{\partial^2 h}{\partial z^2} = \frac{1}{\gamma_w} \frac{\partial^2 u}{\partial z^2} \tag{4.30f}$$

式中　$\gamma_w$——水的重度，$kN/m^3$。

将式(4.30e,f)代入式(4.30d)，并整理得

$$\frac{\partial u}{\partial t} = c_v \frac{\partial^2 u}{\partial z^2} \tag{4.31}$$

$$c_v = \frac{k(1+e)}{\alpha \gamma_w} \tag{4.32}$$

式(4.31)称为饱和土的一维固结微分方程，其中 $c_v$ 称为土的竖向固结系数($cm^2/s$)。

图4.20(a)所示的初始条件和边界条件为：

$t = 0$ 和 $0 \leqslant z \leqslant H$ 时，$u = \sigma_z$；

$0 < t < \infty$ 和 $z = 0$ 时，$u = 0$；

$0 < t < \infty$ 和 $z = H$ 时，$\frac{\partial u}{\partial z} = 0$；

$t = \infty$ 和 $0 \leqslant z \leqslant H$ 时，$u = 0$。

引入初始条件和边界条件，采用分离变量法可得式(4.27)的特解如下：

$$u_{zt} = \frac{\pi}{4} \sigma_z \sum_{m=1}^{\infty} \frac{1}{m} \sin \frac{m\pi z}{2h_s} e^{-\frac{m^2 \pi^2}{4} T_V}$$

式中　$m$——正奇数；

e——自然数；

$T_V$——时间因子，$T_V = \frac{c_v}{h_s^2} t$；

$h_s$——排水距离，cm，单面排水时，$h_s = H$；双面排水时，$h_s = H/2$；

$H$——固结土层的厚度，cm。

要了解地基在某一时刻的沉降量，常用到固结度这一指标。固结度是地基在某一时刻的

沉降量 $s_t$ 与最终沉降量 $s$ 的比值

$$U = \frac{s_t}{s}$$

假定地基变形与有效应力成正比,得地基的平均固结度

$$\overline{U} = \frac{s_t}{s} = \frac{\int \sigma' dz}{\int \sigma_z dz} = \frac{\int \sigma_z dz - \int u dz}{\int \sigma_z dz} = 1 - \frac{\int u dz}{\int \sigma_z dz} =$$

$$1 - \frac{8}{\pi^2}\left[ e^{-\frac{\pi^2}{4}T_V} + \frac{1}{9}e^{-\frac{9\pi^2}{4}T_V} + \cdots \right]$$

上式中括号内的级数收敛得很快,当 $\overline{U} > 30\%$ 时,可近似地取其中第一项:

$$\overline{U} = 1 - \frac{8}{\pi^2}e^{-\frac{\pi^2}{4}T_V} \tag{4.33}$$

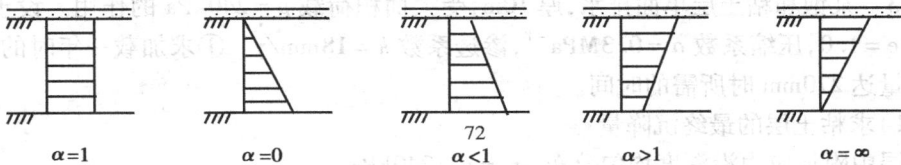

图 4.22 土中应力随深度分布情况 $\left( \alpha = \dfrac{排水面压力}{非排水面压力} \right)$

上式适用于附加应力沿深度均匀分布或双面排水的情况。通常情况下,附加应力沿深度不是均匀分布的,附加应力沿深度分布有 5 种不同的情况,如图 4.22 所示。对于一维固结问题,图 4.23 绘出了对应于不同附加应力分布情况下 $\overline{U}$-$T_V$ 的关系曲线,以便查用。

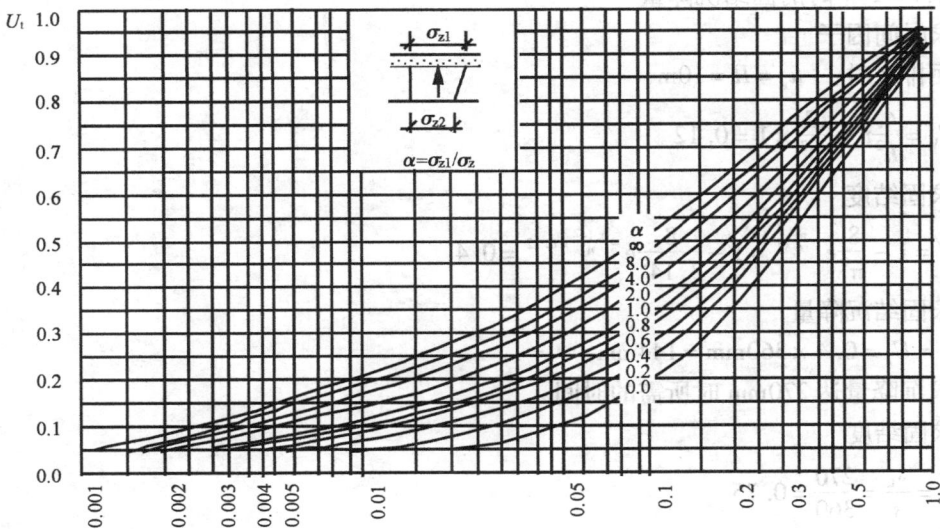

图 4.23 固结度 $U_t$ 与时间因子 $T_V$ 的关系曲线

情况①:$\alpha = 1$,附加应力沿深度均匀分布。这相应于土层在自重应力作用下已固结,压缩层厚度是荷载底面宽度的 0.5 倍的情况。

土力学

情况②：$\alpha = 0$，附加应力沿深度三角形分布。这相应于大面积新填土在自重作用下固结，或大幅度降水引起地基附加沉降的情况。

情况③：$\alpha < 1$，这相应于土层在自重作用下尚未固结，又在其上加载的情况。

情况④：$\alpha > 1$，在基础荷载作用下，通常为这种情况。

情况⑤：$\alpha = \infty$，这相应于基础底面小，土层很厚的情况。

一维固结理论揭示了饱和土体的固结规律。饱和土体的固结与土层的厚度、排水条件、渗透系数、压缩性、孔隙比以及土体中的应力分布有关。土层的厚度越大、排水条件越差、渗透系数越小，固结历时就越长。

在工程实践中，一般建筑物在施工期间完成的沉降量，对于砂土，可认为其最终沉降量已基本完成；对于低压缩粘性土，可认为已完成其最终沉降量的 50% ~ 80%；对于中压缩粘性土，可认为已完成其最终沉降量的 20% ~ 50%；对于高压缩粘性土，可认为已完成其最终沉降量的 5% ~ 20%。

**例 4.3** 某饱和粘土层单面排水，厚 10m，受大面积荷载 $p = 240\text{kPa}$ 的作用。设土层的初始孔隙比 $e = 1.0$，压缩系数 $a = 0.3\text{MPa}^{-1}$，渗透系数 $k = 18\text{mm/y}$。①求加载一年时的沉降量；②求沉降量达 270mm 时所需的时间。

**解** 1）求粘土层的最终沉降量

粘土层中附加应力沿深度均匀分布，$\sigma_z = p = 240\text{kPa}$

$$s = \frac{a}{1+e}\sigma_z H = \frac{0.3}{1+1} \times 240 \times 10\text{mm} = 360\text{mm}$$

2）求固结系数

$$c_v = \frac{k(1+e)}{\alpha\gamma_w} = \frac{1.8 \times 10^{-2}(1+1)}{3 \times 10^{-4} \times 10}\text{m}^2/\text{y} = 12\text{m}^2/\text{y}$$

3）求 $t = 1$ 年时的固结沉降量

①求时间因子

单面排水时：$h_s = H = 10\text{m}$

$$T_V = \frac{c_v}{h_s^2}t = \frac{12}{10^2} \times 1 = 0.12$$

②求固结度

$$\overline{U} = 1 - \frac{8}{\pi^2}e^{-\frac{\pi^2}{4}T_V} = 1 - \frac{8}{3.14^2}e^{-\frac{3.14^2}{4} \times 0.12} = 0.4$$

③求固结沉降量

$$s_t = \overline{U}s = 0.4 \times 360\text{mm} = 144\text{mm}$$

4）求沉降量达 270mm 时所需的时间

①求固结度

$$\overline{U} = \frac{s_t}{s} = \frac{270}{360} = 0.75$$

②求时间因子

$$T_V = -\frac{4}{\pi^2}\ln\left[(1-\overline{U})\frac{\pi^2}{8}\right] = -\frac{4}{3.14^2}\ln\left[(1-0.75)\frac{3.14^2}{8}\right] = 0.48$$

③求所需的时间

$$t = \frac{T_V h_s^2}{c_v} = \frac{0.48 \times 10^2}{12} y = 4y$$

### 4.5.3　实测沉降-时间关系的应用

由于土的固结沉降计算中作了一些假设,加之土的物理力学指标可能与实际情况有出入,因此理论计算值不可避免地与实测值有差异。在工程实践中,利用前期沉降观测资料来预估基础的后期沉降量,有着重要的现实意义。常用的方法有对数曲线法和双曲线法。

**(1)双曲线法**

根据沉降观测资料,地基沉降和时间的关系可用双曲线表示,即

$$s_t = \frac{t}{\alpha + t} s \tag{4.34}$$

式中　$s_t$——地基在时间 $t$(从施工期一半起算)时的实测沉降量,mm;

　　　$s$——待定的基础最终沉降量,mm;

　　　$\alpha$——待定参数。

从实测的沉降-时间关系曲线的后半部分,任取两组已知的时间 $t$ 和相应的实测沉降值 $s_t$,代入式(4.34)得

$$\left.\begin{array}{l} s_{t1} = \dfrac{t_1}{\alpha + t_1} s \\ s_{t2} = \dfrac{t_2}{\alpha + t_2} s \end{array}\right\}$$

解此联立方程得

$$s = \frac{t_2 - t_1}{\dfrac{t_2}{s_{t2}} - \dfrac{t_1}{s_{t1}}} \tag{4.35}$$

$$\alpha = s\frac{t_1}{s_{t1}} - t_1 = s\frac{t_2}{s_{t2}} - t_2 \tag{4.36}$$

将和代入式(4.34),可以推算任意时间的沉降量。

式(4.34)可以改写成如下的形式:

$$t = s\frac{t}{s_t} - \alpha \tag{4.37}$$

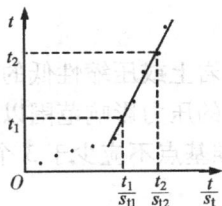

图 4.24　$t/s_t$-$t$ 关系曲线

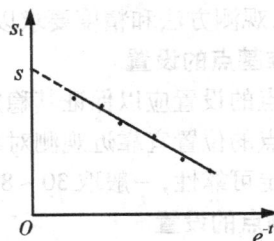

图 4.25　$s_t$-$e^{-t}$ 关系曲线

如图 4.24 所示,以 $t$ 为纵坐标,$t/s_t$ 为横坐标,将实测沉降资料绘成 $t$ 与 $t/s_t$ 关系曲线来确定待

定参数,以消除观测资料偶然误差的影响。曲线的后半部分接近直线,此直线的斜率即为 s。

**(2)对数法**

由一维固结理论知,不同条件下饱和土体的固结度计算公式,可写成如下的通式:

$$\overline{U} = 1 - Ae^{-Bt} \tag{4.38}$$

式中 $A,B$ 是两个待定的参数。$A$ 是一常数,实用中可取为 1.0(接近 $8/\pi^2$)。$B$ 与土的透水性、排水条件、压缩性和土层厚度等因素有关,由实测资料确定。根据固结度的概念式(4.38)可写成如下形式:

$$s_t = \lfloor 1 - e^{-Bt} \rfloor s \tag{4.39}$$

如图 4.25 所示,以 $s_t$ 为纵坐标,$e^{-t}$ 为横坐标,将实测沉降资料绘成 $s_t$ 与 $e^{-t}$ 关系曲线。曲线的延长线与 $s_t$ 轴的交点,即为所求的 $s$。

# 4.6 建筑物沉降观测与地基容许变形值

## 4.6.1 建筑物的沉降观测

建筑物的沉降观测能给出地基在给定时期的实际变形以及地基变形对建筑物的影响程度。沉降观测资料是验证建筑物地基基础设计和加固方案是否合理、正确,地基事故是否需要及时处理以及施工质量是否合格的重要依据;是确定建筑物容许变形值的重要参考;是用于校核现行各种沉降计算方法和固结理论准确性的依据,为改进沉降计算方法或发展新的符合实际的沉降计算方法提供依据。

建筑物沉降观测工作的内容大致包括以下几个方面:

**(1)收集资料和编写观测计划**

在确定要观测的建筑物后,应收集以下有关资料:

①观测对象的总平面布置图;

②场地工程地质勘察资料;

③观测对象的建筑和结构平面图、立面图和剖面图以及基础平面图和剖面图;

④建筑物的使用要求;

⑤工程施工进度计划等。

在收集上述资料的基础上编制沉降观测计划,包括:观测的目的、任务和内容,水准点和观测点的布置,观测方法和精度要求以及观测时间和次数等。

**(2)水准基点的设置**

水准基点的设置应以保证其稳定可靠为原则,宜设置在基岩上或压缩性低的土层上。

水准基点的位置宜靠近观测对象,但必须在建筑物所产生的压力影响范围以外,以保证水准基点的稳定可靠性,一般取 30~80m。在一个观测区内,水准基点不应少于 3 个。

**(3)观测点的设置**

观测点的设置,应能全面反映建筑物的变形并结合地质情况确定。数量不宜少于 6 点。观测点应尽量布置在建筑物有代表性的部位,并应测量工作方便以及在施工和使用期间不易遭到损坏。一般宜设置在下列各处:

①建筑物的四周角点、中点和转角处。沿建筑物的周边,每隔 10~20m 设置一个;

②沉降缝的两侧;

③宽度大于 15m 的建筑物内部承重墙(柱)上,同时要尽量布置在建筑物的纵横轴线上;

④重型设备基础的四周;

⑤临近堆置重物处。

**(4)水准测量**

水准测量精度的高低直接影响着观测资料的可靠性。为了保证测量精度要求,水准基点的导线测量与观测点水准测量,宜采用精密水准仪和铟钢尺。对第一观测对象宜固定测量工具,固定人员,观测前应严格校验仪器。测量精度宜采用 Ⅱ 级水准测量,视线长度宜为 20~30m;视线高度不宜低于 0.3m。水准测量宜采用闭合法。

水准观测时应随时纪录气象资料。水准基点的导线测量,一般在基点设置完一周后进行,在沉降观测过程中,各水准基点要定期进行校核,以判断各基点的稳定性,若有变动应及时进行标高修正。观测点原始标高的测量,一般应在水泥砂浆凝固后立即进行。以后水准测量的次数和时间,应根据具体情况确定。一般情况下,民用建筑每施工完一层(包括地下部分)应观测一次,工业建筑按不同荷载阶段分次观测,但施工期间的观测不应小于 4 次。建筑物竣工后的观测,第一年不少于 3~5 次,第二年不少于 2 次,以后每年 1 次,直到下沉稳定为止。对于突然发生严重裂缝或大量沉降等特殊情况,应增加观测次数。

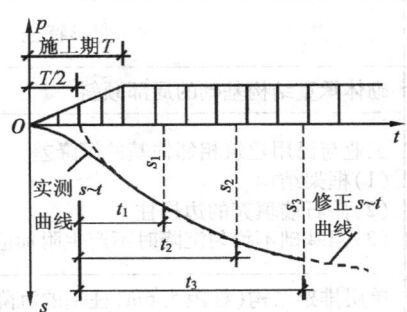

图 4.26　荷载 $p$-沉降 $s$-时间 $t$ 关系曲线

**(5)观测资料的整理**

沉降观测资料的整理要及时,观测后应立即算出各观测点的标高、沉降量和累计沉降量,绘制如图 4.26 所示的荷载-时间-沉降关系曲线,进行成果分析,提出观测报告。

### 4.6.2　地基变形允许值

地基除应满足承载力和稳定要求外,还应满足变形要求,以保证建筑物的正常使用。地基的变形计算值应不大于其变形允许值。

地基变形按其特征分为:

①沉降量——基础中心点的沉降量;

②沉降差——相邻两基础沉降量的差值;

③倾斜——基础倾斜方向两端点的沉降差与其距离的比值;

④局部倾斜——砌体承重结构沿纵向 6~10m 内基础两点的沉降差与其距离的比值。

建筑物所需验算的变形特征取决于建筑物的结构类型、整体刚度和使用上的要求等。由于建筑物地基不均匀、荷载差异很大、体型复杂等因素引起的地基变形,对于砌体承重结构应由局部倾斜控制;对于框架结构和单层排架结构应由相邻柱基的沉降差控制;对于多层或高层建筑和高耸结构应由倾斜值控制。

地基的变形允许值的确定涉及的因素很多,要考虑建筑物的结构强度储备、对地基变形的敏感性、适应性和使用要求等诸多因素。目前,地基的变形允许值的确定途径主要有两种,一是理论分析法,二是经验统计法。

理论分析法考虑地基基础和上部结构的协同作用,分析计算地基的沉降差异对上部结构的影响,在保证结构安全的前提下,综合考虑使用要求来确定地基变形允许值。理论分析研究工作虽然已有较大的进展,但在实用上还有差距。工程上,目前还是应用经验统计法。经验统计法是在对大量各类已建建筑物进行沉降观测和使用状况调查的基础上,结合基础类型、地质状况,通过归纳整理,来确定地基的变形允许值。表 4.8 是我国《建筑地基基础设计规范》给出的地基变形允许值。对于表中未包括的其他建筑物的地基变形允许值,可根据上部结构对地基变形的适应能力和使用上的要求确定。

**表 4.8　建筑物的地基变形允许值**

| 变形特征 | 地基土类别 | |
| --- | --- | --- |
| | 中、低压缩性土 | 高压缩性土 |
| 砌体承重结构基础的局部倾斜 | 0.002 | 0.003 |
| 工业与民用建筑相邻柱基的沉降差<br>(1)框架结构<br>(2)砖石墙填充的边排柱<br>(3)当基础不均匀沉降时不产生附加应力的结构 | $0.002l$<br>$0.0007l$<br>$0.005l$ | $0.003l$<br>$0.001l$<br>$0.005l$ |
| 单层排架结构(柱距为 6m)柱基的沉降量(mm) | (120) | 200 |
| 桥式吊车轨面的倾斜(按不调整轨道考虑)<br>纵向<br>横向 | 0.004<br>0.003 | |
| 多层和高层建筑基础的倾斜　　$H_g \leq 24$<br>$24 < H_g \leq 60$<br>$60 < H_g \leq 100$<br>$H_g > 100$ | 0.004<br>0.003<br>0.0025<br>0.002 | |
| 体型简单的高层建筑基础的平均沉降量(mm) | 200 | |
| 高耸结构基础的倾斜　　　　　$H_g \leq 20$<br>$20 < H_g \leq 50$<br>$50 < H_g \leq 100$<br>$100 < H_g \leq 150$<br>$150 < H_g \leq 200$<br>$200 < H_g \leq 250$ | 0.008<br>0.006<br>0.005<br>0.004<br>0.003<br>0.002 | |
| 高耸结构基础的倾斜　　　　　$H_g \leq 100$<br>$100 < H_g \leq 200$<br>$200 < H_g \leq 250$ | 400<br>300<br>200 | |

注:①本表数值为建筑物地基实际最终变形允许值;
　　②有括号者仅适用于中压缩性土;
　　③$l$ 为相邻柱基的中心距离(m),$H_g$ 为自室外地面起算的建筑物高度(m)。

## 思 考 题

4.1　土的压缩性具有哪些特点？

4.2　什么是有效应力、孔隙水应力和总应力？三者有何关系？

4.3　说明土的各压缩性指标的意义及相互关系。

4.4　分层总和法是如何确定沉降计算深度的？如何确定计算分层的？

4.5　分层总和法存在着哪些不足？

4.6　《规范》法是如何确定沉降计算深度的？

4.7　《规范》法与分层总和法有何不同？

4.8　平均附加应力系数的意义是什么？

4.9　什么是前期固结压力？应力历史对土的压缩性有何影响？

4.10　什么是超固结比？依据超固结比将土分为哪几类？

4.11　什么是固结度？影响土的固结的因素有哪些，有何影响？

4.12　建筑物沉降观测有何意义？

4.13　地基变形按其特征分为哪几类？

4.14　确定地基容许变形值时，应考虑哪些因素？

## 习　　题

4.1　如习题 4.1 图所示，求 $M$ 点处的有效应力、孔隙水应力和总应力。

4.2　一饱和粘性土样的原始高度为20mm，做室内侧限压缩试验，荷载加至100kPa 时，土样变形稳定后百分表的读数为70，加至200kPa 时，土样变形稳定后百分表的读数为120，测得土样的初始孔隙比为0.9，试计算土的压缩系数 $\alpha_{1-2}$ 和压缩模量 $E_{1-2}$，评定土的压缩性。

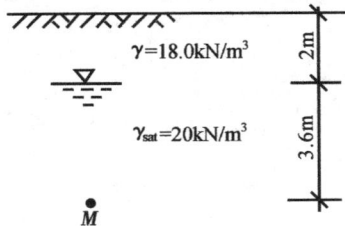

习题 4.1 图

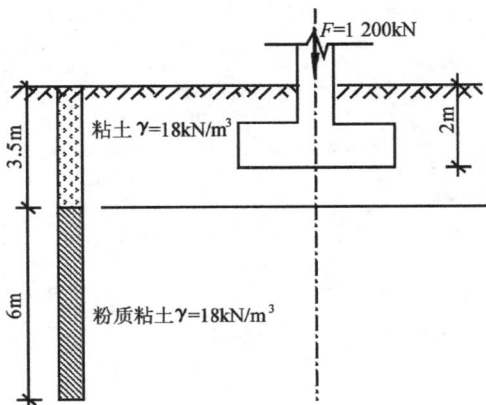

习题 4.3 图

4.3 某矩形基础底面尺寸为 $2 \times 3.2 \text{m}^2$,所受荷载设计值 $F = 1\,200\text{kN}$,地基土的分布和性质如习题4.3图所示,受压层土的压缩试验数据如表4.9,试用分层总和法计算基础最终沉降量。

表4.9 土的压缩试验资料

| 土的种类 \ $p/\text{kPa}$ | 0 | 50 | 100 | 200 | 300 |
|---|---|---|---|---|---|
| 粘土 | 0.80 | 0.78 | 0.76 | 0.73 | 0.69 |
| 粉质粘土 | 0.75 | 0.72 | 0.69 | 0.66 | 0.63 |

4.4 某矩形基础底面尺寸为 $4 \times 2 \text{m}^2$,基础埋深为 $d = 2\text{m}$,所受荷载设计值 $F = 1\,600\text{kN}$,地基土为粉质粘土,$\gamma = 18\text{kN/m}^3$,$E_s = 0.5\text{MPa}^{-1}$。试用《规范》法计算基础最终沉降量。

4.5 某矩形基础底面尺寸为 $4 \times 2.4 \text{m}^2$,基础埋深为 $d = 2\text{m}$,所受荷载设计值 $F = 2\,600\text{kN}$,第一层为粉细砂,厚5m,$\gamma = 18\text{kN/m}^3$;第二层为淤泥质粘土,厚1.2m,$\gamma = 17\text{kN/m}^3$,$e_0 = 1.0$,$\alpha = 0.6\text{MPa}^{-1}$;第三层为中砂。试计算淤泥质粘土层的压缩量。

4.6 某饱和粘土层厚6m,其下不可压缩的不透水层,表面作用大面积的均布荷载 $P = 180\text{kPa}$,粘土的重度为 $\gamma = 17.5\text{kN/m}^3$,孔隙比为 $e = 0.8$,压缩系数为 $\alpha = 0.3\text{MPa}^{-1}$,渗透系数为 $k = 2.0\text{cm/y}$。试求:①加载一年后地表的沉降量?②地表沉降量达144mm时所需的时间?

# 第 5 章
# 土的抗剪强度

## 5.1 土的强度概念与工程意义

土的抗剪强度是指土体抵抗剪切破坏的极限能力,是土的重要力学性质之一。在外荷载作用下土体中将产生剪应力和剪切变形。若土体中某一平面上的剪应力超过了该平面上的抗剪强度,土就沿剪应力作用面产生相对滑动,该点便发生剪切破坏,若荷载继续增加,剪切破坏点将随之增多,形成局部塑性区,最终形成一个连续的滑动面,导致土体丧失整体稳定。由此可见,土的强度问题,实质上就是土的抗剪强度问题。工程中的地基承载力、挡土墙土压力、土坡稳定性等问题都与土的抗剪强度直接相关。如图 5.1 所示。

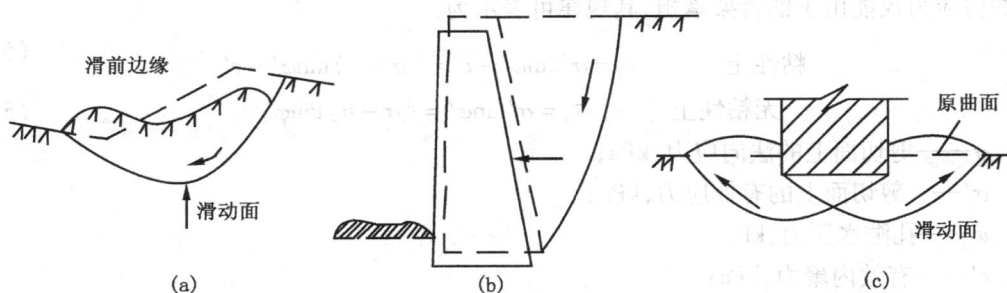

图 5.1  土体破坏示意图

(a)土坡稳定  (b)挡土墙倾覆  (c)地基失稳

为了对地基的稳定性进行力学分析和计算,必须了解土的抗剪强度的来源、影响因素和测定方法,研究土的极限平衡理论。

## 5.2  土体强度理论

### 5.2.1  土的抗剪强度表达式(Coulomb 公式)

#### (1)总应力表示法

1776 年库仑(C. A Coulomb)提出了土体抗剪强度表达式为

$$粘性土 \quad \tau_f = \sigma \tan\varphi + c \tag{5.1}$$

$$\text{无粘性土} \quad \tau_f = \sigma \tan\varphi \tag{5.2}$$

式中   $\tau_f$——土的抗剪强度,kPa;

       $\sigma$——剪切面上的法向应力,kPa;

       $c$——土的内聚力 kPa;

       $\varphi$——土的内摩擦角;

在一定试验条件下得出土的粘聚力 $c$ 和内摩擦角 $\varphi$,一般能反映土的抗剪强度的大小,故称 $c,\varphi$ 为土的抗剪强度指标。如图 5.2 所示。

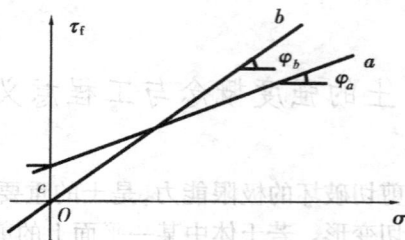

图 5.2 抗剪强度线

a—粘性土   b—无粘性土

**(2)有效应力表示法**

对处于同一初始条件下的同一种土而言,土的抗剪强度取决于土中有效应力的大小,即土体内的剪应力仅能由土的骨架承担,其规律可表示为:

$$\text{粘性土} \quad \tau_f = \sigma' \tan\varphi' + c' = (\sigma - u)\tan\varphi' + c' \tag{5.3}$$

$$\text{无粘性土} \quad \tau_f = \sigma' \tan\varphi' = (\sigma - u)\tan\varphi' \tag{5.4}$$

式中   $\sigma$——剪切面上的法向应力,kPa;

       $\sigma'$——剪切面上的有效应力,kPa;

       $u$——孔隙水压力,kPa;

       $c'$——有效内聚力,kPa;

       $\varphi'$——有效内摩擦角。

### 5.2.2 土的强度指标

鉴于目前的理论水平和技术设备条件,要在工程中全面了解或测定地基土中各点的孔隙水压力还很困难,也就无法计算各点的有效应力,所以有效应力表示法在工程中的应用受到一定约束,更多和经常使用的是总应力表示法。为此,在测定土的抗剪强度指标 $c,\varphi$ 时,应尽可能使试验条件(试样固结程度、排水条件、加荷速率等)与地基实际工作情况相符合。

土的抗剪强度指标中,内摩擦角 $\varphi$ 反映了土的摩擦特性,一般认为包含这两部分:①土颗粒表面的摩擦力;②颗粒间的嵌入和联锁作用产生的咬合力。粘结力 $c$ 的构成包括:①原始内聚力;②固化内聚力;③毛细内聚力。对洁净的干砂,内聚力 $c = 0$,但是由于砂土中夹有粘土颗粒或者砂土处于潮湿状态,因而也会有微小的内聚力。

除试验条件以外,影响抗剪强度的因素还包括土颗粒的矿物成分、形状、级配、土的密度、含水量、初始应力状态、应力历史等。

### 5.2.3　Mohr-Coulomb 破坏准则——极限平衡条件

当土体中任意一点在某一平面上的剪应力等于土的抗剪强度时的临界状态称为极限平衡状态。极限平衡状态下土的应力状态和土的抗剪强度之间的关系称为土的极限平衡条件。

**（1）Mohr-Coulomb 准则**

以库仑（Coulomb）公式作为土的抗剪强度公式。如果通过某点的任一平面上的剪应力等于土的抗剪强度，认为该点处于极限平衡状态。通常把土的这种强度理论称为 Mohr-Coulomb 强度理论。

现在，如果土的抗剪强度和某土体单元的 Mohr 应力圆为已知，将土的抗剪强度线和 Mohr 应力圆置于同一坐标中进行对照，可确定单元体所处的状态，如图 5.3 所示。

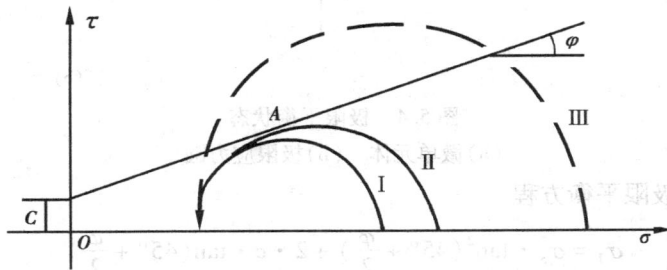

图 5.3　Mohr 应力圆-抗剪强度线关系示意图

圆 I 与抗剪强度线相离，表明该点在任何平面上的剪应力都小于土所能发挥的抗剪强度，因此未被剪破而处于稳定状态；圆 II 与抗剪强度线相切，表明切点 A 所代表的平面上的剪应力正好等于土的抗剪强度，该点处于极限平衡状态，应力圆 II 称为极限应力圆；圆 III 与抗剪强度线相割，表明该单元体许多平面上的剪应力已超过所能发挥的抗剪强度，已经剪切破坏，处于失稳状态。实际上这种应力状态并不存在，因为在此之前，土体单元早已沿某平面剪破，无法承受更大的应力，增加的荷载将由邻近的土体承受，直至地基中出现连续的滑动面。

综上所述，如果将作用在单元体任一平面的剪应力 $\tau$ 与抗剪强度 $\tau_f$ 比较，就可能有 3 种情况：

①当 $\tau < \tau_f$ 时，土体处于稳定平衡状态；

②当 $\tau = \tau_f$ 时，土体处于极限平衡状态；

③当 $\tau > \tau_f$ 时，土体处于失稳状态；

显然，上述条件要应用于复杂应力状态是困难的。研究处于极限平衡状态的应力条件，可简捷地确定土体单元所处的状态。

如图 5.4(a) 所示，设微单元体处于极限平衡状态，主应力为 $\sigma_1$ 和 $\sigma_3$，mn 面为剪破面，它与大主应力 $\sigma_1$ 的作用面成 $\alpha_f$ 角，由图 5.4(b) 可知：

$$\sin\varphi = \frac{AD}{RD} = \frac{\frac{\sigma_1 - \sigma_3}{2}}{c \cdot \cot\varphi + \frac{\sigma_1 + \sigma_3}{2}} = \frac{\sigma_1 + \sigma_3}{2 \cdot c \cdot \cot\varphi + \sigma_1 + \sigma_3} \tag{5.5}$$

对式(5.5)进行整理得　$\sigma_1 - \sigma_3 = (\sigma_1 + \sigma_3)\sin\varphi + 2 \cdot c \cdot \cos\varphi$

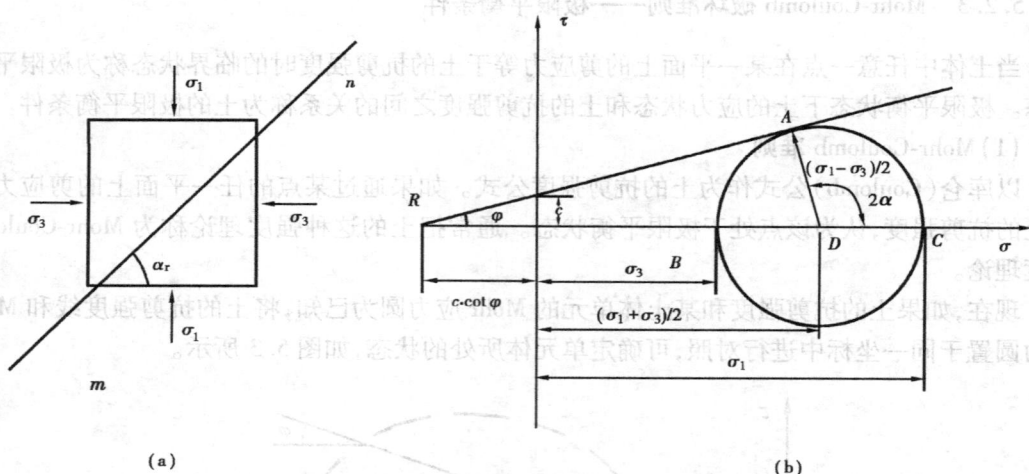

图 5.4 极限平衡状态

(a)微单元体　(b)极限应力圆

进一步化简得极限平衡方程

$$\sigma_1 = \sigma_3 \cdot \tan^2\left(45° + \frac{\varphi}{2}\right) + 2 \cdot c \cdot \tan\left(45° + \frac{\varphi}{2}\right) \tag{5.6}$$

$$\sigma_3 = \sigma_1 \cdot \tan^2\left(45° - \frac{\varphi}{2}\right) - 2 \cdot c \cdot \tan\left(45° - \frac{\varphi}{2}\right) \tag{5.7}$$

由图 5.4(b)可知 　　　　　　$2\alpha_f = 90° + \varphi$

即破裂角　　　　　　　　　$\alpha_f = 45° + \frac{\varphi}{2}$

说明剪切破坏面与最大主应力作用面的夹角为 $45° + \frac{\varphi}{2}$。

对于粗粒土,粘聚力 $c = 0$,则极限平衡条件可简化为:

$$\sigma_1 = \sigma_3 \cdot \tan^2\left(45° + \frac{\varphi}{2}\right) \tag{5.8}$$

$$\sigma_3 = \sigma_1 \cdot \tan^2\left(45° - \frac{\varphi}{2}\right) \tag{5.9}$$

$$\sin\varphi = \frac{\sigma_1 - \sigma_3}{\sigma_1 + \sigma_3} \tag{5.10}$$

式(5.6)至式(5.10)都是表示土单元达到破坏时主应力的关系,也是土体达到极限平衡的条件,故称为极限平衡条件,也就是 Mohr-Coulomb 破坏准则。

**(2)极限平衡条件的应用**

知道土单元体实际所受的应力和土的抗剪强度指标 $c$,$\varphi$,利用式(5.6)至式(5.10)这些表达式,可以容易地判断该单元体是否产生剪切破坏。例如已知某粗粒土体内某一点的主应力为 $\sigma_1$、$\sigma_3$,土的内摩擦角为 $\varphi$,要判断该点土体是否破坏,可利用式(5.10)求相应于这种应力下土体达到极限平衡所要求的内摩擦角 $\varphi_f$。

如果 $\varphi_f > \varphi$,表示保持土单元体不产生破坏所需的内摩擦角大于土的实际内摩擦角。实际土单元体必已破坏。反之 $\varphi_f < \varphi$，土单元体处于稳定状态。当 $\varphi_f = \varphi$，土单元体处于极限平衡状态。

也可利用其他公式进行判断。将土单元体实际的最大主应力 $\sigma_1$（或 $\sigma_3$），代入式（5.8）或式（5.9）推求土体处于极限平衡状态时所能承受的最大主应力 $\sigma_{1f}$（或 $\sigma_{3f}$）的计算值，然后对比计算值和实际值，可得：

①当 $\sigma_{1f} > \sigma_1$ 或 $\sigma_{3f} < \sigma_3$ 时土体处于稳定平衡状态；

②当 $\sigma_{1f} = \sigma_1$ 或 $\sigma_{3f} = \sigma_3$ 时，土体处于极限平衡状态；

③当 $\sigma_{1f} < \sigma_1$ 或 $\sigma_{3f} > \sigma_3$ 时，土体处于失稳状态；

应该指出的是 Mohr-Coulomb 准则已广泛应用于土木工程实践中，这是由于它简单方便，但它决不是唯一可能的破坏准则。

**例 5.1**　图 5.5（a）所示地基表面作用条形均布荷载 $P$，在地基内 $M$ 点引起应力为 $\sigma'_z = 94\text{kPa}$，$\sigma'_x = 45\text{kPa}$，$\tau_{zx} = 51\text{kPa}$。地基为粉质粘土，重度 $\gamma = 19.6\text{kN/m}^3$，$c = 19.6\text{kPa}$，$\varphi = 28°$，侧压力系数 $k_0 = 0.5$，试求作用于 $M$ 点的主应力值，大主应力面方向，并判断该点土体是否破坏。

**解**　1）计算 $M$ 点的应力

$$\sigma_z = \sigma'_z + \sigma_{cz} = (94 + 0.5 \times 19.6)\text{kPa} = 103.8\text{kPa}$$

$$\sigma_x = \sigma'_x + k_0\sigma_{cz} = (45 + 0.5 \times 0.5 \times 19.6)\text{kPa} = 49.9\text{kPa}$$

$$\tau_{zx} = \tau_{xz} = 51\text{kPa}$$

按第 3 章应力符号规定，单元体应力如图 5.5（b）所示。

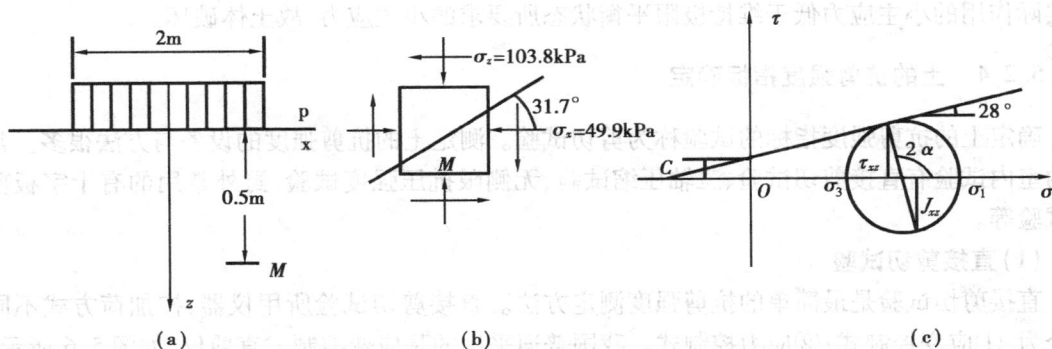

图 5.5　例 5.1 图

2）求 $M$ 点主应力值

由式（3.1）得

$$\sigma_{1,3} = \frac{\sigma_x + \sigma_z}{2} \pm \sqrt{\left(\frac{\sigma_x - \sigma_z}{2}\right)^2 + \tau_{xz}^2} =$$

$$\left(\frac{49.9 + 103.8}{2} \pm \sqrt{\left(\frac{49.9 - 103.8}{2}\right)^2 + 51^2}\right)\text{kPa} =$$

$$(76.85 \pm 57.68)\text{kPa}$$

$$\sigma_1 = 134.53\text{kPa} \qquad \sigma_3 = 19.17\text{kPa}$$

3)求大主应力方向

根据图 5.5(b)绘莫尔圆,如图 5.5(c)所示。由式(3.5)得

$$\tan 2\alpha = \frac{\tau_{xz}}{\dfrac{\sigma_z - \sigma_x}{2}} = \frac{51}{26.96}$$

$$2\alpha = 62.14° \qquad \alpha = 31.07°$$

大主应力面方向如图 5.5(b)所示。

4)破坏可能性判断

用式(5.6)

$$\sigma_{1f} = \sigma_3 \cdot \tan^2\left(45° + \frac{\varphi}{2}\right) + 2 \cdot c \cdot \tan\left(45° + \frac{\varphi}{2}\right) =$$

$$19.17 \times \tan^2\left(45° + \frac{28°}{2}\right) \text{kPa} + 2 \times 19.6 \times \tan\left(45° + \frac{28°}{2}\right) \text{kPa} =$$

$$(53.1 + 65.24)\text{kPa} = 118.34\text{kPa} < \sigma_1 = 134.53\text{kPa}(破坏)$$

若改用式(5.7)

$$\sigma_{3f} = \sigma_1 \cdot \tan^2\left(45° - \frac{\varphi}{2}\right) - 2 \cdot c \cdot \tan\left(45° - \frac{\varphi}{2}\right) =$$

$$134.53 \times \tan^2\left(45° - \frac{28°}{2}\right) - 2 \times 19.6 \times \tan\left(45° - \frac{28°}{2}\right) =$$

$$(48.57 - 23.55)\text{kPa} = 25.02\text{kPa} > \sigma_3 = 19.17\text{kPa}$$

即实际作用的小主应力低于维持极限平衡状态所要求的小主应力,故土体破坏。

### 5.2.4 土的抗剪强度指标确定

确定土的抗剪强度指标的试验称为剪切试验。测定土的抗剪强度的设备与方法很多。常用的室内试验有直接剪切试验、三轴压缩试验、无侧限抗压强度试验,野外常用的有十字板剪切试验等。

**(1)直接剪切试验**

直接剪切试验是最简单的抗剪强度测定方法。直接剪切试验所用仪器,按加荷方式不同可分为:①应变控制式;②应力控制式。我国普通采用的是应变控制式直剪仪,如图 5.6 所示。其主要部分由固定的上盒和活动的下盒组成。将土样放在盒内上下两块透水石之间。垂直荷重 $P$ 通过金属传压板,施加到土样上。水平剪力 $T$ 由等速转动的手轮推动下盒,施加到土样上。土样沿上下盒水平接触面受剪,直至剪切破坏。设土样截面积为 $A$,则土样破坏时剪切面上作用的平均法向应力为 $\sigma = P/A$,土的抗剪强度 $\tau_f = T/A$。重复做 3 ~ 5 个试样,施加不同 $P_i$,可得不同的相应的 $T_i$,由此得出法向应力 $\sigma_i$ 和土的抗剪强度 $\tau_{fi}$ 之间关系曲线。

图 5.7(a)表示剪切过程中剪应力 $\tau$ 与剪切位移 $\delta$ 之间的关系,通常可取峰值(硬粘性土及密实砂土)及稳定值(松砂及软土)作为破坏点。如图 5.7(a)所示。

试验结果表明,对于粘性土 $\tau_f$-$\sigma$ 关系线是直线,该直线与横轴的夹角为内摩擦角 $\varphi$,在纵轴上的截距为粘聚力 $c$,直线方程可用库仑公式(5.1)表示。对于无粘性土,$\tau_f$-$\sigma$ 关系线是过坐标原点的一条直线,可用库仑公式(5.2)表示,如图 5.7(b)所示。

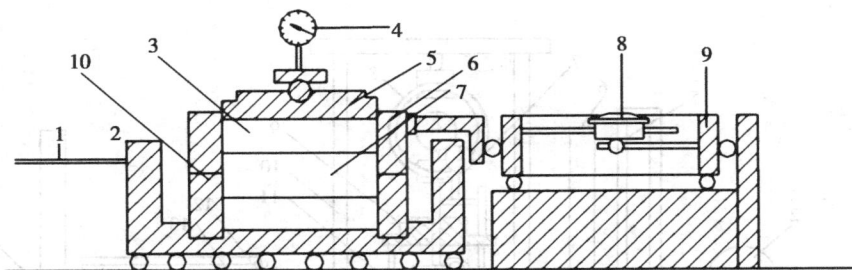

图 5.6　应变控制式直剪仪

1—轮轴;2—底座;3—透水石;4—测微表;5—活塞;
6—上盒;7—土样;8—测微表;9—量力环;10—下盒

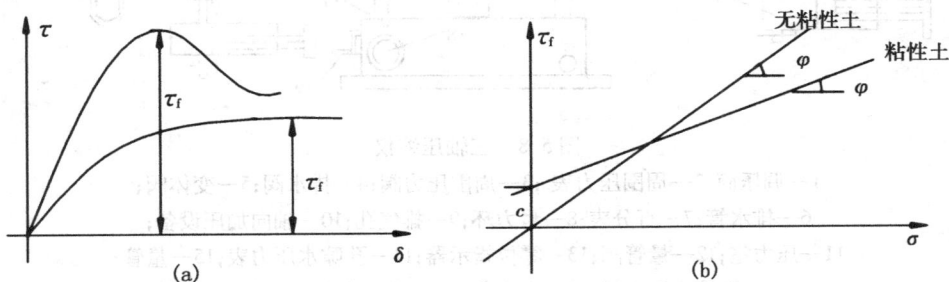

图 5.7　直接剪切试验

(a)剪应力$\tau$-剪切位移$\delta$之间关系　(b)剪应力$\tau$-正应力$\sigma$之间关系

直接剪切试验具有仪器构造简单,操作方便,直观明了,易于掌握等优点。但在技术性能方面存在以下缺点:①土样应力状态复杂,在试验中当作均匀分布来考虑,其结果有误差。②剪切面限定在上下盒的接触面上,此平面不一定是土样的最薄弱面。③试验时不能严格控制排水条件,不能量测孔隙水压力。④剪切过程中,土样剪切面逐渐减小,而分析计算时却取用原截面积。因此,重大工程和科学研究必须进行三轴试验,以避免上述问题。

**(2)三轴压缩试验**

三轴压缩仪是针对直剪仪的缺点而发展起来的,是测定土的抗剪强度的较为完善的一种方法。它由加载系统(对试样施加周围压力及竖向应力增量)、量测系统(量测孔隙水压力及试样排水量)、压力室(底座和有机玻璃罩等组成的密封容器)等组成。如图5.8所示。

试验方法:将土样切成圆柱体套在橡胶膜内,上下扎紧置于密封的压力室内。开启阀门向压力室压入液体,使试样承受周围压力$\sigma_3$,并在试验过程中保持不变,然后通过活塞杆对试样施加垂直压力$\Delta\sigma$,$\Delta\sigma$逐渐增大直至土样剪裂。据剪切时的大主应力$\sigma_1(\sigma_3+\Delta\sigma)$、小主应力$\sigma_3$可画出一个应力圆,用同一种土的3~5个试样,施加不同的$\sigma_3$,可得不同的$\sigma_1$,作出不同的极限应力圆,作这组极限应力圆的公切线即摩尔破裂包线,就是所求土的抗剪强度曲线,由此得出$c$,$\varphi$值。如图5.9所示。

三轴仪是一种较完善的抗剪强度测量仪器,其最突出的优点是:①能较严格地控制排水条件,并能准确量测剪切过程中试样的孔隙水压力变化。②试样中的应力状态明确,破裂面是最薄弱的面。③除测定抗剪强度指标外,还可测定如土的灵敏度、侧压力系数、空隙水压力系数等其他力学指标,且结果比较可靠。试验的难点是仪器设备与试验操作较复杂等。

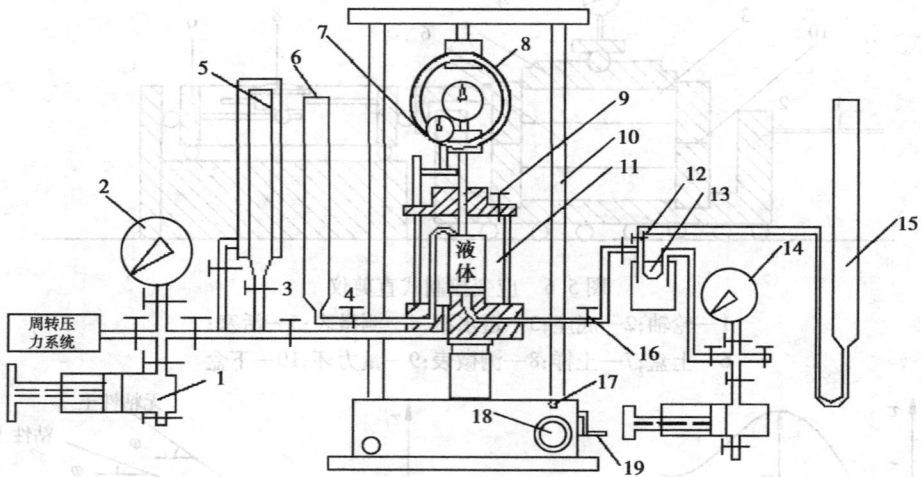

图 5.8　三轴压缩仪

1—调压筒；2—周围压力表；3—周围压力阀；4—排水阀；5—变体阀；
6—排水管；7—百分表；8—量力环；9—排气孔；10—轴向加压设备；
11—压力室；12—量管阀；13—零位指示器；14—孔隙水压力表；15—量管；
16—孔隙水压力阀；17—离合器；18—微调手轮；19—粗调手轮

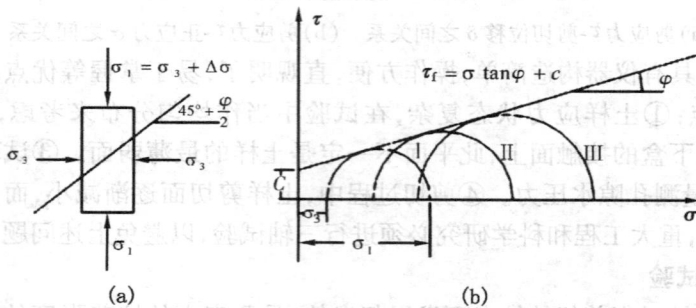

图 5.9　三轴压缩试验原理

（a）破坏时试样上的主应力　（b）三轴试验结果

**（3）无侧限抗压强度试验**

无侧限抗压强度试验实际上是三轴试验的一个特例（$\sigma_3 = 0$）。设备如图 5.10（a）所示。试样放在仪器底座上，摇动手轮，使底座缓慢上升，顶压上部量力环，从而产生轴向压力至土样剪切破坏。试验时的轴向压应力用 $q_u$ 表示，$q_u$ 称为无侧限抗压强度。

据试验结果只能作一个极限应力圆（$\sigma_1 = q_u$，$\sigma_3 = 0$），因此对一般粘性土就难以作出强度包线。但饱和粘性土的三轴不固结不排水试验结果的强度包线是一条水平线见 5.3 中的图 5.12（a），即 $\varphi_u = 0$。这样，如仅测定饱和粘性土的不固结不排水强度时，可用无侧限抗压强度试验代替三轴试验，据无侧限抗压强度试验结果推算饱和粘性土的不排水剪强度：

$$\tau_f = c_u = \frac{q_u}{2} \tag{5.11}$$

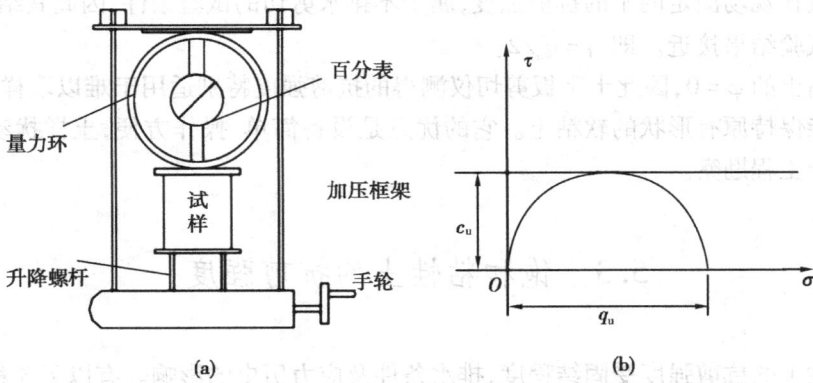

图 5.10　无侧限压缩试验
（a）无侧限压缩仪　（b）无侧限抗压强度试验结果

式中　$c_u$——土的不排水抗剪强度，kPa；

$\quad\quad q_u$——无侧限抗压强度，kPa。

利用无侧限抗压强度试验可测定土的灵敏度 $S_t$。

$$S_t = \frac{q_u}{q_{ur}}$$

如 1.5.2 所述，据灵敏度的定义，可将粘性土的灵敏度分为：低灵敏、中灵敏、高灵敏。土的灵敏度愈高，其结构性愈强，受扰动后土的强度降低就愈多。所以在基础施工中就应注意保护基槽，尽量减少对土结构的扰动。

**（4）十字板剪切试验**

十字板剪切仪是一种使用方便的抗剪强度原位测试仪器。十字板剪切仪主要由板头、加力装置及量测设备三个部分组成。试验时先在地基中钻孔至要求测试的深度以上 75cm 左右。清理孔底，将十字板头压入土中至测试深度。由地面设备施加扭矩直至土体剪破，破裂面为十字板旋转形成的圆柱面。剪切速率宜控制在 2min 内，测得峰值强度，即

$$M = \pi D \cdot H \cdot \frac{D}{2}\tau_v + 2 \cdot \frac{\pi}{4}D^2 \cdot \frac{D}{3}\tau_h =$$

$$\frac{\pi}{2} \cdot D^2 \cdot H \cdot \tau_v + \frac{\pi}{6} \cdot D^3 \cdot \tau_h \quad\quad (5.12)$$

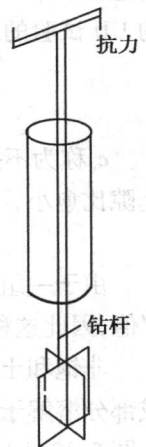

图 5.11　十字
板示意图

式中　$M$——剪切破坏时的扭力矩，kN·m；

$\quad\quad H$——十字板的高度，m；

$\quad\quad D$——十字板的直径，m；

$\quad\quad \tau_v$、$\tau_h$——剪切破坏时圆柱体侧面和上下面土的抗剪强度，kPa。

简化计算，令 $\tau_h = \tau_v = \tau_f$ 代入式（5.12）得

$$\tau_f = \frac{2M}{\pi D^2 \left(H + \frac{D}{3}\right)} \quad\quad (5.13)$$

$\tau_f$——在现场由十字板测定的土的抗剪强度，kPa。

由十字板在现场测定的土的抗剪强度,属于不排水剪切的试验条件,因此其结果应与无侧限抗压强度试验结果接近。即 $\tau_f = q_u/2$。

饱和软粘土的 $\varphi = 0$,因此十字板剪切仪测得的抗剪强度特别适用于难以取样或试样在自重作用下不能保持原有形状的软粘土。它的优点是设备简单,操作方便,土样扰动少,故国内外广泛应用于工程勘察。

## 5.3 饱和粘性土的抗剪强度

饱和粘性土的抗剪强度受固结程度、排水条件及应力历史的影响。有以下 3 种试验方法。

### 5.3.1 不固结不排水抗剪强度试验和直剪快剪试验

#### (1)不固结不排水抗剪强度试验(UU 试验)

不固结不排水试验是:先关闭排水阀门,施加周压力 $\sigma_3$,然后增加轴向应力 $\Delta\sigma(\sigma_1 - \sigma_3)$ 进行剪切,直至剪切破坏。且整个试验过程中都不允许排水,这种试验称为不固结不排水试验。若试样是饱和的,由于在整个试验过程中,孔隙比 $e$ 和含水量 $\omega$ 保持不变,据(密度-有效应力-抗剪强度)唯一性关系,不论试样上施加多大的 $\sigma_3$,破坏时土的抗剪强度和有效应力必定相同(即不同的周围压力 $\sigma_3$ 的作用仅引起孔隙水压力的等量增加,而有效应力并没有改变)。试验结果如图 5.12(a)所示,它表明尽管周围压力不同,但抗剪强度相同,则极限应力圆的直径($\sigma_1 - \sigma_3$)相等,因此抗剪强度包线是一根与各个应力圆相切的水平线。即饱和粘性土的 UU 试验的内摩擦角 $\varphi$ 和内聚力 $c$ 为

$$\varphi_u = 0 \tag{5.14}$$
$$\tau_f = c_u = (\sigma_1 - \sigma_3)/2 \tag{5.15}$$

$c_u$ 称为不排水强度。$c$ 的大小取决于土样所受的剪前固结压力。剪前固结压力愈高,土的孔隙比愈小,不排水强度 $c_u$ 愈大。

$$\sigma'_1 - \sigma'_3 = (\sigma_1 - u) - (\sigma_3 - u) = \sigma_1 - \sigma_3 \tag{5.16}$$

由于一组试验结果的有效应力圆是同一个,因而就不能得到有效应力圆的破坏包线和 $c'$、$\varphi'$ 值,因此这种试验只用于测定饱和土的不排水强度。

非饱和土由于土样中含有空气,试验过程中,虽然不让试样排水,但在加载中,气体能压缩或部分溶解于水中,使土的密度有所提高,抗剪强度也随之增长,故破坏包线的起始段为曲线,如图 5.12(b)所示,在土样完全饱和后才趋于水平线。

不固结不排水的实质是保持试验过程中土样的密度不变,原位十字板试验一般也能满足这一条件,故可以认为用这种方法测得的抗剪强度也相当于不排水强度。但十字板试验是在原位土体中进行,不会因取样而使土体受扰动,所以测得的抗剪强度往往略高于室内的不排水强度 $c_u$。

不排水强度用于荷载增加所引起的孔隙水压力不消散,密度保持不变的情况。具体的工程问题,如在地基的极限承载力计算中,若建筑物的施工速度快,地基土的粘性大,透水性小,排水条件差时就应该采用不排水强度。

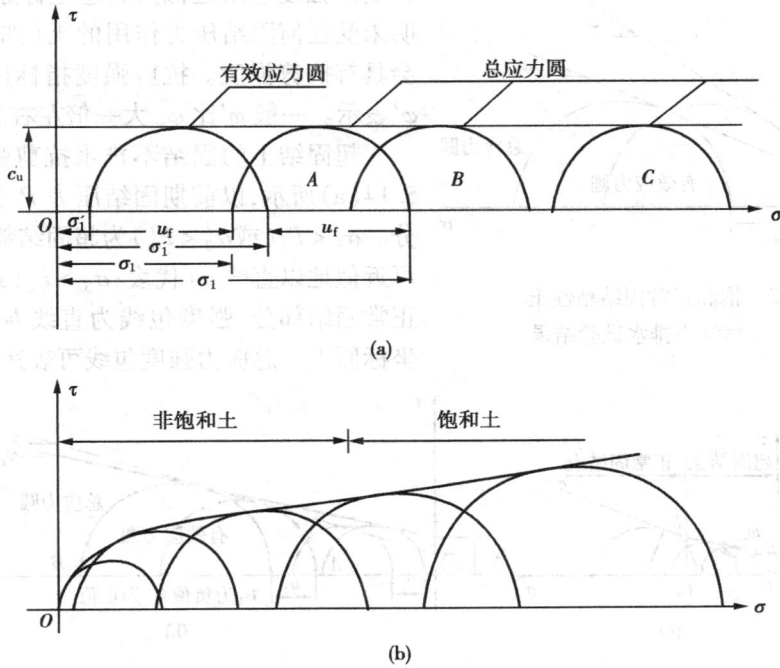

图 5.12　粘性土的不固结不排水试验结果
（a）饱和土不固结不排水强度包线　（b）非饱和土不固结不排水强度包线

**（2）快剪试验**

与三轴不固结不排水试验方法相对应,在直接剪试验中称为快剪试验。

快剪试验的要点是:在试件的上下面贴不透水腊纸或薄膜,以模拟不排水的边界条件。加垂直法向应力后,不让试样固结,立即施加剪应力,剪应力的施加速度很快,要求在 3～5min 内将试样剪坏。用这种试验方法测得的抗剪强度指标,称为快剪强度指标 $c_q$,$\varphi_q$。如果是粘性较大的土样,在这样快速加载中,能保持孔隙水压力基本不消散,密度基本不变化,则快剪试验与三轴不固结不排水抗剪强度试验性质基本相同。

### 5.3.2　三轴固结不排水试验和直剪固结快剪试验

**（1）三轴固结不排水试验（CU 试验）**

饱和粘性土的固结不排水抗剪强度在一定程度上受应力历史的影响,因此在研究粘性土的固结不排水强度时,要区别试样是正常固结还是超固结。把前面学到的正常固结土和超固结土的概念应用到三轴固结不排水试验中,如果试样受到的周围固结压力 $\sigma_3$ 大于曾受到的最大固结压力 $\sigma_c$,属于正常固结试样;如果 $\sigma_3 < \sigma_c$,属于超固结试样。

正常固结的饱和粘性土固结不排水试验结果,图 5.13 中,以实线表示的为总应力圆和总应力破坏包线。如果试验时量测孔隙水压力,试验结果用有效应力整理,图中虚线表示有效应力圆和有效应力破坏包线,$u_f$ 为剪切破坏时的孔隙水压力,由于 $\sigma'_1 = \sigma_1 - u_f$,$\sigma'_3 = \sigma_3 - u_f$,故 $\sigma'_1 - \sigma'_3 = \sigma_1 - \sigma_3$,即有效应力圆与总应力圆直径相等,但位置不同。由试验结果可看出两点:①以有效应力法得出的内摩擦角大于总应力法得出的内摩擦角;②有效应力法和总应力法

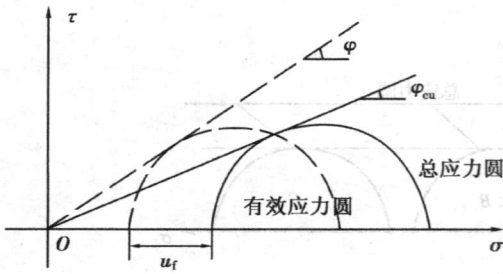

图 5.13　饱和正常固结粘性土
固结不排水试验结果

得出的强度包线近似为通过坐标原点的直线,说明未受任何固结压力作用的土(如泥浆状土)不会具有抗剪强度。抗剪强度指标用 $c_{cu}$、$\varphi_{cu}$,$c'_{cu}$、$\varphi'$ 表示。一般 $\varphi'$ 比 $\varphi_{cu}$ 大一倍左右。

超固结土的固结不排水抗剪强度包线如图 5.14(a)所示,以前期固结压力 $P_c$ 为界分成两部分。$\sigma_3 < P_c$(或 $\sigma'_3 < P'_c$)为超固结部分,强度包线可近似地以直线 $ab$ 代表;$\sigma_3 > P_c$(或 $\sigma'_3 > P'_c$)为正常固结部分,强度包线为直线 $bc$,其延长线过坐标原点。总应力强度包线可表达为

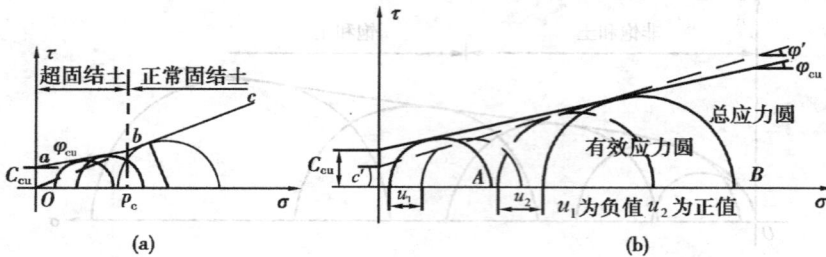

图 5.14　饱和超固结粘性土固结不排水剪切试验结果

$$\tau_f = c_{cu} + \sigma\tan\varphi_{cu} \tag{5.17}$$

有效应力强度包线可表达为

$$\tau_f = c' + \sigma'\tan\varphi \tag{5.18}$$

由于超固结土在剪切破坏时,产生负的孔隙水压力(因剪切时体积有增长趋势,即剪胀),有效应力圆在总应力圆的右方,正常固结试样产生正的孔隙水压力,故有效应力圆在总应力圆的左方。如图 5.14(b)所示。通常 $c' < c_{cu}$,$\varphi' > \varphi_{cu}$。

**(2)固结快剪试验**

与三轴固结不排水方法相对应,在直接剪切试验中为固结快剪试验。其要点是试样上下面垫以可以透水的滤纸使试样的上下面可以排水,加垂直应力后,让试样充分固结,待变形稳定后加剪力,试样在 3~5min 内剪坏,不让排水。这种方法测得的指标为固结快剪指标 $c,\varphi$。

### 5.3.3　三轴固结排水试验和直剪慢剪试验

**(1)三轴固结排水试验(CD 试验)**

固结排水试验是:在三轴试验中排水阀门始终打开,试样先在周围压力 $\sigma_3$ 作用下充分固结,稳定后缓慢增加轴向应力 $\Delta\sigma$,剪切过程中充分排水。孔隙水压力始终为零,总应力最后全部转化为有效应力,总应力等于有效应力。用这种试验方法测得的抗剪强度称为排水强度。相应的抗剪强度指标为排水强度指标 $c_d$ 和 $\varphi_d$。因为试样内的应力始终为有效应力,所以总应力抗剪强度指标 $c_d$,$\varphi_d$ 也可视为就是有效应力的抗剪强度指标 $c'_{cu}$,$\varphi'$。而且 $c_d = c'_{cu}$,$\varphi_d = \varphi'$。

如图 5.15 所示,正常固结粘性土的破坏强度包线是通过坐标原点的直线,超固结粘性土的破坏强度包线是不通过坐标原点的微弯曲线,通常用直线近似表示。

　　试验结果表明，正常固结粘性土,固结排水强度指标 $c_d$、$\varphi_d$ 与固结不排水剪有效应力强度指标 $c'$、$\varphi''$ 很接近,由于固结排水剪试验所需时间太长,故实用上用 $c'$、$\varphi'$ 代替 $c_d$ 和 $\varphi_d$,并且慢剪试验指标与三轴排水剪切试验结果也很接近,因此常将慢剪试验结果乘 0.9 后采用。

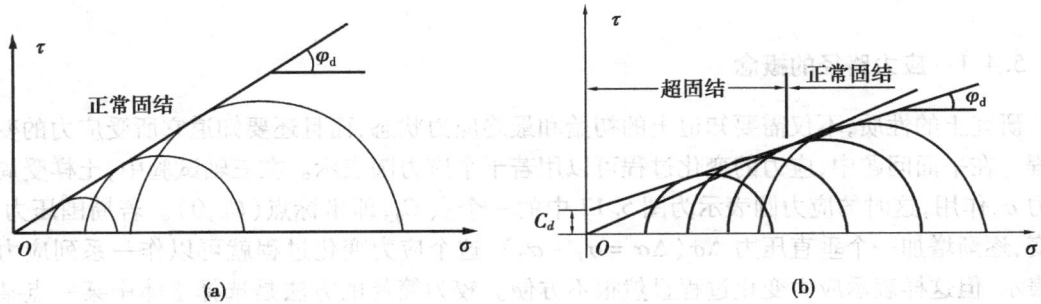

图 5.15　固结排水试验结果

（a）正常固结　（b）超固结

　　排水强度是指加载过程中,孔隙水压力全部并及时消散,密度不断增加情况下的强度。工程中,当建筑物的施工速度较慢,而地基土的粘性小或无粘性,透水性大,排水条件良好,在地基极限承载力的计算中可用排水试验的抗剪强度指标。

**(2) 慢剪试验**

　　与三轴排水试验方法相对应,在直接剪切试验中为慢剪试验。试验要点是:为了保证试验中试样能充分固结排水,试样的上下面垫以可以透水的滤纸。加垂直应力 $\sigma_v$ 后,待试样充分固结稳定后缓慢施加剪应力,让剪切过程中孔隙水压力完全消散。此试验测得的指标称为慢剪强度指标 $c_s$ 和 $\varphi_s$,由于试样中没有孔隙水压力,因此总应力就是有效应力。

　　图 5.16 表示同一种粘性土分别在 3 种不同排水条件下的试验结果。由图可见,如果以总应力表示,将得出完全不同的试验结果,而以有效应力表示,则不论采用那种试验方法,都得到近乎同一条有效应力破坏包线（如图中虚线所示）,由此可见,抗剪强度与有效应力有唯一的对应关系。

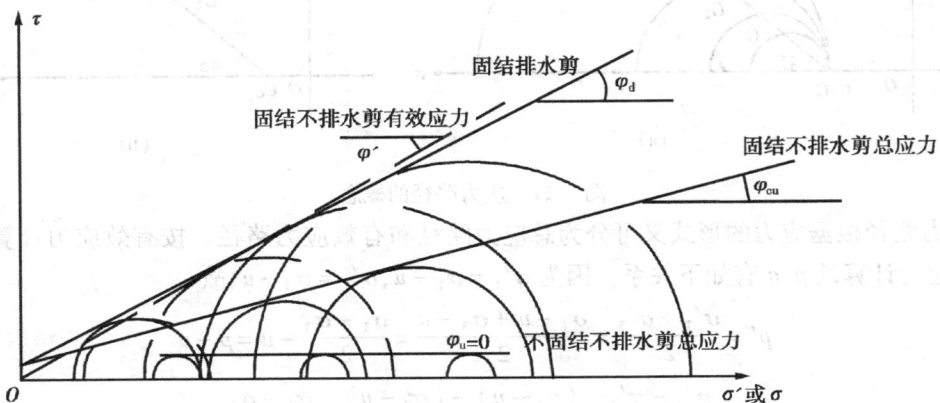

图 5.16　3 种试验方法结果比较

# 5.4 应力路径

## 5.4.1 应力路径的概念

研究土的性质,不仅需要知道土的初始和最终应力状态,而且还要知道它所受应力的变化过程。在平面问题中,应力的变化过程可以用若干个应力圆表示。在三轴试验中,土样受周围压力 $\sigma_3$ 作用,这时的应力圆表示为图 5.17 中的一个点 $C_0$,即坐标点 $(C_0,0)$。若周围压力 $\sigma_3$ 不变,逐渐增加一个垂直压力 $\Delta\sigma(\Delta\sigma=\sigma_1-\sigma_3)$,这个应力变化过程就可以作一系列应力圆来表示,但这样表示应力变化过程显然很不方便。较为简易的方法是选择土体中某一点某一个特定面上的应力变化来描述,因为该点的应力在应力圆上表示为一个点。因此,这个面上的应力变化过程即可用该点在应力坐标上的移动轨迹来表示。应力路径是指土中某一点某一特定平面上应力变化过程在应力坐标图中的轨迹。常用的应力路径表示方法有两种:

**(1)$\sigma$-$\tau$ 坐标系统**

用于表示已剪破面的法向应力和剪应力变化的应力路径。

**(2)$p$-$q$ 坐标系统**

常用于表示最大剪应力面上应力变化的路径。$\tau_{max}$ 点即与大主应力面成45°角的斜面,用它作为代表最为方便,如图 5.17 所示。因为每个应力圆都可以用应力圆的圆心位置 $(p,0)$ 和半径 $q$ 唯一确定。其中

$$p=\frac{\sigma_1+\sigma_3}{2}, q=\frac{\sigma_1-\sigma_3}{2}$$

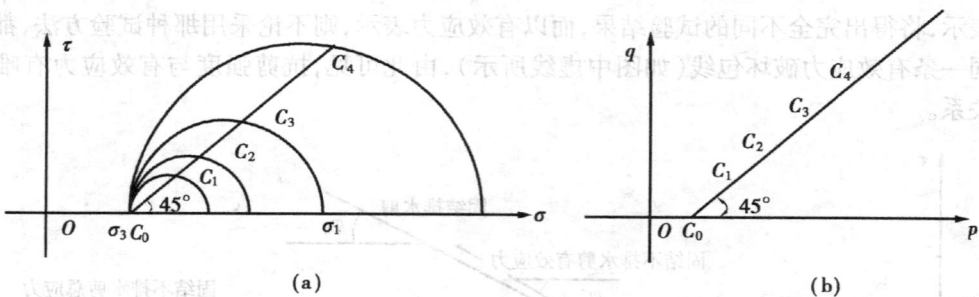

图 5.17 应力路径的概念

应力路径根据应力的形式又可分为总应力路径和有效应力路径。按有效应力计算的 $p'$,$q'$ 与总应力计算的 $p,q$ 有如下关系。因为 $\sigma'_1=\sigma_1-u,\sigma'_3=\sigma_3-u$,故

$$p'=\frac{\sigma'_1+\sigma'_3}{2}=\frac{\sigma_1-u+\sigma_3-u}{2}=\frac{\sigma_1+\sigma_3}{2}-u=p-u$$

$$q'=\frac{\sigma'_1-\sigma'_3}{2}=\frac{(\sigma_1-u)-(\sigma_3-u)}{2}=\frac{\sigma_1-\sigma_3}{2}=q$$

图 5.18 中 $K_f$ 线和 $K'_f$ 线分别表示正常固结粘性土的三轴固结不排水试验(先施加周围压力 $\sigma_3$,固结稳定后,再施加并逐渐增大竖向压应力增量,直至破坏)中,以总应力和有效应力表示

的极限应力圆顶点($\tau_{max}$点)的连线。图 5.18 中由于等向固结,总应力路径与有效应力路径出发于同一点,总应力路径 $AB$ 是直线,有效应力路径 $AB'$ 则是曲线,两者之间的距离即为孔隙水压力 $u$。总应力路径只与加荷条件有关。有效应力路径不仅与加荷条件有关,还与土质、排水条件、土的初始状态及应力历史等有关。

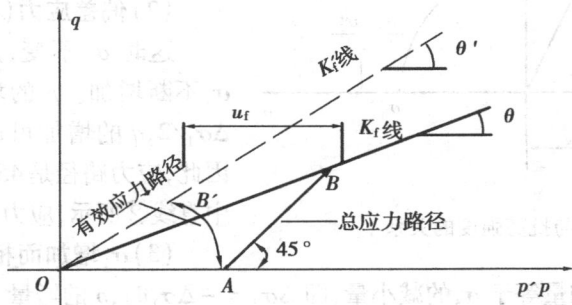

图 5.18　三轴压缩固结不排水试验中的
正常固结土的应力路径

土的抗剪强度规律是一条直线,因而理论上一组极限应力圆的顶点($\tau_{max}$点)连线也应是直线,并与抗剪强度线交于横轴上同一点,该连线用 $K_f$ 或 $K'_f$(分别对应于总应力和有效应力路径)表示。如图 5.19 所示。将 $K_f$ 线和抗剪强度线绘在同一张图上,设 $K'_f$ 与纵坐标的截距为 $a$,倾角为 $\theta'$。根据几何关系,可得

$$\sin\varphi' = \tan\theta' = \frac{\frac{1}{2}(\sigma'_1 - \sigma'_3)}{c' \cdot \cot\varphi' + \frac{1}{2}(\sigma'_1 + \sigma'_3)}$$

$$c' \cdot \cot\varphi' = a \cdot \tan\theta'$$

土的抗剪强度指标 $c', \varphi'$ 分别为

$$\varphi' = \arcsin\tan\theta'$$

$$c' = \frac{a'}{\cos\varphi'}$$

同理得

$$\varphi = \arcsin\tan\theta$$

$$c = \frac{a}{\cos\varphi}$$

这样,就可以根据 $a, \theta$ 反算 $c, \varphi$,这种方法称为应力路径法。这种方法比绘莫尔圆作公切线的方法规律性强,而且较容易从同一批土样较为分散的试验结果中得出 $c, \varphi$ 值。

### 5.4.2　三轴压缩试验中几种典型的加载应力路径

首先讨论排水试验孔隙水压力恒为零的情况。因为 $u = 0$,所以 $\sigma' = \sigma$。为了讨论方便,让试样先在某一周围压力 $\sigma_3$ 作用下排水固结。这时,$p = \sigma_3 = C$,$C$ 为常量,然后按下列几种典型的应力路径加载。

**(1)增加周围压力 $\sigma_3$**

这时的应力增量为 $\Delta\sigma_1 = \Delta\sigma_3$,且 $\Delta\sigma_3$ 不断增加。在图 5.20(a)的 $p\text{-}q$ 坐标上,表示为应

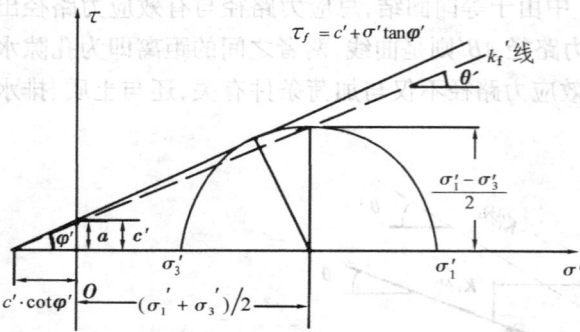

图 5.19  $K_f$ 与抗剪强度的关系

力路径①,其特点是 $p$ 不断增加,$q$ 始终等于零。试样中只有压应力而无剪应力。应力圆恒为一系列的点圆,其位置在 $p$ 轴上移动。

**(2)偏差应力($\sigma_1 - \sigma_3$),$\sigma_3$ 不变**

这时 $\sigma_3$ 不变,周围应力 $\Delta\sigma_3 = 0$,但 $\sigma_1$ 不断增加。$p$ 的增加可以表示为 $\Delta p = \Delta\sigma_1/2$,$q$ 的增加可以表示为 $\Delta q = \Delta\sigma_1/2$。因此,应力路径是45°的斜线,如图5.20(a)中直线②所示,应力圆的变化见图5.17。

**(3)$\sigma_1$ 增加而相应减小 $\sigma_3$,使 $\Delta p = 0$**

当试件上 $\sigma_1$ 的增加量等于 $\sigma_3$ 的减小量,即 $\Delta\sigma_3 = -\Delta\sigma_1$ 时,$p$ 的增量 $\Delta p = (\Delta\sigma_1 + \Delta\sigma_3)/2 = 0$,而 $q$ 的增量 $\Delta q = (\Delta\sigma_1 - \Delta\sigma_3)/2 = \Delta\sigma_1$。显然,这种情况的应力路径是 $p = C$ 的竖直向上发展的直线,如图5.20(a)中直线③。应力圆的变化是圆心位置不动而半径不断增大。图5.20(b)绘制的是有效应力路径。首先求出总应力增加时所产生的孔隙水压力 $u$,根据 $p' = p - u$,$q' = q$ 即可绘出。图5.20(b)反映受偏差应力 $\Delta\sigma(\sigma_1 - \sigma_3)$ 作用,$\Delta u = 0, 0.5\Delta\sigma, 1\Delta\sigma$ 三种情况下的有效应力路径,分别用①、②、③线表示。

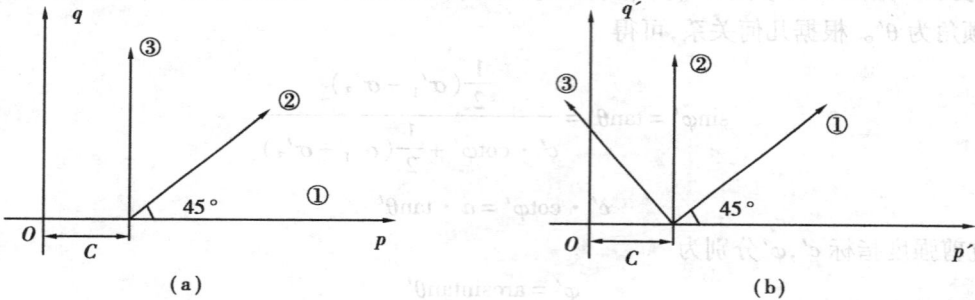

图 5.20  总应力路径与有效应力路径

### 5.4.3  直接剪切试验的应力路径

直接剪切试验是先施加法向应力 $P$,而后在 $P$ 不变的条件下施加并逐渐增大剪应力,直至破坏。预定剪破面的总应力路径如图5.21中折线 O—A—B 所示,先是一条与横坐标重合的水平线,$A$ 点以后成为一竖直线,直至破坏点 $B$,根据 $B$ 点的应力可确定强度指标 $c,\varphi$ 值。

由于土体的变形和强度不仅与土体受力大小有关,更重要的还与土体的应力历史有关。土的应力路径可以模拟土体实际的应力历史,全面地研究应力变化过程对土的力学性质的影响,因此,土的应力路径对进一步探讨土的应力应变关系和强度都有十分重要的意义。

**例5.2**  如图5.22所示,有饱和土层厚度为10m,其下为砂土,砂土层中有承压水,已知其水头高出 $A$ 点5m。若在粘土层中开挖基坑,试求基坑的允许开挖深度 $H$。

**解**  若 $A$ 点竖向有效应力 $\sigma' \leqslant 0$,则 $A$ 点将隆起,基坑将失稳。以 $A$ 点的 $\sigma' = 0$ 为基坑开挖的极限状态。

$A$ 点总应力、孔隙水压力分别为

$$\sigma = \gamma \times (10 - H) = 18.9 \times (10 - H)$$
$$u = \gamma_w \times 5 = 10 \times 5\text{kPa} = 50\text{kPa}$$

基坑开挖深度达到 $H$ 时,令 $A$ 点 $\sigma' = 0$,则

$$\sigma' = \sigma - u = 18.9 \times (10 - H) - 50 = 0$$
$$H = 7.35\text{m}$$

若考虑 $A$ 点的浮托力为 $\gamma_w h = 10 \times 5\text{kPa} = 50\text{kPa}$,$A$ 点以上的土(不透水层)重 $18.9 \times (10 - 7.35)\text{kPa} = 50\text{kPa}$。同样说明挖深不得大于 $7.35\text{m}$。

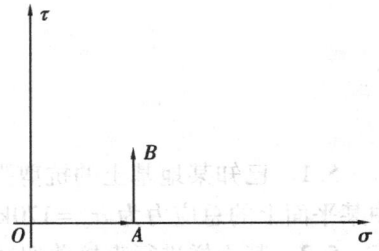

图 5.21　直剪试验的应力路径

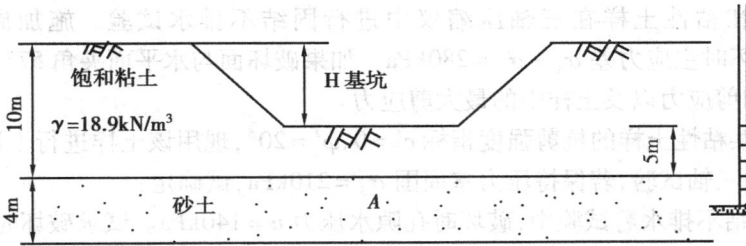

图 5.22

# 思 考 题

5.1　试比较直接剪切试验和三轴压缩试验的土样的应力状态有什么不同?

5.2　何为土的抗剪强度? 土的抗剪强度是如何确定的? 为什么说土的抗剪强度不是一个定值?

5.3　为什么土的颗粒越粗,其内摩擦角 $\varphi$ 越大? 相反,土的颗粒越细,其内聚力 $c$ 越大? 土的密实度大小和含水量高低,对 $c$ 与 $\varphi$ 有什么影响? 土的 $c = 0$ 或 $\varphi = 0$ 时各为哪一种土?

5.4　在外荷作用下,最大剪应力等于什么? 是否剪应力最大的平面首先发生剪切破坏? 在什么情况下,剪切破坏面与最大剪应力面是一致的? 在一般情况下剪切破坏面与大主应力面之间的夹角是多大?

5.5　试比较直接剪切试验与三轴压缩试验的优缺点? 各适用于什么条件?

5.6　阐述土的极限平衡状态的概念? 什么是极限平衡条件? 此极限平衡条件在工程上有何应用?

5.7　试说明土的内摩擦角和内聚力的含义。为什么直接剪切试验与三轴压缩试验要分三种不同的试验方法? 试验结果有何差别? 饱和软粘土不固结不排水剪切试验为什么会得出 $\varphi = 0$ 的结果?

5.8　土的抗剪强度可用总应力表示或有效应力表示,哪一种表示法比较合理? 为什么?

## 习　题

5.1　已知某地基土的抗剪强度指标内聚力 $c = 100\text{kPa}$，内摩擦角 $\varphi = 30°$，作用在此地基中某平面上的总应力为 $\sigma_o = 170\text{kPa}$，倾斜角为 $\theta = 37°$。试问该处会不会发生剪切破坏？

5.2　某土样进行直接剪切试验，当法向应力 $\sigma = 300\text{kPa}$ 时，测得土样破坏时的抗剪强度 $\tau_f = 200\text{kPa}$。求：(1)此土样的内摩擦角 $\varphi$；(2)破坏时的大主应力 $\sigma_1$ 与最小主应力 $\sigma_3$；(3)最大主应力与剪切面所成的夹角。

5.3　某饱和粘性土样在三轴压缩仪中进行固结不排水试验。施加周围压力 $\sigma_3 = 200\text{kPa}$，土样破坏时主应力差 $\sigma_1 - \sigma_3 = 280\text{kPa}$。如果破坏面与水平面夹角 $57°$，试求破坏面上的法向正应力和剪应力以及土样中的最大剪应力。

5.4　已知某粘性土样的抗剪强度指标 $c' = 0$，$\varphi' = 20°$，现用该土样进行不固结不排水、固结不排水和排水三轴试验，若保持压力室周围 $\sigma_3 = 210\text{kPa}$，试确定：

(1)在不固结不排水剪试验中，破坏时孔隙水压力 $u = 140\text{kPa}$。试求破坏时最大有效主应力 $\sigma_1'$ 和最大主应力 $\sigma_1$。

(2)在固结不排水剪切试验中，破坏时 $\sigma_1 - \sigma_3 = 175\text{kPa}$。试求破坏时孔隙水压力 $u$。

(3)在排水剪切试验中，需施加多大的竖向应力 $\Delta\sigma(\sigma_1 - \sigma_3)$ 试样破坏？

5.5　已知土中某点的最大主应力 $\sigma_1 = 300\text{kPa}$，最小主应力 $\sigma_3 = 100\text{kPa}$。土的抗剪强度指标 $c = 10\text{kPa}$，$\varphi = 20°$。试判断该点所处的应力状态。

5.6　某粘性土的强度指标内聚力 $c = 20\text{kPa}$，内摩擦角 $\varphi = 30°$，该土样进行三轴压缩试验的周围 $\sigma_3 = 100\text{kPa}$，则竖直向的压力增量 $\Delta\sigma_1$ 多大时土达到临界破坏状态。

5.7　对一组 3 个饱和粘性土试样进行三轴固结不排水剪切试验，3 个试样分别在 $\sigma_3 = 100\text{kPa}$，$150\text{kPa}$，$200\text{kPa}$ 下进行固结，而剪破时的大主应力分别为 $\sigma_1 = 218\text{kPa}$，$310\text{kPa}$，$401\text{kPa}$，同时测得剪破时的孔隙水压力依次为 $u = 57\text{kPa}$，$92\text{kPa}$，$126\text{kPa}$。试用作图法求该饱和粘性土的总应力强度指标 $c_{cu}$，$\varphi_{cu}$ 和有效应力强度指标 $c'$，$\varphi'$。

# 第6章 地基承载力

## 6.1 概 述

地基承载力是指地基土单位面积上所能承受荷载的能力,以 kPa 计。研究地基承载力的目的是在工程设计中必须限制建筑物基底的压力,使其不超过地基的承载能力,以保证地基土不会产生剪切破坏而失去稳定,也不会因为建筑物基础产生过大的沉降或沉降差而使上部结构开裂、倾斜以致影响其正常使用。

地基的承载力的取值可分为地基承载力特征值($f_{ak}$)和修正后地基承载力特征值($f_a$),地基承载力特征值指由载荷试验测定的地基土压力变形曲线线性变形段内规定的变形所对应的压力值,其最大值为比例界限值。

试验研究表明:同一地基土体,基础的形状、尺寸及埋深不同,地基的承受能力不同,因此,在具体工程中,对某种形状、尺寸及埋深的基础,都要对地基承载力特征值进行修正,把经过修正后的承载力等特征值称作修正后地基承载力特征值,用符号 $f_a$ 表示。

地基设计计算的基本内容,就是要求建筑物或构筑物地基必须满足两个条件:

①建筑物或构筑物的基底压力不能超过修正后的地基承载力特征值;②建筑物或构筑物基础在荷载作用下可能产生的变形(沉降量、沉降差、倾斜、局部倾斜)不能超过地基的容许变形值。对有特殊要求的地基,如水工结构物的地基,还应满足抗渗、防冲刷等特殊要求;对位于边坡上的工程地基,还应满足抗滑移等稳定性要求。另外,设计还必须是经济、合理的。

关于变形问题已在第 4 章中作了介绍,本章将主要介绍地基的承载力基本理论及确定方法。

## 6.2 地基破坏的模式

地基在荷载作用下,由于承载能力不足会引起破坏,而这个破坏通常是由于基础下持力层土体的剪应力达到了抗剪强度,出现了剪切破坏所造成的,这种剪切破坏的形式可分为 3 种:整体剪切破坏、局部剪切破坏和刺入剪切破坏。

### 6.2.1 地基破坏的 3 种模式及其特征

通过载荷试验得到地基压力 $p$ 与相应的稳定沉降量 $s$ 之间的关系曲线,如图 6.1 所示。其中 $A,B,C$ 三条 $p$-$s$ 曲线分别对应图 6.2 中的(a),(b),(c)三种地基破坏形式。图 6.1 中 $p_a,p_u$ 分别为地基的比例界限荷载和极限荷载。

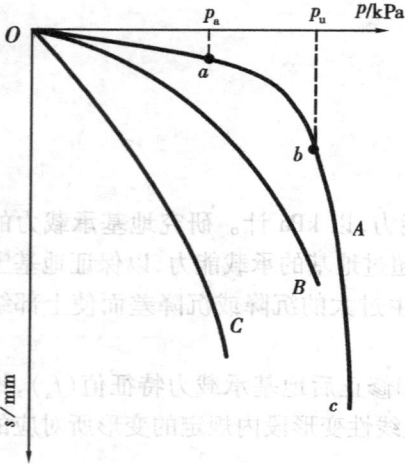

图 6.1 $p$-$s$ 曲线

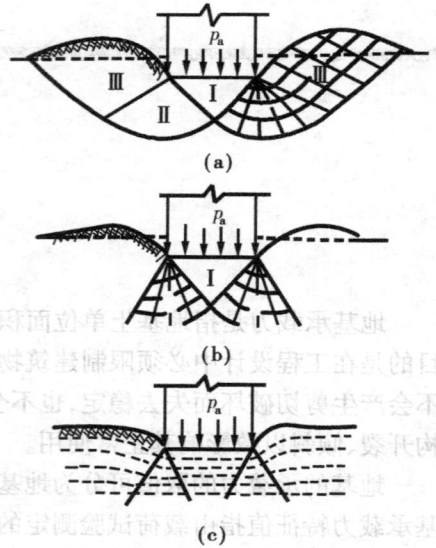

图6.2 地基破坏形式
(a)整体剪切破坏 (b)局部剪切破坏
(c)刺入剪切破坏

整体剪切破坏的特征是,当基础上荷载较小时,基础下形成一个三角压密区 I 见图 6.2(a),随同基础压入土中,这时 $p$-$s$ 曲线是直线关系,见图 6.1 曲线 $A$。随着荷载增加,压密区 I 向两侧挤压,土中产生塑性区,塑性区先在基础边缘产生,然后逐步扩大形成图 6.2(a)中的 II,III 塑性区。这时基础的沉降增长率较前一阶段增大,故 $p$-$s$ 曲线呈曲线状。当荷载达到最大值后,土中形成连续滑动面,并延伸到地面,土从基础两侧挤出并隆起,基础沉降急剧增加,整个地基失稳破坏。这时 $p$-$s$ 曲线上出现明显的转折点,其相应的荷载称为极限荷载 $p_u$。整体剪切破坏常发生在浅埋基础下的密砂或硬粘土等坚实地基中。

局部剪切破坏的特征是,随着荷载的增加,基础下也产生压密区 I 及塑性区 II,但塑性区仅仅发展到地基某一范围内,土中滑动面并不延伸到地面,见图 6.2(b),基础两侧地面微微隆起,没有出现明显的裂缝。其 $p$-$s$ 曲线如图 6.1 中的曲线 $B$ 所示,曲线也有一个转折点,但不像整体剪切破坏那么明显。$p$-$s$ 曲线在转折点后,其沉降量增长率虽较前一阶段为大,但不像整体剪切破坏那样急剧增加,在转折点之后,$p$-$s$ 曲线还是呈线性关系。局部剪切破坏常发生于中等密实砂土中。

还有一种刺入剪切破坏。这种破坏形式发生在松砂及软土中,其破坏的特征是,随着荷载的增加,基础下土层发生压缩变形,基础随之下沉,当荷载继续增加,基础周围附近土体发生竖向剪切破坏,使基础刺入土中。基础两边的土体没有移动,如图 6.2(c)所示。刺入剪切破坏

的 $p\text{-}s$ 曲线如图 6.1 中曲线 $C$，沉降随着荷载的增大而不断增加，但 $p\text{-}s$ 曲线上没有明显的转折点，没有明显的比例界限及极限荷载。

地基的剪切破坏形式，除了与地基土的性质有关外，还同基础埋置深度、加荷速度等因素有关。如在密砂地基中，一般会出现整体剪切破坏，但当基础埋置很深时，密砂在很大荷载作用下也会产生压缩变形，而出现刺入剪切破坏，在软粘土中，当加荷速度较慢时会产生压缩变形而出现刺入剪切破坏，但当加荷很快时，由于土体不能产生压缩变形，就可能发生整体剪切破坏。

### 6.2.2　破坏模式的判别

如前所述，地基破坏的形式与基础上所加荷载条件、基础的埋置深度、土的种类和密度等多种因素有关。魏锡克(Vesic, A. S)建议用土的相对压缩性来判别土的破坏形式，即土的刚度指标 $I_r$ 大于土的临界刚度指标 $I_{r(cr)}$ 时，则认为土是相对不可压缩的，这时地基将发生整体剪切破坏；反之，$I_r < I_{r(cr)}$，则认为土是相对可压缩的，地基可能发生局部或冲剪破坏。刚度指标 $I_r$ 和临界刚度指标 $I_{r(cr)}$ 按下式计算：

$$I_r = \frac{G}{(c + q_0\tan\varphi)} = \frac{E}{2(1+\mu)(c + q_0\tan\varphi)} \tag{6.1}$$

$$I_{r(cr)} = \frac{1}{2}e^{(3.3 + 0.45\frac{b}{l})}\cot\left(45° - \frac{\varphi}{2}\right) \tag{6.2}$$

式中　$G$——土的剪切模量，kPa；

$E$——土的变形模量，kPa；

$\mu$——土的泊松比；

$c$——土的内聚力，kPa；

$\varphi$——土的内摩擦角，(°)；

$q_0$——地基中膨胀区平均超载压力，kPa，一般可取基底以下 $b/2$ 深度处的上覆土重；

$b$——基础宽度；

$l$——基础长度。

# 6.3　地基的临塑荷载和塑性荷载

### 6.3.1　地基破坏的三个阶段

由地基破坏的 $p\text{-}s$ 曲线(见图 6.1)可见，地基破坏的过程一般是经过 3 个阶段完成的，即压密阶段、剪切阶段和破坏阶段，如图 6.3 所示。

**(1)压密阶段**

$p\text{-}s$ 曲线上的 $Oa$ 段，由于接近于直线，故也称直线变形阶段。在这一阶段里，土中各点的剪应力均小于土的抗剪强度，土体处于弹性平衡状态，基础的沉降主要是由于土的压密变形引起的，见图 6.3(a)。此时将 $p\text{-}s$ 曲线上对应于 $a$ 点的荷载称为比例界限荷载 $p_a$，见图 6.1。

土力学

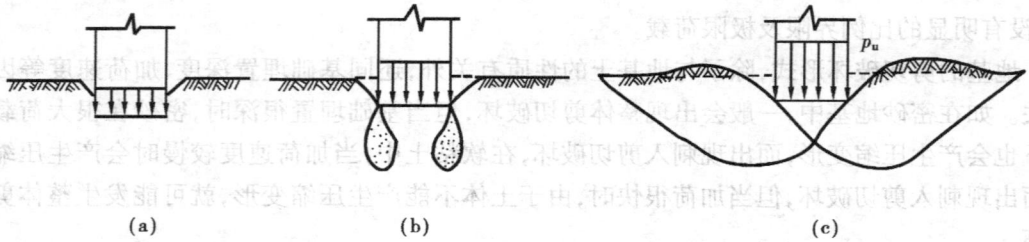

图 6.3　地基破坏过程的 3 个阶段
(a)压密阶段　(b)剪切阶段　(c)破坏阶段

**(2) 剪切阶段**

相当于 $p\text{-}s$ 曲线上的 $ab$ 段。在这一阶段 $p\text{-}s$ 曲线已不再保持线性关系,沉降量的增长率 $\dfrac{\Delta S}{\Delta P}$ 随荷载的增大而增加。在这个阶段,地基土中局部范围内(首先在基础边缘处)的剪应力达到土的抗剪强度,土体发生剪切破坏,这些区域也称塑性区。随着荷载的继续增加,土中塑性区的范围也逐步扩大,如图 6.3(b)所示,直到土中形成连续的滑动面,由基础两侧挤出而破坏。因此,剪切阶段也是地基中塑性区的发生与发展阶段。相应于 $p\text{-}s$ 曲线上 $b$ 点的荷载称为极限荷载 $p_\mathrm{u}$。

**(3) 破坏阶段**

相当于 $p\text{-}s$ 曲线上的 $bc$ 段。当荷载超过极限荷载后,基础急剧下沉,即使不增加荷载,沉降也不能稳定,因此,$p\text{-}s$ 曲线陡直下降。在这一阶段,由于土中塑性区范围的不断扩展,最后在土中形成连续滑动面,土从载荷板四周挤出隆起,地基土失稳而破坏。

### 6.3.2　临塑荷载和塑性荷载的确定

地基土从压密阶段到剪切阶段,即将要产生塑性破坏区所对应的基底荷载称为临塑荷载 ($p_\mathrm{cr}$);此时塑性区开展的最大深度 $z_\mathrm{max}=0$($Z$ 从基底算起),若允许地基中塑性区开展到一定深度,这时对应的荷载称为塑性荷载,例如:$z_\mathrm{max}=\dfrac{b}{4}$,其塑性荷载用,$p_{\frac{1}{4}}$ 表示。

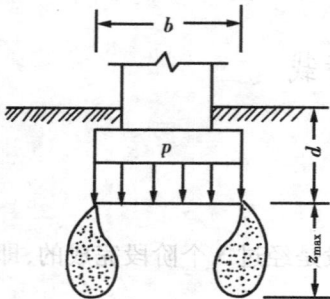

图 6.4　条形均布荷载作用下
土中的塑性区

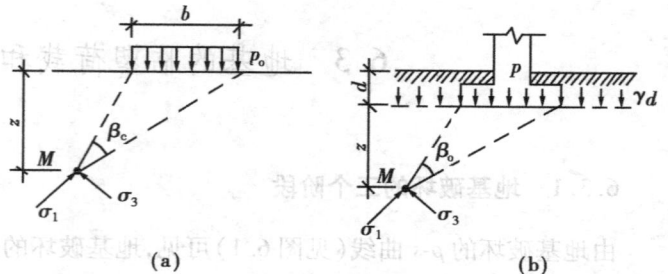

图 6.5　条形均布荷载作用下地基主应力
(a)无埋置深度　(b)有埋置深度

图 6.4 是条形均布荷载作用下土中塑性区开展的示意图。

以图 6.5 所示条形均布荷载作用下情形为例。推导临塑荷载和塑性荷载。

设在地表作用一条形均布荷载 $p_o$，见图 6.5(a)，根据式(3.36)，地表下任一点 $M$ 处大主应力和小主应力计算公式为

$$\sigma_1 = \frac{p_o}{\pi}(\beta_o + \sin\beta_o) \qquad (6.3)$$

$$\sigma_3 = \frac{p_o}{\pi}(\beta_o - \sin\beta_o) \qquad (6.4)$$

工程中的基础都有一定的埋深，设埋深为 $d$，如图 6.5(b)所示，此时，$M$ 点的应力除和附加压力 $p_o$，$(p_o = p - \gamma d)$ 有关外，还与地基土的自重应力 $rd + rz$ 有关，为简化起见，假定土中的自重应力传递各向相等，则 $M$ 点的大小主应力计算公式变为

$$\sigma_1 = \frac{p - rd}{\pi}(\beta_o + \sin\beta_o) + r(d + z) \qquad (6.5)$$

$$\sigma_3 = \frac{p - rd}{\pi}(\beta_o - \sin\beta_o) - r(d + z) \qquad (6.6)$$

根据土的极限平衡理论，当 $M$ 点达到极限平衡状态时，其大小主应力应满足式：

$$\frac{1}{2}(\sigma_1 - \sigma_3) = \left[ c \cdot \cos\varphi + \frac{1}{2}(\sigma_1 + \sigma_3) \right] \sin\varphi$$

将式(6.5)、式(6.6)代入上式并整理得

$$z = \frac{(p - rd)}{\pi r}\left(\frac{\sin\beta_o}{\sin\varphi}\right) - \frac{c}{\tan\varphi} - d \qquad (6.7)$$

式中　$\varphi$——土的内摩擦角；

　　　$c$——土的内聚力。

上式为塑性区的边界方程，它表示塑性区边界上任意一点的深度 $Z$ 与视角 $\beta_o$ 间的关系。如果基础埋深 $d$，荷载 $p$ 以及土的性质指标 $\gamma$, $c$, $\varphi$ 均为已知，则可根据式(6.7)绘出塑性区边界线，如图 6.6 所示。

塑性区开展的最大深度 $z_{max}$ 可由 $\frac{dz}{d\beta_o} = 0$ 的条件求得，即

$$\frac{dz}{d\beta_o} = \frac{p - rd}{\pi r}\left(\frac{\cos\beta_o}{\cos\varphi} - 1\right) = 0$$

从而　$\cos\beta_o = \sin\varphi$

$$\beta_o = \frac{\pi}{2} - \varphi \qquad (6.8)$$

将式(6.8)代入式(6.7)得

$$z_{max} = \frac{p - rd}{\pi r}\left[\tan\varphi - \left(\frac{\pi}{2} - \varphi\right)\right] - \frac{c}{\gamma\tan\varphi} - d \qquad (6.9)$$

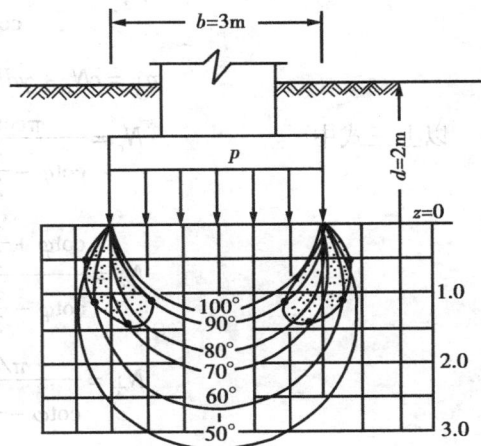

图 6.6　条形基础下塑性区

由式(6.9)可见，在其他条件不变的情况下，$p$ 增大时，$z_{max}$ 也增大，即塑性区发展得越深。如塑性区的最大深度 $z_{max} = 0$，则地基中将要出现塑性区而尚未出现，此时作用在地基上的荷载即是临塑荷载 $p_{cr}$。

$$p_{cr} = \frac{\pi(\gamma d + c \cdot \cot\varphi)}{c \cdot \cot\varphi - \frac{\pi}{2} + \varphi} = c \cdot N_c + \gamma d N_d \tag{6.10}$$

式中　$\gamma$——基础埋置深度范围内土的重度，$kN/m^3$；

　　　$d$——基础的埋置深度，m；

　　　$\varphi$——基础底面以下土的内摩擦角，弧度；

　　　$N_d, N_c$——与 $\varphi$ 有关的承载力系数，见式(6.12)后符号解释。

在工程实际中，可以根据建筑物的不同要求，用临塑荷载估算地基承载力，但一般情况下，将临塑荷载作为地基承载力无疑是保守的。经验表明，在大多情况下，即使地基发生局部的剪切破坏，只要不超过一定范围，就不会影响建筑的安全和正常使用。地基的塑性区的容许深度的确定，与建筑物的等级，类型、荷载性质，以及土的特性等因素有关，一般认为，将地基中塑性区的最大深度 $z_{max}$ 控制在基础宽度的 $\frac{1}{4} \sim \frac{1}{3}$ 以内，地基仍有足够的安全储备。其对应的塑性荷载值分别为 $p_{\frac{1}{4}}$ 和 $p_{\frac{1}{3}}$。

将 $z_{max} = \frac{1}{4}b$ 代入式(6.10)得

$$p_{\frac{1}{4}} = \frac{\pi(\gamma d + c \cdot \cot\varphi + \frac{1}{4}\gamma b)}{\cot\varphi - \frac{\pi}{2} + \varphi} + \gamma d$$

$$p_{\frac{1}{4}} = c N_c + \gamma d N_d + \gamma b N_{\frac{1}{4}} = p_{cr} + \gamma b N_{\frac{1}{4}} \tag{6.11}$$

将 $z_{max} = \frac{1}{3}b$ 代入式(6.9)得：

$$p_{\frac{1}{3}} = \frac{\pi(\gamma d + c \cdot \cot\varphi + \frac{1}{3}\gamma d)}{\cot\varphi - \frac{\pi}{2} + \varphi} + \gamma d$$

$$p_{\frac{1}{3}} = c N_c + \gamma d N_d + \gamma d N_{\frac{1}{3}} = p_{cr} + \gamma b N_{\frac{1}{3}} \tag{6.12}$$

以上三式中

$$N_c = \frac{\pi\cot\varphi}{\cot\varphi - \frac{\pi}{2} + \varphi}$$

$$N_d = \frac{\cot\varphi + \frac{\pi}{2} + \varphi}{\cot\varphi - \frac{\pi}{2} + \varphi}$$

$$N_{\frac{1}{4}} = \frac{\pi/4}{\cot\varphi - \frac{\pi}{2} + \varphi}$$

$$N_{\frac{1}{3}} = \frac{\pi/3}{\cot\varphi - \frac{\pi}{2} + \varphi}$$

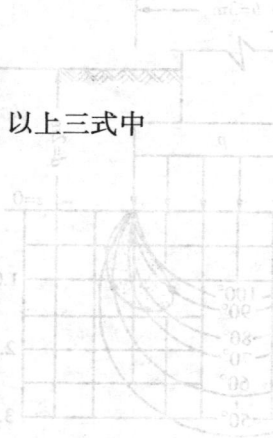

《建筑地基基础设计规范》推荐的理论公式确定地基承载力特征值的公式就是基于 $p_{\frac{1}{4}}$ 的。但上述公式的推导是在假定地基土完全弹性，自重应力各方向相同，而 $K_0 = 1$ 条件下，且是基

于均布条形荷载的形式,而实际工程中,可能地基中已出现了一定范围的塑性变形区,常见矩形或圆形基础(实际应用中矩形基础可以短边为 $b$,圆形基础可用 $b = \sqrt{\dfrac{D^2\pi}{4}}$ 计算折算宽度,$D$——圆形基础直径),自重应力各个方向传递系数一般也不相同,不可能为 $K_o = 1$,所以与实际情况有所不同。因此,临塑荷载、塑性荷载仅作为估算地基承载力时用。

**例 6.1**　某工程为粉质粘土地基,已知土的重度 $\gamma = 18.8\text{kN/m}^3$,内聚力 $c = 16\text{kPa}$,内摩擦角 $\varphi = 14°$,条形基础宽 $b = 1\text{m}$,埋深 $d = 1.2\text{m}$,地下水位与基底持平。且现场进行了两组破坏性载荷试验,载荷板的平面尺寸为

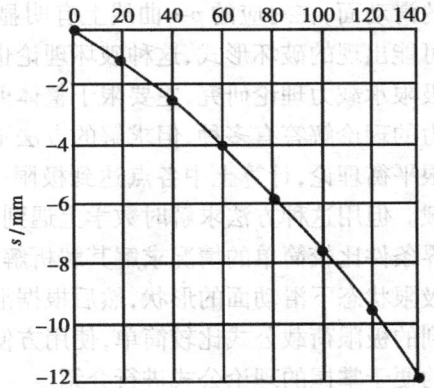

图 6.7　天然地基荷载板试验的 $p\text{-}s$ 曲线

$1.0\text{m} \times 1.0\text{m}$ 置于基底标高处,最大加载量为 $140\text{kPa}$ 分 7 级施加,得到 $p\text{-}s$ 曲线如图 6.7 所示。试求:(1)地基的临塑荷载,塑性荷载 $p_{\frac{1}{4}}$,$p_{\frac{1}{3}}$。(2)根据静载荷试验,当 $s = 0.01b$ 时对应的地基承载力特征值 $F_a$。

**解**　1)$N_c = \dfrac{\pi\cot\varphi}{\cot\varphi - \dfrac{\pi}{2} + \varphi} = \dfrac{\pi\cot14°}{\cot14° - \dfrac{\pi}{2} + \dfrac{\pi}{180°} \times 14°} = 4.69$

$N_d = \dfrac{\cot\varphi + \dfrac{\pi}{2} + \varphi}{\cot\varphi - \dfrac{\pi}{2} + \varphi} = 2.17$

$N_{\frac{1}{4}} = \dfrac{\pi/4}{\cot\varphi - \dfrac{\pi}{2} + \varphi} = 0.29$

$N_{\frac{1}{3}} = \dfrac{\pi/3}{\cot\varphi - \dfrac{\pi}{2} + \varphi} = 0.39$

由式(6.10)、式(6.11)、式(6.12)得

$p_{cr} = cN_c + rdN_d = (16 \times 4.69 + 18.8 \times 1.2 \times 2.17)\text{kPa} = 124.00\text{kPa}$

$p_{\frac{1}{4}} = p_{cr} + rbN_{\frac{1}{4}} = (124.00 + 18.8 \times 1 \times 0.29)\text{kPa} = 129.45\text{kPa}$

$p_{\frac{1}{3}} = p_{cr} + rbN_{\frac{1}{3}} = (124.00 + 18.8 \times 1 \times 0.39)\text{kPa} = 131.33\text{kPa}$

2)根据 $p\text{-}s$ 曲线可见,曲线无明显拐点,查得当 $s = 0.01b = 10\text{mm}$ 时,地基的承载力特征值 $F_a = 124\text{kPa}$。

# 6.4　地基极限承载力理论公式

地基达到整体剪切破坏时的最小压力,称为地基极限承载力,相当于图 6.1,$p\text{-}s$ 曲线中的 $A$ 曲线上 $b$ 点对应的荷载,又称为极限荷载 $p_u$。由于地基在整体破坏形式中,它具有一个连续

的滑动面,在对应的 p-s 曲线上有明显的拐点。整体剪切破坏是绝大多数实际工程的地基土可能出现的破坏形式,这种破坏理论也易于接受室内外土工试验及工程实践检验。因此,地基极限承载力理论研究,主要限于整体剪切破坏形式。对整体剪切破坏形式下的地基极限承载力的理论解答有多种,但求解的方法不外乎两种:一种是假定地基土是刚塑体,根据土体的极限平衡理论,计算土中各点达到极限平衡的应力和滑动面方向,用解析法解得基底的极限荷载。但用这种方法求解时数学上遇到的困难太大,目前尚无严格的一般解析解,仅能对某些边界条件比较简单的情况求解其解析解。有时采用数值方法求解。另一种则是先假定地基土在极限状态下滑动面的形状,然后根据滑动土体的静力平衡条件求解极限荷载。按这种方法得到的极限荷载公式比较简单,使用方便,目前在工程实践中用得较多。本节仅对第二种方法中的便于掌握的理论公式进行介绍。

### 6.4.1 普朗特尔(L. Prandtl,1920)雷斯诺(H. Reissner,1920)极限荷载公式

假设一个宽度为 $b$ 的条形基础,置于地基表面假定基础底面以下土的重度为零,基础底面光滑无摩擦力,则当地基土体处于极限平衡状态时,塑性区边界分为三种区域,如图 6.8 所示。

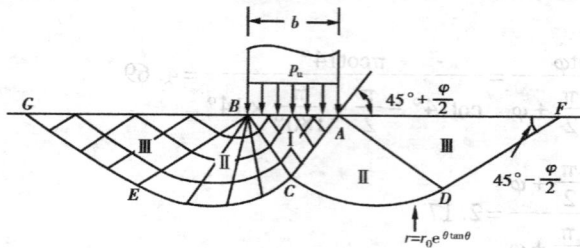

图 6.8　普朗特尔公式的滑动面形状

Ⅰ区——是朗肯主动区($\triangle ABC$)因为基底面光滑,最大主应力 $\sigma_1$ 铅直,破裂面与水平面成 $45° + \dfrac{\varphi}{2}$ 角。

Ⅲ区——是朗肯被动区,最大主应力 $\sigma_1$ 水平,破裂面与水平面成 $45° - \dfrac{\pi}{2}$。

Ⅱ区——过渡区,由两组滑动面组成,一组是自荷载边缘 $A,B$ 两点引出的辐射线,另一组是对数螺旋线 $r = r_o e^{\theta\tan\varphi}$,$\gamma,r_o$ 和 $\theta$ 见图 6.9;$\varphi$ 为土的内摩擦角,对数螺旋线是连接朗肯主动区和朗肯被动区的滑裂线。

在前述条件和滑动面形状前提下,若考虑基础埋置深度为 $d$,将基础底面以上的覆盖土层用均布荷载 $q = \gamma d$ 代替,再来分析塑性区 OCDI 土体的平衡,根据极限平衡状态时主应力之间的关系(见公式 5.6、7)主动区 $OC$ 面上的水平力(小主应力)

$$p_a = p_u \tan^2\left(45° - \frac{\varphi}{2}\right) - 2c\tan\left(45° - \frac{\varphi}{2}\right)$$

被动区 ID 面上的水平力(大主应力)

$$p_p = rd\tan^2\left(45° + \frac{\varphi}{2}\right) + 2c\tan\left(45° + \frac{\varphi}{2}\right)$$

*CD* 螺旋滑动面上的法向力与摩擦力的合力 $p_\gamma$ 都通过对数螺线的中心(此处为 $A$),内聚

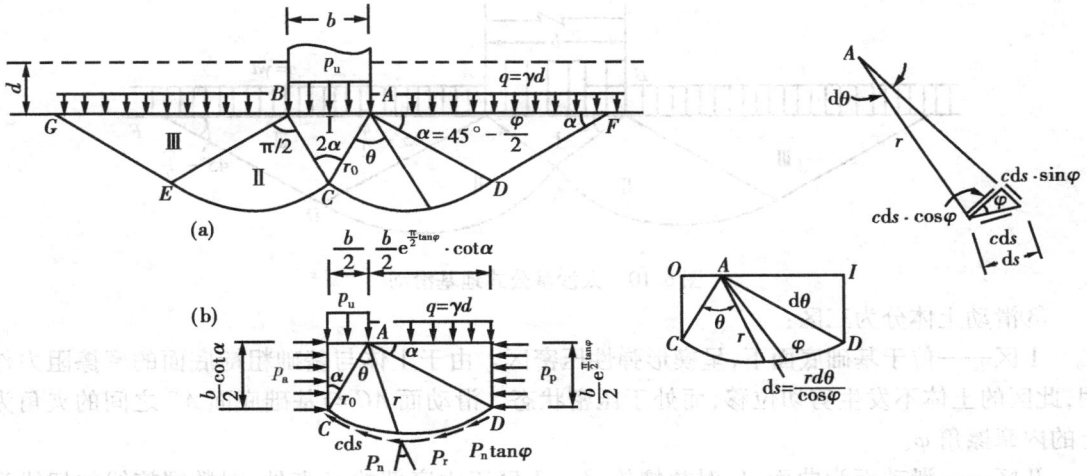

图 6.9　普朗特尔-雷斯诺极限荷载公式受力分析图

力合力为 $\int cds$ 。

根据静力平衡条件，以对数螺线的中心 $A$ 点为矩心取矩，力矩和等于零。

$$\sum M_A = Mp_u + Mp_a - M_q - M_p - M_c = 0$$

解得极限荷载 $p_u$ :

$$p_u = (q + c\cot\varphi)\tan^2\left(45° + \frac{\varphi}{2}\right)e^{\pi\tan\varphi} - c\cot\varphi$$

令

$$N_q = e^{\pi\tan\varphi}\tan^2\left(45° + \frac{\varphi}{2}\right)$$

$$N_c = (N_q - 1)\cot\varphi$$

则

$$p_u = c \cdot N_c + qN_q \qquad (6.13)$$

以上便是普朗特尔-雷斯诺理论公式。

若基础置于地表面，埋深 $d = 0$，即 $q = rd = 0$，则式(6.13)写成：

$$p_u = c \cdot N_c \qquad (6.14)$$

这便是普朗特尔公式。

### 6.4.2　太沙基(K. Terzaghi)极限荷载公式

太沙基在 1943 年提出了确定条形基础的极限荷载公式,提出基础的长宽比 $\frac{l}{b} \geqslant 5$ 及基础埋深 $d \leqslant b$ 时,就可视为条形浅基础。基底以上的土体看作作用在基础两侧底面以上的均布荷载 $q = rd$ 。

太沙基公式是世界各国常用的极限荷载计算公式,适用于基础底面粗糙的条形基础,并推广应用于方形基础与圆形基础。

理论假定：

①条形基础,均布荷载作用。

②地基发生滑动时,滑动面的形状,两端为直线,中间为曲线,左右对称,如图 6.10 所示。

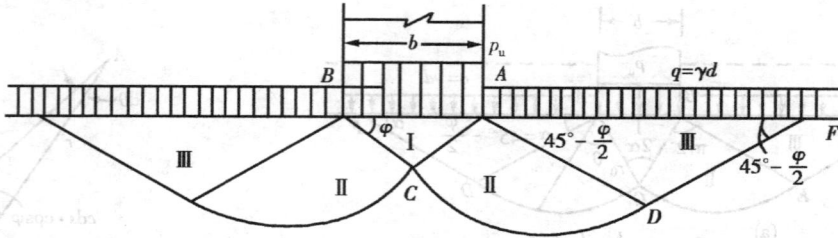

图 6.10　太沙基公式地基滑动

③滑动土体分为三区：

Ⅰ区——位于基础底面下，呈楔形弹性压密区。由于土体与基础粗糙底面的摩擦阻力作用，此区的土体不发生剪切位移，而处于压密状态。滑动面 $AC$ 与基础底面 $AB$ 之间的夹角为土的内摩擦角 $\varphi$。

Ⅱ区——滑动面为曲面，呈对数螺旋线。Ⅰ区正中底部的 $C$ 点处，对数螺旋线的切线为竖向，$D$ 点处对数螺旋线的切线，与水平线的夹角为 $45° - \dfrac{\varphi}{2}$。

Ⅲ区——滑动面为斜向平面，剖面图上呈等腰三角形。滑动体斜面与水平地面的夹角均为 $45° - \dfrac{\varphi}{2}$。

**(1)条形基础(较密实地基)**

1)Ⅰ区土楔上在诸力作用下，处于极限平衡状态，作用于Ⅰ区土楔上诸力包括：①土楔 $ABC$ 顶面的极限荷载 $p_u$；②土楔 $ABC$ 的自重；③土楔斜面 $AC$ 上作用的内聚力 $c$ 的竖向分力；④Ⅱ区、Ⅲ区土体滑动时，对斜面 $AC$ 的被动土压力的竖向分力。

2)根据作用于土楔上力的静力平衡条件，可得太沙基公式：

$$p_u = \frac{1}{2} rbN_r + cN_c + qN_q \qquad (6.15)$$

太沙基公式的承载力系数 $N_r$，$N_c$ 与 $N_q$ 均可根据地基土的内摩擦角 $\varphi$ 值查专用的承载力系数图 6.11 的曲线(实线)确定。

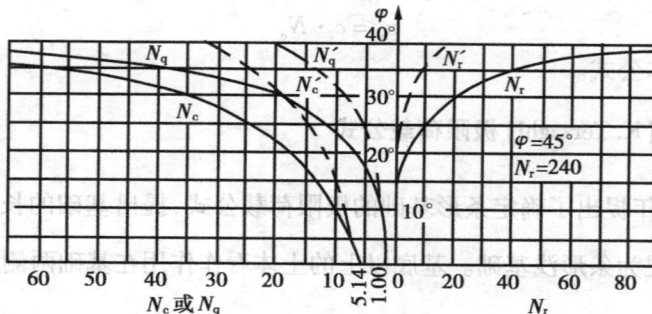

图 6.11　太沙基公式的承载力系数

3)适用的条件：①地基土较密实；②地基整体剪切滑动破坏，即载荷试验结果 $p\text{-}s$ 曲线上有明显的第二拐点 $b$ 的情况，如图 6.1 中曲线 $A$ 所示。

**(2)条形基础(松软地基)**

若地基土松软，载荷试验结果 $p\text{-}s$ 曲线没有明显拐点的情况，如图 6.1 中曲线 $B$ 所示。此

时极限荷载按下式计算

$$p_u = \frac{1}{2}rbN'_\gamma + \frac{2}{3}cN'_c + rdN'_q \tag{6.16}$$

式中　$N'_r$, $N'_c$, $N'_q$——局部剪损时的承载力系数,根据内摩擦角 $\varphi$ 值查图 6.11 中的虚线。

**(3) 方形基础**

对于方形基础,太沙基研究后,对极限荷载公式(6.15)中的数字作适当修改,按下式计算:

$$p_u = 0.4rb_o N_r + 1.2cN_c + rdN_q \tag{6.17}$$

式中　$b_o$——方形基础的边长。

**(4) 圆形基础**

圆形基础的极限荷载公式与方形基础的极限荷载公式类似,太沙基研究后,按下式计算:

$$p_u = 0.3rb_o N_r + 1.2cN_c + rdN_q \tag{6.18}$$

式中　$b_o$——圆形基础的直径。

**(5) 地基承载力**

应用太沙基极限荷载公式进行基础设计时,地基承载力为

$$f = \frac{p_u}{K} \tag{6.19}$$

式中　$K$——地基承载力安全系数,$K \geq 3.0$。

### 6.4.3　极限荷载的工程应用

极限荷载为地基开始整体剪切破坏的荷载。在进行基础设计时,不能直接采用极限荷载作为地基承载力特征值,必须有一定的安全系数 $K$。$K$ 值大小,应根据建筑物的等级、规模与重要性及各种极限荷载公式的理论,假定条件与适用情况而确定。通常取安全系数 $K = 1.5 \sim 3.0$,太沙基公式求解一般要求 $K \geq 3.0$。

**例 6.2**　某民用多层砖混结构建筑,基础为条形基础。基础底宽 $b = 1.6$m,基础埋深 $d = 1.5$m,地基为粉质粘土,天然重度 $\gamma = 17.5$kN/m³,内摩擦角 $\varphi = 20°$,内聚力 $c = 20$kPa,地下水位深 8m,试用普朗特尔-雷斯诺理论公式计算该地基的极限荷载和地基承载力($K$ 取 1.5)。

**解**　1)将 $\varphi$ 代入 $N_q$, $N_c$ 公式计算(或查其他书籍或手册上的普朗特尔承载力系数表)得

$$N_q = e^{\pi\tan\varphi}\tan^2\left(45° + \frac{\varphi}{2}\right)$$

$$= e^{\pi\tan20°}\tan^2\left(45° + \frac{20°}{2}\right)$$

$$= 6.40$$

$$N_c = (N_q - 1)\cot\varphi$$

$$= (6.40 - 1)\cot20°$$

$$= 14.84$$

2)用普朗特尔-雷斯诺理论公式求出极限荷载

$$p_u = cN_c + qN_q$$

$$= (20 \times 14.84 + 1.5 \times 17.5 \times 6.40)\text{kPa}$$

$$= 464.8\text{kPa}$$

土力学

3）计算地基承载力

$$f = \frac{p_u}{K} = \frac{464.8}{1.5}kPa \approx 309.9kPa$$

**例 6.3** 有一条形基础，宽度 $b = 1.8m$，埋深 $d = 1.6m$。地基土的天然重度 $\gamma = 18kN/m^3$，土的内聚力 $c = 25kPa$，内摩擦角 $\varphi = 15°$，试用太沙基承载力公式计算地基的极限承载力 $p_u$ 和地基承载力 $f$。

**解** 1）用内摩擦角 $\varphi$ 查图 6.11 得承载力系数 $N_r, N_c, N_q$ 得

$$N_r = 2.5, N_c = 13, N_q = 4$$

2）求极限承载力值

$$p_u = \frac{1}{2}rbN_r + cN_c + qN_q$$

$$= (\frac{1}{2} \times 18 \times 1.8 \times 2.5 + 25 \times 13 + 18 \times 1.6 \times 4)kPa$$

$$= 480.7kPa$$

3）求地基承载力值 $f$

$$f = \frac{p_u}{K} = \frac{480.7}{3}kPa = 160.2kPa$$

## 6.5 地基承载力特征值的确定

在进行基础设计计算前，必须首先确定地基承载力特征值（$f_{ak}$），使上部结构通过基础底面传到地基上的荷载不能超过地基修正后的承载力特征值。

当轴心荷载作用时应满足：

$$p_k \leqslant f_a \qquad (6.20a)$$

式中 $p_k$——相应于荷载效应标准组合时基础底面处的平均压力值。

$f_a$——修正后地基承载力特征值。

当偏心荷载作用时，除满足式（6.20a）外，尚应符合下式要求：

$$p_{kmax} \leqslant 1.2f_a \qquad (6.20b)$$

式中 $p_{kmax}$——相应于荷载效应标准组合时，基础底面边缘的最大压力值。

地基承载力特征值的确定，与许多因素有关，与土的物理、力学性质有关，与建筑物基础的形式、宽度、埋深有关，还与建筑物的类型，结构特点安全等级甚至施工速度均有关系。一般可由载荷试验或其他原位测试、公式计算，并结合工程实践经验等方法综合确定。

目前确定地基承载力特征后的方法有如下几类方法：

第一类：原位测试法；

第二类：按地基土的强度理论法确定；

### 6.5.1 原位测试法确定地基承载力

原位测试法就是在现场地基土体所在位置上测定地基土的性能。由于原位测试所涉及的

土体比室内试样大,又未经过搬运和扰动,因而能反映岩土本来和宏观的性能。原位测试确定地基承载力方法很多,比如静载荷实验,标准贯入度实验,轻便触探重锤触探、静力触探等。

**(1)按地基的静载荷试验确定地基承载力特征值**

地基的静载试验是岩土工程中重要试验,它对地基直接加载,几乎不扰动地基土,能测出荷载板下应力主要影响深度范围内土的承载力和变形参数。对土层不均,难以取得原状土样的杂填土及风化岩石等复杂地基尤其适用,且试验的结果较为准确可靠。

静载试验分浅层平板载荷试验和深层平板载荷试验。

1)浅层平板载荷实验

①浅层平板载荷试验装置与试验方法

a. 在建筑工地现场,选择有代表性的部位进行载荷试验。

b. 开挖试坑,深度为基础设计埋深 $d$,基坑宽度 $B \geqslant 3b$,$b$ 为载荷试验压板宽度或直径,常用尺寸 $b = 50\text{cm}$,$70.7\text{cm}$,$100\text{cm}$,即压板面积为:$2\,500\text{cm}^2$,$5\,000\text{cm}^2$,$10\,000\text{cm}^2$。承压板面积应不小于 $2\,500\text{cm}^2$

应注意保持试验土层的原状结构和天然湿度。宜在拟试压表面用不超过 20mm 的粗、中砂找平。

c. 加荷装置与方法如图 6.12 所示。

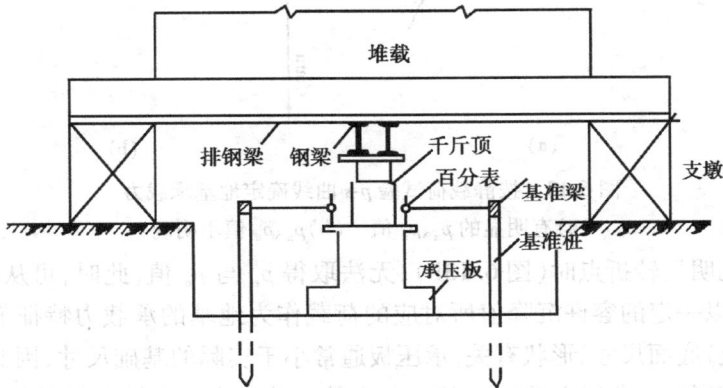

图 6.12　静载荷试验

d. 加荷标准

ⓐ第一级荷载 $p_1 = \gamma d (\text{kPa})$,相当于开挖试坑卸除土的自重应力。

ⓑ第二级荷载开始,每级荷载:松软土 $p_i = 10 \sim 25\text{kPa}$,坚实土 $p_i = 50\text{kPa}$。

ⓒ加荷等级不应少于 8 级。最大加载量不应少于荷载设计值的 2 倍,即 $\sum p_i \geqslant 2p_{\text{设计}}$。

e. 测记压板沉降量　每级加载后,按间隔 10min,10min,10min,15min,15min,以后每隔半小时读一次百分表的读数。百分表安装在压板顶面四角。

f. 沉降稳定标准　当连续两小时内,每小时沉降量 $s_i < 0.1\text{mm}$ 时,则认为沉降已趋稳定,可加下一级荷载。

g. 终止加载标准　当出现下列情况之一时,即可终止加载:

ⓐ承压板周围的土明显的侧向挤出;

ⓑ沉降 $s$ 急骤增大,荷载-沉降($p$-$s$)曲线出现陡降段;

ⓒ在某一级荷载 $p_i$ 下，24 小时内沉降速率不能达到稳定标准；

ⓓ总沉降量 $s \geqslant 0.06b$（$b$ 为承压板宽度或直径）。

h. 极限荷载 $p_u$ 满足终止加荷标准①、②、③三种情况之一时，其对应的前一级荷载定为极限荷载 $p_u$。

②载荷试验结果及承载力特征值确定

a. 绘制荷载-沉降（$p$-$s$）曲线，如图 6.13（a）所示。

b. 承载力取值：

当 $p$-$s$ 曲线有比较明显的比例直线和界限值时（图 6.13a），可取比例界限荷载 $p_a$ 作地基承载力特征值；有些土 $p_a$ 与 $p_u$ 比较接近，当 $p_u < 2p_a$ 时，则取 $p_u$ 的一半作为地基承载力特征值。

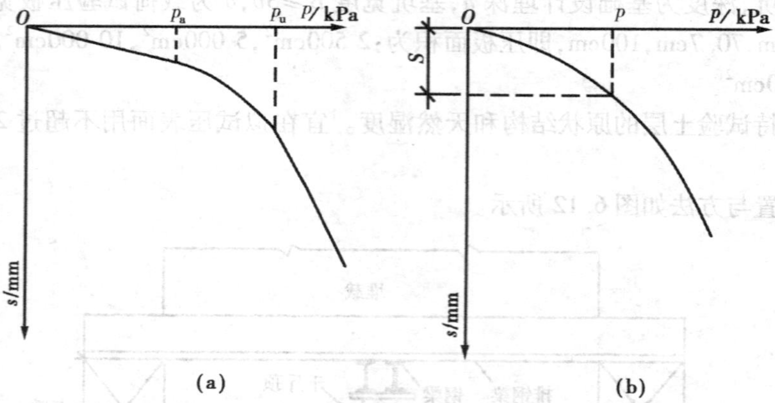


图 6.13　按静载荷试验 $p$-$s$ 曲线确定地基承载力

（a）有明显的 $p_a$、$p_u$ 值　（b）$p_a$、$p_u$ 值不明确

当 $p$-$s$ 曲线无明显转折点时（图 6.13b），无法取得 $p_a$ 与 $p_u$ 值，此时，可从沉降观测考虑，即在 $p$-$s$ 曲线中，以一定的容许沉降值所对应的荷载作为地基的承载力特征值。由于沉降量与基础（或承压板）底面尺寸、形状有关，承压板通常小于实际的基础尺寸，因此不能直接利用基础的容许变形值在 $p$-$s$ 曲线上确定地基承载力特征值。由地基沉降计算原理可知，如果基础和承压板下的压力相同，且地基均匀，则沉降量与各自的宽度 $b$ 之比值（$s/b$）大致相等。《规范》根据实测资料规定：当承压板面积为 0.25 ~ 0.5m$^2$ 时，可取沉降量 $s$ 为 $0.01b \sim 0.015b$（$b$ 为承压板的宽度或直径）所对应的荷载值作为地基承载力的特征值，但其值不应大于最大加载量的一半。

由于地基土的载荷试验费时、耗资最大，不能对地基土进行大量的载荷试验，因此，规范规定对同一土层，应至少选择 3 点作为载荷试验点，如 3 点以上承载力特征值的极差不超过平均值的 30% 时，则取平均值作为地基承载力特征值 $f_{ak}$，否则应增加试验点数，使其承载力特征值的极差不超过平均值的 30%，即有了承载力的特征值，再按实际的基础埋深、基础的宽度对特征值进行修正，得到修正后的地基承载力特征值 $f_a$。

2）深层平板载荷实验

深层平板载荷试验要点：

①深层平板载荷试验的承压板采用直径 $d$ 为 0.8m 的刚性板，紧靠承压板周围外侧的土

层高度应不少于 80cm。

②加荷等级可按预估极限承载力的 $1/10 \sim 1/15$ 分级施加。

③每级加荷后,第一个小时内按间隔 10、10、10、15、15min,以后为每隔半小时测读一次沉降,当连续两小时内,每小时的沉降量小于 0.1mm 时,则认为已趋稳走,可加下一级荷载。

④当出现下列情况之一时,可终止加载:

A. 沉降 $s$ 急骤增大,荷载～沉降($p \sim s$)曲线上有可判定极限承载力的陡降段,且沉降量超过 $0.04d$($d$ 为承压板直径);

B. 在某级荷载下,24 小时内沉降速率不能达到稳定标准;

C. 本级沉降量大于前一级沉降量的 5 倍;

D. 当持力层土层坚硬,沉降量很小时,最大加载量不小于荷载设计值的 2 倍。

⑤承载力特征值的确定:

A. 当 $p \sim s$ 曲线上有明确的比例界限时,取该比例界限所对应的荷载值;

B. 满足前三条终止加载条件之一时,其对应的前一级荷载定为极限荷载,当该值小于对应比例界限的荷载值的 2 倍时,取极限荷载值的一半;

C. 不能按上述二条确定时,可取 $s/d = 0.01 \sim 0.015$ 所对应的荷载值,但其值不应大于最大加载量的一半。

⑥同一土层参加统计的试验点不应少于三点,各试验实测值的极差不得超过平均值的 30%,取此平均值作为该土层的地基承载力特征值 $f_{ak}$。

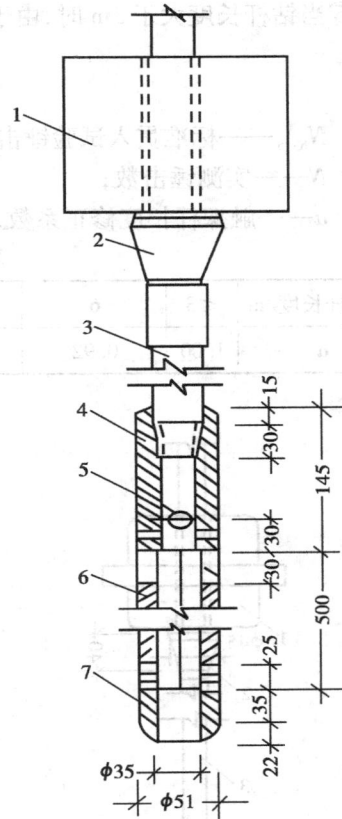

图 6.14　标准贯入试验装置(单位/mm)
1—穿心锤;2—锤垫;
3—触探杆;4—锥头

**(2)按标准贯入试验和轻便触探试验测定地基承载力特征值**

标准贯入试验和轻便触探试验,是利用锤击能将装在钻杆前端的贯入器靴或锥形探头打入钻孔孔底土中,测试每 30cm 贯入度的锤击数 $N_{63.5}$(标贯)或 $N_{10}$(轻便触探),用其锤击数判别土层变化和地基承载力特征值的方法。它具有经济快捷等优点。

标准贯入度试验适用于砂土、粉质土、粘性土、轻便触探更适用于素填土和淤泥质土。

1)标准贯入试验

标准贯入试验的设备主要由标准贯入器、触探杆和穿心锤 3 部分组成(图 6.14)。触探杆一般用直径为 42mm 的钻杆,穿心锤质量 63.5kg。方法如下:

①先用钻具钻至试验土层标高以上约 150mm 处,以免下层土受到扰动。

②贯入时,穿心锤落距为 760mm,使其自由下落,将贯入器竖直打入土层 150mm。以后每打入土层中 300mm 的锤击数,即为实测的锤击数 N。

③拔出贯入器,取出贯入器中土样进行鉴别描述。

④若须继续下一深度的贯入试验时,可重复上述操作步骤。

⑤当钻杆长度大于 3m 时,由于土对钻杆摩擦的能量损失,锤击数应按下式进行钻杆长度修正。

$$N_{63.5} = aN \tag{6.20}$$

式中　$N_{63.5}$——标准贯入试验锤击数;

　　　$N$——实测锤击数;

　　　$a$——触探杆长度修正系数,按表 6.1 确定。

表 6.1　触探杆长度修正系数

| 触探杆长度/m | ≤3 | 6 | 9 | 12 | 15 | 18 | 21 |
|---|---|---|---|---|---|---|---|
| $a$ | 1.00 | 0.92 | 0.86 | 0.81 | 0.77 | 0.73 | 0.70 |

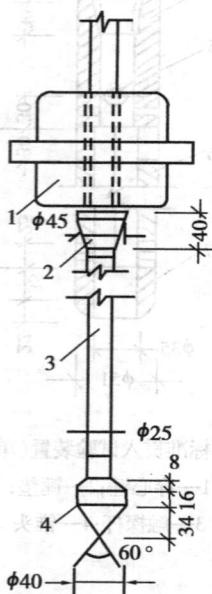

图 6.15　轻便触探设备(单位/mm)

2)轻便触探

轻便触探由尖锥头、触探杆和穿心锤 3 部分组成(图 6.15)。触探杆是用直径 25mm 的金属管制成,每根长 1.0~1.5m,穿心锤质量为 10kg。具体方法如下:

①用轻便钻具钻至试验土层标高,然后对所需试验土层连续进行触探。

②试验时,穿心锤落距为 500mm,使其自由落下,将触探杆竖直打入土层中,记录每打入土层 300mm 的锤击数。

③若须描述土层情况,可将触探杆拔出,将尖锥头换成轻便钻头,钻取土样。

轻便触探设备简单,操作方便。但由于锤击的能量有限,一般只适用于触探深度小于 4m 以内的土层。对于土质较硬或深度较大时,可采用标准贯入试验。

3)试验数据处理

由于土质的不均匀性及试验时人为的误差,故现场试验时,对同一土层须作 6 点或 6 点以上的触探试验,然后用下述方法进行数据处理:

$$N(\text{或} N_{10}) = \mu - 1.645\sigma \tag{6.21}$$

式中　$N$——经回归修正后的标准贯入锤击数;

　　　$N_{10}$——经回归修正后的轻便触探锤击数;

　　　$\mu$——现场试验锤击数的平均值;

　　　$\sigma$——标准差,$\sigma = \sqrt{\dfrac{\sum\limits_{i=1}^{n}\mu_i^2 - n\mu^2}{n-1}}$。

根据 $N$ 或 $N_{10}$ 可查表 6.2—表 6.5 确定地基承载力特征值。

表 6.2　砂土承载力特征值 $f_{ak}$

| $N_{63.5}$<br>土类 | 10 | 15 | 30 | 50 |
|---|---|---|---|---|
| 中、粗砂 $f_{ak}$/kPa | 180 | 250 | 340 | 500 |
| 粉、细砂 $f_{ak}$/kPa | 140 | 180 | 250 | 340 |

注:$N$ 为标贯试验锤击数,下同。

表 6.3　粘性土承载力特征值 $f_{ak}$

| $N$ | 3 | 5 | 7 | 9 | 11 | 13 | 15 | 17 | 19 | 21 | 23 |
|---|---|---|---|---|---|---|---|---|---|---|---|
| $f_{ak}$/kPa | 105 | 145 | 190 | 235 | 280 | 325 | 370 | 430 | 515 | 600 | 680 |

表 6.4　粘性土承载力特征值 $f_{ak}$

| $N_{10}$ | 15 | 20 | 25 | 30 |
|---|---|---|---|---|
| $f_{ak}$/kPa | 105 | 145 | 190 | 230 |

表 6.5　素填土承载力特征值 $f_{ak}$

| $N_{10}$ | 10 | 20 | 30 | 40 |
|---|---|---|---|---|
| $f_{ak}$/kPa | 85 | 115 | 135 | 160 |

注:①本表只适用于粘性土与粉土组成的素填土;
②$N_{10}$ 为轻便触探试验锤击数。

### (3)重型触探和超重型触探确定地基承载力值介绍

重型触探和超重型触探原理和轻便触探一样,均是利用一定的锤击能,将一定规格的圆锥探头打入土中,根据一定贯入度的锤击数评定土的工程性质和承载力值。

重型触探和超重型触探的分类如表 6.6 所示。

表 6.6　重型、超重型触探分类表

| 类　　型 | | 重型(DPH) | 超重型(DPSH) |
|---|---|---|---|
| 规　　格 | 直径/mm | 74 | 74 |
| | 截面积 $A$/cm² | 43 | 43 |
| | 锥角/(°) | 60 | 60 |
| 落　　锤 | 锤质量 $M$/kg | 63.5±0.5 | 120±1 |
| | 落距 $H$/cm | 76±2 | 100±2 |
| 能量指数 $n_d$/(J·cm⁻²) | | 115.2 | 279.1 |
| 探杆直径/mm | | 42 | 60 |
| 触探指标 $N$ | | $N_{63.5}$(贯入10cm) | $N_{120}$(贯入10cm) |
| 最大贯入深度/m | | 12～16 | 20 |
| 适用土类 | | 砂土、碎石土 | 密实碎石土 |

注:能重指数 $n_d(J·cm^{-2}) = \dfrac{M·H}{A}·g$。

重型和超重型触探和轻型触探一样,都有触探杆超过一定长度(重型动力触探杆超过10m),必须进行修正,并还要考虑杆侧摩擦力、地下水位等对锤击数的影响。

重型和超重动力触探的应用一是根据资料统计表,用锤击数确定其土的密实度,再从《规范》中查出地基的承载力数据。二是不少地区或大的设计部门已根据统计资料与静载荷实验和其他方法确定的地基承载力值建立了一套适合当地的锤击数与修正后承载力特征值的对应表可供使用。

**(4)静力触探试验确定地基承载力值介绍**

静力触探是利用机械装置或液压装置将贴有电阻应变片的金属探头,通过触探杆压入土中。通过电阻应变仪测定探头所受的阻力。土愈密实、愈硬,探头所受的阻力愈大,从而测定地基土的承载力和其他性质指标。

静力触探分为单桥探头和双桥探头,如图6.18,6.19所示。

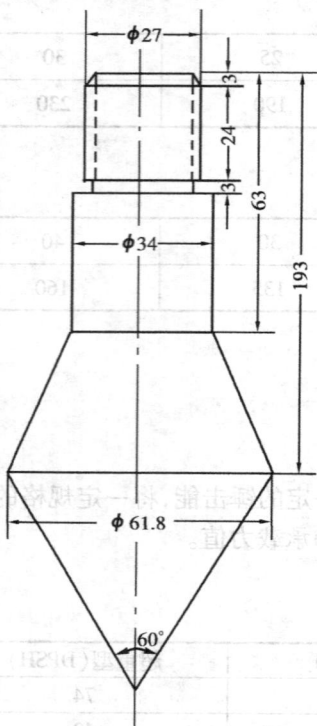

图 6.16　中型动力触探探头外形
及尺寸(单位/mm)

图 6.17　重型和超重型力触探
探头(单位/mm)

静力触探可有两种方法选用:

①测定比贯入阻力 $p_s$ 方法。设试验时测得探头锥尖阻力和侧壁摩阻力在内的总贯入阻力为 $p(kN)$ 探头的截面积为 $A(m^2)$,则换算成单位面积上受到的阻力 $p_s$ 为:

$$P_s = \frac{R}{A} = K\mu\varepsilon \tag{6.22}$$

式中　$P_s$——比贯入阻力,kPa;

　　　$K$——探头系数;

　　　$\mu\varepsilon$——电阻应变应仪量测微应变读数值。

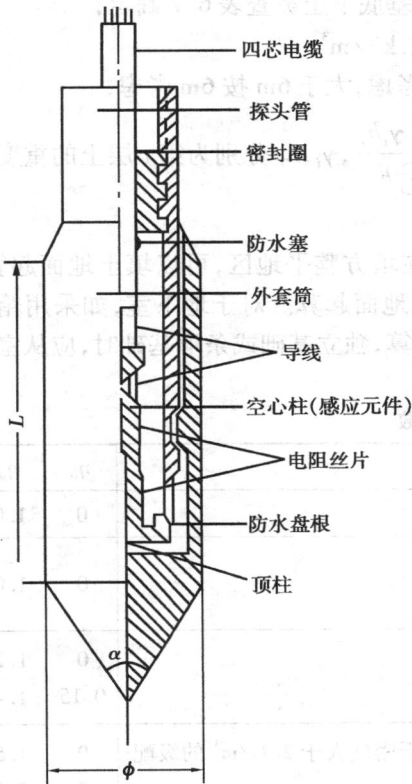

图 6.18　单桥探头结构示意图

$\varphi$—探头锥底直径；$L$—有效侧壁长度；$a$—锥角

图 6.19　双桥探头结构示意图

②测定锥头阻力 $q_c$ 和侧壁摩阻力 $f_s$。

$$q_c = \frac{Q_c}{A} \qquad (6.23)$$

$$f_s = \frac{p_f}{F_s} \qquad (6.24)$$

式中　$Q_c$——锥尖总阻力，N；

　　　$p_f$——侧壁总摩擦力，N；

　　　$F_s$——摩擦筒表面积，$cm^2$。

《岩土工程勘察规范》（GB50021—94）给出了静力触探的试验要点，此处不赘述。

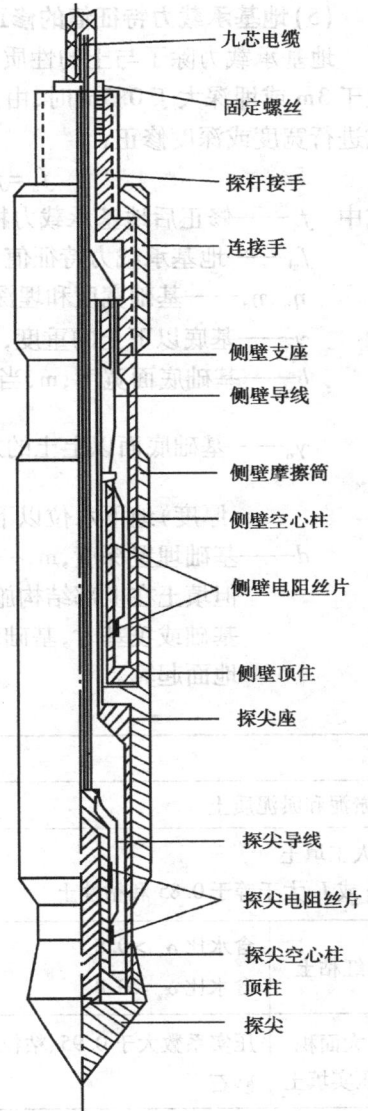

**(5)地基承载力特征值的修正**

地基承载力除了与土的性质有关外,还与基础底面尺寸及埋深等因素有关。当基底宽度大于3m或埋深大于0.5m时,由静载荷试验及触探试验确定的地基承载力特征值,尚应按下式进行宽度或深度修正:

$$f_a = f_{ak} + \eta_b \gamma (b-3) + \eta_d \gamma_o (d-0.5) \tag{6.25}$$

式中  $f_a$——修正后地基承载力特征值,kPa;

$f_{ak}$——地基承载力特征值,kPa;

$\eta_b$、$\eta_d$——基础宽度和埋深的承载力修正系数,按基底下土类查表6.7确定;

$\gamma$——基底以下土的重度,地下水位以下取浮重度,kN/m³;

$b$——基础底面宽度,m,当基底宽小于3m按3m考虑,大于6m按6m考虑;

$\gamma_o$——基础底面以上土的加权平均重度($\gamma_o = \dfrac{\sum \gamma_i h_i}{\sum h_i}$,$\gamma_i$,$h_i$分别为第$i$层土的重度和

厚度)地下水位以下取浮重度,kN/m³;

$d$——基础埋置深度,m,一般自室外地面起算。在填方整平地区,可以填土地面起算,但填土在上部结构施工后完成时,应从天然地面起算。对于地下室,如采用箱形基础或筏基时,基础埋置深度自室外地面起算,独立基础或条形基础时,应从室内地面起算。

表6.7  承载力修正系数

| 土的类别 | | $\eta_b$ | $\eta_d$ |
|---|---|---|---|
| 淤泥和淤泥质土 | | 0 | 1.0 |
| 人工填土<br>$e$或$I_L$大于等于0.85和粘性土 | | 0 | 1.0 |
| 红粘土 | 含水比 $\alpha_w > 0.8$ | 0 | 1.2 |
| | 含水比 $\alpha_w \leq 0.8$ | 0.15 | 1.4 |
| 大面积压实填土 | 压实系数大于0.95、粘粒含量 $\rho_c \geq 10\%$ 的粉土 | 0 | 1.5 |
| | 最大干密度大于 2.1 t/m³ 的级配砂石 | 0 | 2.0 |
| 粉土 | 粘粒含量 $\rho_c \geq 10\%$ 的粉土 | 0.3 | 1.5 |
| | 粘粒含量 $\rho_c < 10\%$ 的粉土 | 0.5 | 2.0 |
| $e$及$I_L$均小于0.85的粘性土 | | 0.3 | 1.6 |
| 粉砂、细砂(不包括很湿与饱和时的稍密状态) | | 2.0 | 3.0 |
| 中砂、粗砂、砾砂和碎石土 | | 3.0 | 4.4 |

注:①强风化和全风化的岩石,可参照所风化成的相应土类取值,其他状态下的岩石不修正;

②地基承载力特征值按深层平板载荷试验确定时 $\eta_d$ 取0。

### 6.5.2  按地基强度理论确定承载力特征值

按地基强度理论计算地基承载力值的公式种类很多,以下仅列举几种,6.4节中已出现过

的公式,不再加符号注解和说明。

1) 临塑荷载公式

$$f_a = p_{cr} = cN_c + rdN_d$$

2) 临界荷载公式

中心荷载：

$$f_a = p_{\frac{1}{4}} = cN_c + rdN_d + rbN_{\frac{1}{4}}$$

偏心荷载：

$$f_a = p_{\frac{1}{3}} = cN_c + rdN_d + rbN_{\frac{1}{3}}$$

表 6.8　承载力系数 $M_b, M_d, M_c$

| 土的内摩擦角标准值 $\varphi_k/(°)$ | $M_b$ | $M_d$ | $M_c$ |
|:---:|:---:|:---:|:---:|
| 0 | 0 | 1.00 | 3.14 |
| 2 | 0.03 | 1.12 | 3.22 |
| 4 | 0.06 | 1.25 | 3.51 |
| 6 | 0.10 | 1.39 | 3.71 |
| 8 | 0.14 | 1.55 | 3.93 |
| 10 | 0.18 | 1.73 | 4.17 |
| 12 | 0.23 | 1.94 | 4.42 |
| 14 | 0.29 | 2.17 | 4.69 |
| 16 | 0.36 | 2.43 | 5.00 |
| 18 | 0.43 | 2.72 | 5.31 |
| 20 | 0.51 | 3.06 | 5.66 |
| 22 | 0.61 | 3.44 | 6.04 |
| 24 | 0.80 | 3.87 | 6.45 |
| 26 | 1.10 | 4.37 | 6.90 |
| 28 | 1.40 | 4.93 | 7.40 |
| 30 | 1.90 | 5.59 | 7.95 |
| 32 | 2.60 | 6.35 | 8.55 |
| 34 | 3.40 | 7.21 | 9.22 |
| 36 | 4.20 | 8.25 | 9.97 |
| 38 | 5.00 | 9.44 | 10.80 |
| 40 | 5.80 | 10.84 | 11.73 |

3) 极限荷载除以安全系数

普朗特尔-雷斯诺公式

$$f_a = \frac{p_u}{K} = \frac{1}{K}(cN_c + qN_q)$$

太沙基公式：

$$f_a = \frac{p_u}{K} = \frac{1}{K}\left(\frac{1}{2}rbN_r + cN_c + qN_q\right)$$

4)《规范》公式

$$f_a = M_b rb + M_d \gamma_o d + M_c c_k \qquad (6.26)$$

式中　$b$——基础底面宽度,大于 6m 时按 6m 考虑,对于砂土,小于 3m 时按 3m 考虑;

　　　$c_k$——基底下一倍短边基宽深度内土的内聚力标准值;

　　　$M_b,M_d,M_c$——承载力系数,按表 6.8 确定;

　　　$r$——所求承载力的土层土的重度,地下水位以下取有效重度,$kN/m^3$;

　　　$\gamma_0$——基底面以上土的平均重度,地下水位以下取有效重度,$kN/m^3$。

公式(6.26)适用于偏心距 $e \leqslant 0.03b$ 的条件。

## 思 考 题

6.1　地基有哪几种破坏形式?它与土的性质有何关系?

6.2　地基有哪几种承载力值?各自如何定义的?它们之间有何关系?

6.3　什么叫临塑荷载?什么条件下使用临塑荷载?若以临塑荷载作为修正后地基承载力特征值是否需要考虑安全系数?为什么?

6.4　什么叫塑性荷载(或临界荷载)?什么条件下使用塑性荷载?若以塑性荷载作为修正后地承载力特征值?是否需除以安全系数?为什么?

6.5　极限荷载的求解,有几种方法?掌握本书介绍的几种极限荷载理论公式各自的适用范围。

6.6　影响极限荷载大小有哪些因素?其中什么因素影响最大?

6.7　用条形基础推导出的极限荷载公式直接用于方形基础,圆形基础极限承载力计算,是偏于安全还是不安全?为什么?

6.8　地基承载力特征值确定有哪几种方法?各有什么优缺点?

6.9　地基承载力原位测试主要有哪几种方法?

6.10　静载荷实验如何确定地基承载力特征值?

6.11　为什么按地基强度理论公式确定的承载力值是修正后地基承载力值?

6.12　经验法确定地基承载力特征值适用于什么条件?

## 习 题

6.1　已知某条形基础 $b = 1.8m$,基础埋深 $d = 1.5m$,地基土的天然重度 $\gamma = 17.8kN/m^3$,内聚力 $c = 24kPa$,内摩擦角 $\varphi = 16°$ 试计算地基的临塑荷载 $p_{cr}$,塑性荷载 $p_{\frac{1}{3}}$、$p_{\frac{1}{4}}$。

6.2　某地基土质为粉土,$\gamma = 18kN/m^3$,内摩擦角 $\varphi = 21.5°$,内聚力 $c_u = 11.5kPa$。(1)若矩形基础长为 2.5m,宽为 2m,埋深 1.5m,求 $p_{\frac{1}{4}}$。(2)若第一问中埋深改为 2m,求 $p_{\frac{1}{4}}$。(3)若

第一问中土质改为粉质粘土，$\gamma = 19\text{kN/m}^3$，$\varphi = 18.5°$，$c = 22\text{kPa}$ 求 $p_{\frac{1}{4}}$。（4）若第一问埋深处有一圆形基础，直径为 2.5m 求 $p_{\frac{1}{4}}$。（5）以上几种计算结果，能说明什么问题？

6.3  某条形基础宽度 $b = 3\text{m}$，埋深 $d = 2\text{m}$，地基土的重度 $\gamma = 18.5\text{kN/m}^3$，$\varphi = 23°$，$c = 10\text{kPa}$，试分别用普朗特尔-雷斯诺公式和太沙基极限承载力公式计算极限承载力值 $p_u$。

6.4  某条形基础 $b = 2.5\text{m}$，埋深 $d = 2\text{m}$，荷载合力偏心距 $e = 0.063\text{m}$，地下水位距地表 1.5m 处，基底以上为杂填土，天然重度为 $17.5\text{N/m}^3$，饱和重度为 $19.0\text{kN/m}^3$。基底面以下为粉质粘土，$c_k = 10.5\text{kPa}$，$\varphi_k = 28.5°$，$\gamma_{sat} = 19.7\text{kN/m}^3$。试用《规范》提供的根据土的抗剪强度指标确定地基承载力公式和地基承载力特征值。

# 第7章
# 土压力及挡土结构

## 7.1　概　述

在土木工程建设中，会经常遇到岩土体边坡。当边坡稳定性不能满足要求时，常建造支挡结构以保证边坡的稳定性。支挡土体的结构，称为挡土墙或挡土结构，如建筑物地下室的外墙、基坑坑壁支护结构、桥梁工程中的岸边桥台和散粒体材料堆场的侧墙等均为挡土墙。土对挡土墙的侧向压力称为土压力。按照挡土墙的位移条件和墙后填土的应力状态，土压力可分为静止土压力、主动土压力和被动土压力。

图 7.1　挡土墙举例

### 7.1.1　静止土压力 $E_0$

如果挡土墙在土压力作用下不产生水平位移和转动，则作用于挡土墙上的土压力称为静止土压力。如房屋地下室的外墙、嵌固于岩基上的刚性挡土墙等，在土压力的作用下位移很小，可认为为零，土压力可按静止土压力计算。

### 7.1.2　主动土压力 $E_a$

挡土墙在土体的作用下离开土体向前位移（图7.2取为负值），同时土体向墙的一侧伸展，土压力减小。随着挡土墙位移的增加，土体抗剪强度不断发挥，土压力不断减小，当挡土墙位移量达到一定数值时，墙后土体开始出现连续的滑动面，墙背与滑动面之间的土体达到极限平衡状态，土体抗剪强度得到充分发挥，土压力达到最小值，此时作用于挡土墙上的土压力称

为主动土压力。

### 7.1.3　被动土压力 $E_p$

当挡土墙在外力的作用下,向土体方向位移(图7.2 取为正值)挤压土体,土压力增大。随着挡土墙位移的增加,土压力不断增大,当挡土墙位移量达到一定数值时,土体也开始出现连续的滑动面,墙与滑动面之间的土体达到极限平衡状态,土体抗剪强度得到充分发挥,土压力增至最大值,此时作用于挡土墙上的土压力称为被动土压力。

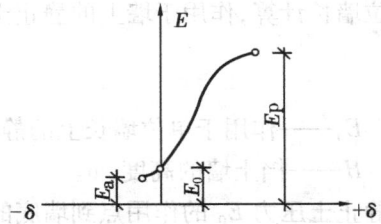

图 7.2　挡土墙位移与土压力的关系

挡土墙位移与土压力的关系,可用图 7.2 所示曲线表示。理论分析和试验研究表明:在相同的条件下,主动土压力小于静止土压力,而静止土压力小于被动土压力。即

$$E_a < E_0 < E_p$$

**表 7.1　产生主动或被动土压力时所需位移量**

| 土的类型 | 土压力类型 | 挡土墙位移方式 | 所需位移量 |
|---|---|---|---|
| 砂　土 | 主　动 | 平　移 | $0.001h$ |
| | 主　动 | 转　动 | $0.001h$ |
| | 被　动 | 平　移 | $0.05h$ |
| | 被　动 | 转　动 | $>0.1h$ |
| 粘　土 | 主　动 | 平　移 | $0.004h$ |
| | 被　动 | 转　动 | $0.004h$ |

注:$h$ 为挡土墙高度。

## 7.2　静止土压力计算

作用于挡土墙背上的静止土压力即为土体在自重作用下引起的水平自重应力。如图 7.3 所示,当墙后为均质土体时,在任意深度 $z$ 处竖向自重应力为 $\gamma z$,则该点的静止土压力强度为

$$p_0 = K_0 \gamma z \qquad (7.1)$$

图 7.3　静止土压力分布

式中　$K_0$——静止土压力系数;

　　　$\gamma$——墙后土体的重度,$kN/m^3$;

　　　$z$——计算点到墙顶的距离,m。

静止土压力系数,可根据侧限压缩试验确定,亦可根据侧限条件,按下述理论公式计算

$$K_0 = \frac{\mu}{1-\mu} \qquad (7.2)$$

式中　$\mu$——土的泊松比。

在工程中对于砂土和正常固结的粘性土,静止土压力系数,可按下述经验公式近似计算

$$K_0 = 1 - \sin\varphi' \qquad (7.3)$$

式中　$\varphi'$——土的有效内摩擦角。

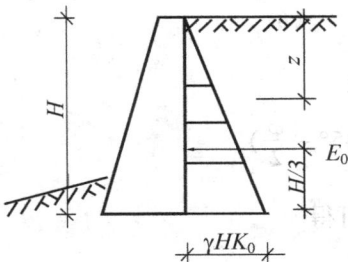

由式(7.1)可知,当墙后为均质土体时,静止土压力沿墙高为三角形分布,如图7.3所示。取单位墙长计算,作用于墙上的静止土压力为静止土压力分布图形的面积,即

$$E_0 = \frac{1}{2}\gamma H^2 K_0 \tag{7.4}$$

式中  $E_0$——作用于单位墙长上的静止土压力,kN/m;

  $H$——挡土墙的高度,m。

静止土压力 $E_0$ 的作用点到墙底的距离为 $H/3$。

## 7.3  朗肯土压力理论

朗肯(Rankine,1857)土压力理论是经典土压力理论之一,它是根据半空间土体的应力状态和土体极限平衡条件导得的。

朗肯土压力理论假定墙背垂直、光滑,填土面水平。根据这一假定可知墙后填土中的应力状态与半无限空间土体中的应力状态相一致,即水平面和铅垂面上的剪应力为零,正应力分别为大、小主应力。

### 7.3.1  主动土压力

图7.4(b)是填土表面下深 $z$ 处土的应力单元体。在主动极限平衡状态下,$\sigma_1$ 等于土的竖向自重应力 $\sigma_{cz} = \gamma z$,$\sigma_3$ 与主动土压力强度 $p_a$ 相等。土体处于极限平衡状态时,大、小主应力的关系为

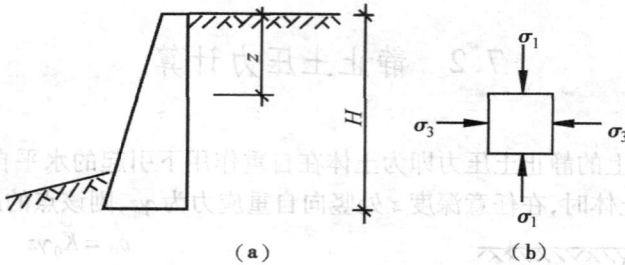

图7.4  朗肯主动土压力理论

$$\sigma_3 = \sigma_1 \tan^2\left(45° - \frac{\varphi}{2}\right) - 2c \cdot \tan\left(45° - \frac{\varphi}{2}\right)$$

将 $\sigma_3 = p_a$、$\sigma_1 = \gamma z$ 代入上式,并令 $K_a = \tan^2\left(45° - \frac{\varphi}{2}\right)$ 可得

$$p_a = \gamma z K_a - 2c\sqrt{K_a} \tag{7.5}$$

若墙后土体为无粘性土,$c = 0$,则有

$$p_a = \gamma z K_a \tag{7.6}$$

式中  $p_a$——主动土压力强度,kPa;

  $K_a$——主动土压力系数;

$\gamma$——墙后填土的重度，$kN/m^3$；

$c$——墙后填土的粘聚力，$kPa$；

$\varphi$——墙后填土的内摩擦角，$(°)$。

由式(7.5)和式(7.6)可知，朗肯主动土压力强度 $p_a$ 与 $z$ 呈线性关系。

对于无粘性土，主动土压力呈三角形分布，如图7.5(a)所示。作用于单位墙长上的主动土压力为主动土压力强度图形的面积。

$$E_a = \int_0^H p_a dz = \frac{1}{2}\gamma H^2 K_a \qquad (7.7)$$

式中　$H$——挡土墙高，m；

$\quad\quad E_a$——主动土压力，$kN/m$，其作用点到墙底距离为 $H/3$。

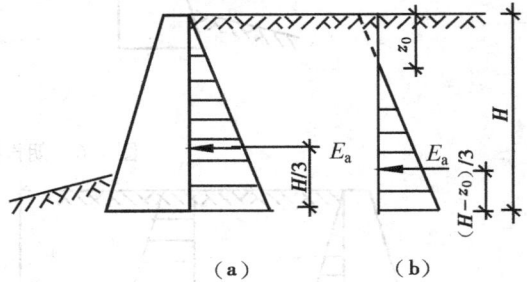

对于粘性土，由于粘聚力的作用，在墙顶附近朗肯主动土压力强度 $p_a$ 为负值，即为拉应力。由于墙土间的抗拉强度很小，通常认为不抗拉，所以朗肯主动土压力强度 $p_a$ 为负值的部分，墙土间拉裂、脱开，即没有作用力，如图7.5(b)虚线所示。此段长度称为临界深度，用 $z_0$ 表示，令 $p_a = 0$ 可得

$$z_0 = \frac{2c}{\gamma \sqrt{K_a}} \qquad (7.8)$$

作用于单位墙长上的主动土压力为

$$E_a = \frac{1}{2} \cdot (\gamma H K_a - 2c\sqrt{K_a}) \cdot (H - z_0) \qquad (7.9)$$

主动土压力作用点到墙底的距离为 $(H - z_0)/3$。

### 7.3.2　被动土压力

挡土墙向填土方向位移，挤压填土，使填土处于被动极限平衡状态时，墙顶下深 $z$ 处，小主应力 $\sigma_3 = \gamma z$，大主应力 $\sigma_1$ 等于被动土压力强度 $p_p$。由土体极限平衡条件可得

$$p_p = \gamma z \tan^2\left(45° + \frac{\varphi}{2}\right) + 2c \cdot \tan\left(45° + \frac{\varphi}{2}\right) \qquad (7.10)$$

令 $K_p = \tan^2\left(45° + \frac{\varphi}{2}\right)$ 得

$$p_p = \gamma z K_p + 2c\sqrt{K_p} \qquad (7.11)$$

对于无粘性土

$$p_p = \gamma z K_p \qquad (7.12)$$

式中　$p_p$——被动土压力强度，$kPa$；

$\quad\quad K_p$——被动土压力系数。

其他符号同前。

作用于单位墙长上的被动土压力 $E_p(kN/m)$ 为被动土压力强度图形的面积。

无粘性土

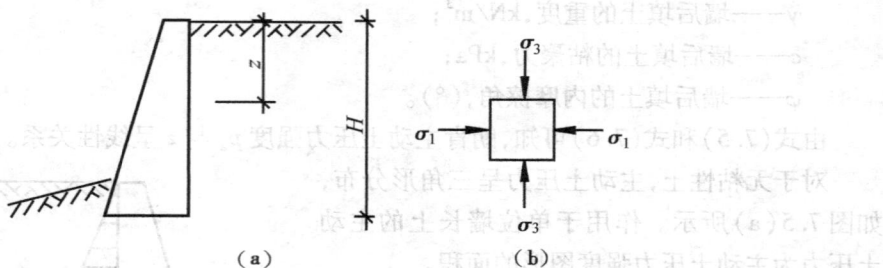

（a）

图 7.6　朗肯被动土压力理论

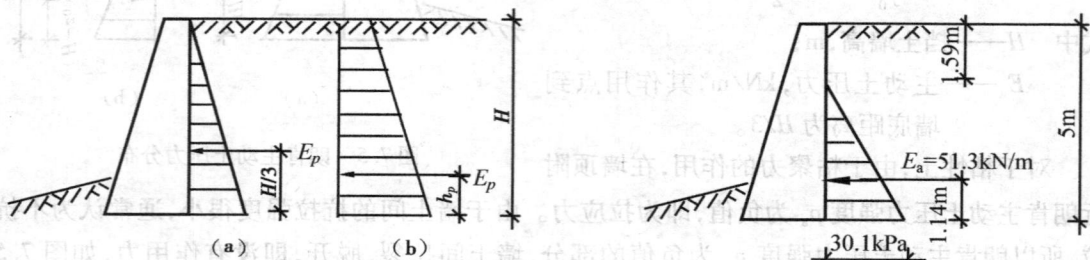

图 7.7　朗肯被动土压力分布
（a）无粘性土　（b）粘性土

图 7.8

$$E_p = \frac{1}{2}\gamma H^2 K_p \tag{7.13}$$

粘性土

$$E_p = \frac{1}{2}\gamma H^2 K_p + 2cH\sqrt{K_p} \tag{7.14}$$

**例 7.1**　某挡土墙高 5m，墙背垂直、光滑，墙后填土为粉质粘土，其重度 $\gamma = 18\text{kN/m}^3$，内摩擦角 $\varphi = 20°$，内聚力 $c = 10\text{kPa}$，试求主动土压力及其作用点，并绘主动土压力分布图。

**解**　1）求主动土压力系数

$$K_a = \tan^2\left(45° - \frac{\varphi}{2}\right) = \tan^2\left(45° - \frac{20°}{2}\right) = 0.49$$

2）求临界深度

$$z_0 = \frac{2c}{\gamma\sqrt{K_a}} = \frac{2 \times 10.0}{18 \times 0.7}\text{m} = 1.59\text{m}$$

3）求墙底处的土压力强度

$$p_a = \gamma z K_a - 2c\sqrt{K_a} = (18 \times 5 \times 0.49 - 2 \times 10 \times 0.7)\text{kPa} = 30.1\text{kPa}$$

4）绘主动土压力分布图，如图 7.8 所示

5）主动土压力

$$E_a = \frac{1}{2} \times 30.1 \times (5 - 1.59)\text{kN/m} = 51.3\text{kN/m}$$

6）求主动土压力作用点到墙底的距离

$$\frac{H - z_0}{3} = \frac{5 - 1.59}{3}\text{m} = 1.14\text{m}$$

### 7.3.3 常见情况下土压力计算

在工程实际中,经常会遇到填土表面堆载,成层填土和填土中有地下水的情况。这些情况下的土压力计算原理和均质填土情况相似。填土表面下深 $z$ 处,主动土压力强度 $p_a$ 可用如下的通式表示

$$p_a = \sigma_v K_a - 2c\sqrt{K_a} \qquad (7.15)$$

式中  $\sigma_v$ ——填土表面下深 $z$ 处的竖向应力,kPa, $\sigma_v = \sigma_{cz} + q$;

$\sigma_{cz}$ ——填土表面下深 $z$ 处的竖向自重应力,kPa;

$q$ ——填土面连续均布荷载,kPa。

当墙后填土为不同种类的土层时,土压力应采用相应土层的强度指标 $c$,$\phi$ 计算。

当填土面上的均布荷载从墙背后某一距离开始时如图 7.9(a) 所示,这种情况下的土压力可按以下方法计算。自均布荷载起点 $O$ 作两条辅助线 $OD$ 和 $OE$,分别与水平面的夹角为土的内摩擦角 $\varphi$ 和破裂角 $\theta = 45° + \varphi/2$,$D$ 点以上的土压力不考虑均布荷载的影响,$E$ 点以下的土压力按均布荷载计算,$D$ 点和 $E$ 点间的土压力用直线连接。

当填土面上为局部均布荷载时如图 7.9(b) 所示,自均布荷载的两端点 $O$,$O_1$ 作两条辅助线 $OD$ 和 $O_1E$,与水平面的夹角均为土的破裂角 $\theta = 45° + \varphi/2$。$D$ 点和 $E$ 点间的土压力按均布荷载计算,$D$ 点以上及 $E$ 点以下的土压力计算都不考虑均布荷载的影响。

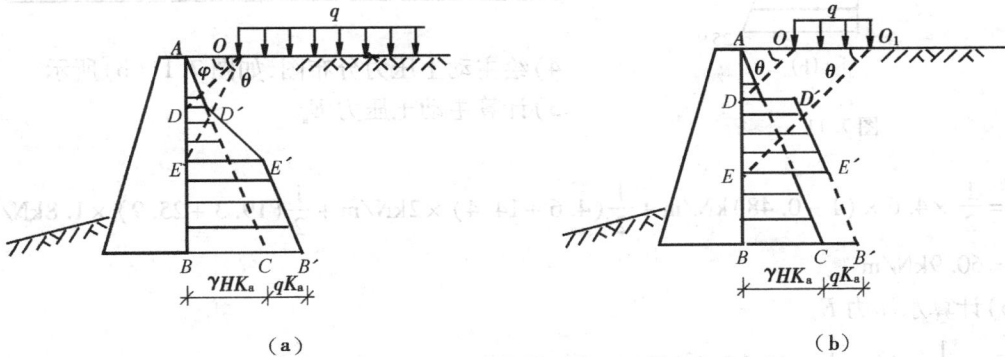

（a）　　　　　　　　　　　　　　（b）

图 7.9　填土面上有局部均布荷载土压力计算

当墙后填土中有地下水时如图 7.10 所示,挡土墙设计计算还应考虑静水压力的作用。水压力的大小为

$$E_w = \frac{1}{2}\gamma_w h_w^2 \qquad (7.16)$$

式中  $\gamma_w$ ——水的重度,kN/m³;

$h_w$ ——地下水面到墙底的距离,m。

静水压力的作用点到墙底的距离为 $h_w/3$。

例 7.2　某挡土墙高 4.5m,墙背垂直、光滑,墙后填土的种类及性质如图 7.11(a) 所示,①试求主动土压力;②绘主动土压力分布图;③计算作用于挡土墙上的侧向总压力。

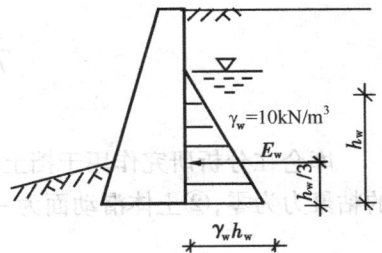

图 7.10　水压力

**解** 1)求主动土压力系数 $K_a$

$$K_{a1} = \tan^2\left(45° - \frac{\varphi_1}{2}\right) = \tan^2\left(45° - \frac{20°}{2}\right) = 0.49$$

$$K_{a2} = \tan^2\left(45° - \frac{\varphi_2}{2}\right) = \tan^2\left(45° - \frac{30°}{2}\right) = \frac{1}{3}$$

2)求临界深度 $z_0$

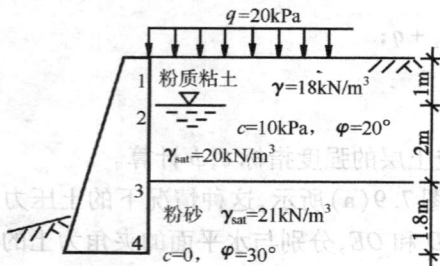

图（a）中标注：
q=20kPa
粉质粘土　$\gamma$=18kN/m³
c=10kPa，$\varphi$=20°
$\gamma_{sat}$=20kN/m³
粉砂　$\gamma_{sat}$=21kN/m³
c=0，$\varphi$=30°
1m 2m 1.8m
(a)

由 $p_a = (\gamma z_0 + q)K_a - 2c\sqrt{K_a} = 0$ 得

$$z_0 = \frac{2c_1}{\gamma_1\sqrt{K_{a1}}} - \frac{q}{\gamma_1} = \left(\frac{2 \times 10}{18 \times 0.7} - \frac{20}{18}\right)\text{m} = 0.48\text{m}$$

3)求主动土压力强度 $p_a$

主动土压力强度 $p_a$ 计算列于表7.2。

**表7.2　土压力强度计算表**

| 计算点 | $\sigma_{cz}$/kPa | $\sigma_v$/kPa | $K_a$ | $c$/kPa | $p_a$/kPa |
|---|---|---|---|---|---|
| 2 | 18.0 | 38.0 | 0.49 | 10.0 | 4.6 |
| 3上 | 38.0 | 58.0 | 0.49 | 10.0 | 14.4 |
| 3下 | 38.0 | 58.0 | 1/3 | 0.0 | 19.3 |
| 4 | 57.8 | 77.8 | 1/3 | 0.0 | 25.9 |

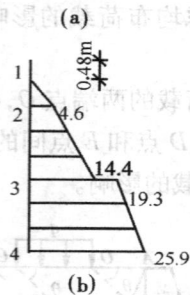

图中标注：0.48m，4.6，14.4，19.3，25.9
(b)

图7.11

4)绘主动土压力分布图,如图7.11(b)所示

5)计算主动土压力 $E_a$

$$E_a = \frac{1}{2} \times 4.6 \times (1 - 0.48)\text{kN/m} + \frac{1}{2}(4.6 + 14.4) \times 2\text{kN/m} + \frac{1}{2}(19.3 + 25.9) \times 1.8\text{kN/m}$$

$$= 60.9\text{kN/m}$$

6)计算水压力 $E_w$

$$E_w = \frac{1}{2}\gamma_w h_w^2 = \frac{1}{2} \times 10 \times 3.8^2\text{kN/m} = 72.2\text{kN/m}$$

7)计算作用于挡土墙上的侧向总压力 $E$

$$E = E_a + E_w = (60.9 + 72.2)\text{kN/m} = 133.1\text{kN/m}$$

# 7.4　库仑土压力理论

库仑在分析研究作用于挡土墙上的土压力时假定:①墙后填土为理想的散粒体材料,即土的粘聚力为零;②土体滑动面为一平面;③滑动土楔体为不变形的刚体。

## 7.4.1　主动土压力

挡土墙的计算属于平面问题,因此可沿挡土墙长度方向取单位长度进行分析,如图 7.12(a)所示。设墙背与竖向线的夹角为 $\varepsilon$,墙背与填土间的摩擦角为 $\delta$,填土表面与水平面的夹角为 $\beta$,填土的内摩擦角为 $\varphi$。在土压力作用下挡土墙向前位移或转动,当挡土墙位移或转动达到一定值时,在土体中产生一滑动面 $BC$。此时,土楔体处于极限平衡状态,并沿着墙背 $AB$ 和滑动面 $BC$ 向下滑动。作用于土楔体 $ABC$ 上的力有:

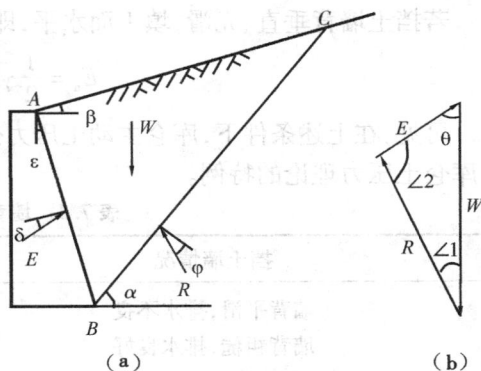

①土楔体的自重 $W$,它与滑动面的倾角 $\alpha$ 有关,方向向下;

②滑动面上的反力 $R$,其大小未知,方向与滑动面法线之间的夹角等于土的内摩擦角 $\varphi$;

图 7.12　库仑主动土压力理论

③墙背对滑动土楔体的反力 $E$,其与土压力 $E_a$ 大小相等,方向相反。其方向与墙背法线之间的夹角等于墙背与填土间的摩擦角 $\delta$。

土楔体在自重 $W$、滑动面反力 $R$ 和墙背反力 $E$ 的作用下处于静力平衡状态,所以 $W,R$ 和 $E$ 构成一闭合的力三角形,如图 7.12(b)所示。由正弦定理可得

$$E = W \frac{\sin \angle 1}{\sin \angle 2} \tag{7.17}$$

式中

$$\angle 1 = \alpha - \varphi$$
$$\angle 2 = 180° - \angle 1 - \theta$$
$$\theta = 90° - \varepsilon - \delta$$

土楔体的自重 $W$、力三角形内角 $\angle 1$ 和 $\angle 2$ 都是滑动面的倾角 $\alpha$ 的函数,可见 $E$ 随 $\alpha$ 的变化而变化。作用于挡土墙上的主动土压力 $E_a$ 对应于 $E$ 的极值。$E$ 的极值可用微分学求极值的方法求得,为此令

$$\frac{\mathrm{d}E}{\mathrm{d}\alpha} = 0$$

从而解得使 $E$ 取得极值时,填土的理论破裂角 $\alpha_{cr}$,将 $\alpha_{cr}$ 代入式(7.17)得主动土压力

$$E_a = \frac{1}{2} \gamma H^2 K_a \tag{7.18}$$

式中　$K_a$——主动土压力系数,可查表 7.4 或按式(7.19)确定;

$$K_a = \frac{\cos^2(\varphi - \varepsilon)}{\cos^2 \varepsilon \cos(\varepsilon + \delta)\left[1 + \sqrt{\dfrac{\sin(\varphi - \delta) \cdot \sin(\varphi - \beta)}{\cos(\varepsilon + \delta) \cdot \cos(\varepsilon - \beta)}}\right]^2} \tag{7.19}$$

$H$——挡土墙高度,m;

$\gamma$——填土的重度,kN/m³。

沿墙背主动土压力强度为

$$p_a = \frac{\mathrm{d}E_a}{\mathrm{d}z} = \gamma z K_a \tag{7.20}$$

可见,主动土压力强度沿墙高呈三角形分布,主动土压力作用点到墙底的距离为 $H/3$,方向与墙背法线的夹角为 $\delta$。

若挡土墙背垂直、光滑,填土面水平,即:$\varepsilon = \delta = \beta = 0$,式(7.17)可写为

$$E_a = \frac{1}{2}\gamma H^2 \tan^2\left(45° - \frac{\varphi}{2}\right)$$

可见,在上述条件下,库仑主动土压力公式和朗肯主动土压力公式相同,朗肯土压力理论是库仑土压力理论的特例。

表 7.3　墙背与填土间的摩擦角 δ

| 挡土墙情况 | 摩擦角 δ |
|---|---|
| 墙背平滑,排水不良 | $(0 \sim 0.33)\varphi_k$ |
| 墙背粗糙,排水良好 | $(0.33 \sim 0.5)\varphi_k$ |
| 墙背很粗糙,排水良好 | $(0.50 \sim 0.67)\varphi_k$ |
| 墙背与填土间不可能滑动 | $(0.67 \sim 1.0)\varphi_k$ |

注:$\varphi_k$ 为墙背填土的内摩擦角。

### 7.4.2　被动土压力

当挡土墙在外力的作用下,挤压填土,使挡土墙的位移或转角达到一定数值时,墙后填土将产生一滑动面 $BC$,并沿着滑动面和墙背向上滑动。分析滑动土楔体 $ABC$ 的极限平衡条件,用类似于研究主动土压力的方法,可得如图 7.13 所示挡土墙上的被动土压力库仑公式。

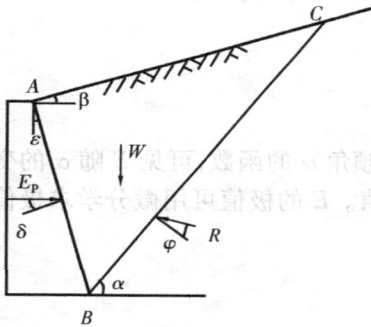

图 7.13　库仑被动土压力理论

$$E_p = \frac{1}{2}\gamma H^2 K_p \qquad (7.21)$$

式中　$K_p$——被动土压力系数。

可按式(7.22)确定。

$$K_p = \frac{\cos^2(\varphi + \varepsilon)}{\cos^2\varepsilon\cos(\varepsilon - \delta)\left[1 - \sqrt{\dfrac{\sin(\varphi + \delta) \cdot \sin(\varphi + \beta)}{\cos(\varepsilon - \delta) \cdot \cos(\varepsilon - \beta)}}\right]^2} \qquad (7.22)$$

其他符号同前。

沿墙背被动土压力强度 $p_p$ 为

$$p_p = \frac{dE_p}{dz} = \gamma z K_p \qquad (7.23)$$

可见,被动土压力强度沿墙高呈三角形分布,被动土压力作用点到墙底的距离为 $H/3$,方向与墙背法线的夹角为 δ。

若挡土墙背垂直、光滑,填土面水平,即 $\varepsilon = \delta = \beta = 0$,式(7.21)可写为

$$E_p = \frac{1}{2}\gamma H^2 \tan^2\left(45° + \frac{\varphi}{2}\right)$$

可见在上述条件下,库仑被动土压力公式也与朗肯被动土压力公式相同。

**例 7.3**　某挡土墙高 $H = 4.5\text{m}$,墙背倾角 $\varepsilon = 10°$,填土面倾角 $\beta = 20°$,填土重度 $\gamma = 18.5\text{kN/m}^3$,$\varphi = 25°$,$c = 0$,填土与墙背的摩擦角 $\delta = 10°$,试按库仑理论求主动土压力 $E_a$ 及其作用点。

**解**　1)求主动土压力系数

表 7.4　主动土压力系数 $K_a$　　　$\delta = 0°$

| ε | β ＼φ | 15° | 20° | 25° | 30° | 35° | 40° | 45° | 50° |
|---|---|---|---|---|---|---|---|---|---|
| 0° | 0° | 0.589 | 0.490 | 0.406 | 0.333 | 0.271 | 0.217 | 0.172 | 0.132 |
| | 5° | 0.635 | 0.524 | 0.431 | 0.352 | 0.284 | 0.227 | 0.178 | 0.137 |
| | 10° | 0.704 | 0.569 | 0.462 | 0.374 | 0.300 | 0.238 | 0.186 | 0.142 |
| | 15° | 0.933 | 0.639 | 0.505 | 0.402 | 0.319 | 0.251 | 0.194 | 0.147 |
| | 20° | | 0.883 | 0.573 | 0.441 | 0.344 | 0.267 | 0.204 | 0.154 |
| | 25° | | | 0.821 | 0.505 | 0.379 | 0.288 | 0.217 | 0.162 |
| | 30° | | | | 0.750 | 0.436 | 0.318 | 0.235 | 0.172 |
| | 35° | | | | | 0.671 | 0.369 | 0.260 | 0.186 |
| | 40° | | | | | | 0.587 | 0.303 | 0.206 |
| | 45° | | | | | | | 0.500 | 0.242 |
| | 50° | | | | | | | | 0.413 |
| 10° | 0° | 0.652 | 0.560 | 0.478 | 0.407 | 0.343 | 0.288 | 0.238 | 0.194 |
| | 5° | 0.705 | 0.601 | 0.510 | 0.431 | 0.362 | 0.302 | 0.249 | 0.202 |
| | 10° | 0.784 | 0.655 | 0.550 | 0.461 | 0.384 | 0.318 | 0.261 | 0.211 |
| | 15° | 1.039 | 0.737 | 0.603 | 0.498 | 0.411 | 0.337 | 0.274 | 0.221 |
| | 20° | | 1.015 | 0.685 | 0.548 | 0.444 | 0.360 | 0.291 | 0.231 |
| | 25° | | | 0.977 | 0.628 | 0.491 | 0.391 | 0.311 | 0.245 |
| | 30° | | | | 0.925 | 0.566 | 0.433 | 0.337 | 0.262 |
| | 35° | | | | | 0.860 | 0.502 | 0.374 | 0.284 |
| | 40° | | | | | | 0.785 | 0.437 | 0.316 |
| | 45° | | | | | | | 0.703 | 0.371 |
| | 50° | | | | | | | | 0.614 |
| 20° | 0° | 0.736 | 0.648 | 0.569 | 0.498 | 0.434 | 0.375 | 0.322 | 0.274 |
| | 5° | 0.801 | 0.700 | 0.611 | 0.532 | 0.461 | 0.397 | 0.340 | 0.288 |
| | 10° | 0.896 | 0.768 | 0.663 | 0.572 | 0.492 | 0.421 | 0.358 | 0.302 |
| | 15° | 1.196 | 0.868 | 0.730 | 0.621 | 0.529 | 0.450 | 0.380 | 0.318 |
| | 20° | | 1.205 | 0.834 | 0.688 | 0.576 | 0.484 | 0.405 | 0.337 |
| | 25° | | | 1.196 | 0.791 | 0.639 | 0.527 | 0.435 | 0.358 |
| | 30° | | | | 1.169 | 0.740 | 0.586 | 0.474 | 0.385 |
| | 35° | | | | | 1.124 | 0.683 | 0.529 | 0.420 |
| | 40° | | | | | | 1.064 | 0.620 | 0.469 |
| | 45° | | | | | | | 0.990 | 0.552 |
| | 50° | | | | | | | | 0.904 |
| -10° | 0° | 0.540 | 0.433 | 0.344 | 0.270 | 0.209 | 0.158 | 0.117 | 0.083 |
| | 5° | 0.581 | 0.461 | 0.364 | 0.284 | 0.218 | 0.164 | 0.120 | 0.085 |
| | 10° | 0.644 | 0.500 | 0.389 | 0.301 | 0.229 | 0.171 | 0.125 | 0.088 |
| | 15° | 0.860 | 0.562 | 0.425 | 0.322 | 0.243 | 0.180 | 0.130 | 0.090 |
| | 20° | | 0.785 | 0.482 | 0.353 | 0.261 | 0.190 | 0.136 | 0.094 |
| | 25° | | | 0.703 | 0.405 | 0.287 | 0.205 | 0.144 | 0.098 |
| | 30° | | | | 0.614 | 0.331 | 0.226 | 0.155 | 0.104 |
| | 35° | | | | | 0.523 | 0.263 | 0.171 | 0.111 |
| | 40° | | | | | | 0.433 | 0.200 | 0.123 |
| | 45° | | | | | | | 0.344 | 0.145 |
| | 50° | | | | | | | | 0.262 |
| -20° | 0° | 0.497 | 0.380 | 0.287 | 0.212 | 0.153 | 0.106 | 0.070 | 0.043 |
| | 5° | 0.535 | 0.405 | 0.302 | 0.222 | 0.159 | 0.110 | 0.072 | 0.044 |
| | 10° | 0.595 | 0.439 | 0.323 | 0.234 | 0.166 | 0.114 | 0.074 | 0.045 |
| | 15° | 0.809 | 0.494 | 0.352 | 0.250 | 0.175 | 0.119 | 0.076 | 0.046 |
| | 20° | | 0.707 | 0.401 | 0.274 | 0.188 | 0.125 | 0.080 | 0.047 |
| | 25° | | | 0.603 | 0.316 | 0.206 | 0.134 | 0.084 | 0.049 |
| | 30° | | | | 0.498 | 0.239 | 0.147 | 0.090 | 0.051 |
| | 35° | | | | | 0.396 | 0.172 | 0.099 | 0.055 |
| | 40° | | | | | | 0.301 | 0.116 | 0.060 |
| | 45° | | | | | | | 0.125 | 0.071 |
| | 50° | | | | | | | | 0.041 |

续表

| ε | β＼φ | 15° | 20° | 25° | 30° | 35° | 40° | 45° | 50° |
|---|---|---|---|---|---|---|---|---|---|
| 0° | 0° | 0.556 | 0.465 | 0.387 | 0.319 | 0.260 | 0.210 | 0.166 | 0.129 |
|  | 5° | 0.605 | 0.500 | 0.412 | 0.337 | 0.274 | 0.219 | 0.173 | 0.133 |
|  | 10° | 0.680 | 0.547 | 0.444 | 0.360 | 0.289 | 0.230 | 0.180 | 0.138 |
|  | 15° | 0.937 | 0.620 | 0.488 | 0.388 | 0.308 | 0.243 | 0.189 | 0.144 |
|  | 20° |  | 0.886 | 0.558 | 0.428 | 0.333 | 0.259 | 0.199 | 0.150 |
|  | 25° |  |  | 0.825 | 0.493 | 0.369 | 0.280 | 0.212 | 0.158 |
|  | 30° |  |  |  | 0.753 | 0.428 | 0.311 | 0.229 | 0.168 |
|  | 35° |  |  |  |  | 0.674 | 0.363 | 0.255 | 0.182 |
|  | 40° |  |  |  |  |  | 0.589 | 0.299 | 0.202 |
|  | 45° |  |  |  |  |  |  | 0.502 | 0.388 |
|  | 50° |  |  |  |  |  |  |  | 0.415 |
| 10° | 0° | 0.622 | 0.536 | 0.460 | 0.393 | 0.333 | 0.280 | 0.233 | 0.191 |
|  | 5° | 0.680 | 0.579 | 0.493 | 0.418 | 0.352 | 0.294 | 0.243 | 0.199 |
|  | 10° | 0.767 | 0.636 | 0.534 | 0.448 | 0.374 | 0.311 | 0.255 | 0.207 |
|  | 15° | 1.060 | 0.725 | 0.589 | 0.486 | 0.401 | 0.330 | 0.269 | 0.217 |
|  | 20° |  | 1.035 | 0.676 | 0.538 | 0.436 | 0.354 | 0.286 | 0.228 |
|  | 25° |  |  | 0.996 | 0.622 | 0.484 | 0.385 | 0.306 | 0.242 |
|  | 30° |  |  |  | 0.943 | 0.563 | 0.428 | 0.333 | 0.259 |
|  | 35° |  |  |  |  | 0.877 | 0.500 | 0.371 | 0.281 |
|  | 40° |  |  |  |  |  | 0.801 | 0.436 | 0.314 |
|  | 45° |  |  |  |  |  |  | 0.716 | 0.371 |
|  | 50° |  |  |  |  |  |  |  | 0.626 |
| 20° | 0° | 0.709 | 0.627 | 0.553 | 0.485 | 0.424 | 0.368 | 0.318 | 0.271 |
|  | 5° | 0.781 | 0.682 | 0.597 | 0.520 | 0.452 | 0.391 | 0.335 | 0.285 |
|  | 10° | 0.887 | 0.755 | 0.650 | 0.562 | 0.484 | 0.416 | 0.355 | 0.300 |
|  | 15° | 1.240 | 0.866 | 0.723 | 0.614 | 0.523 | 0.445 | 0.376 | 0.316 |
|  | 20° |  | 1.250 | 0.835 | 0.684 | 0.571 | 0.480 | 0.402 | 0.335 |
|  | 25° |  |  | 1.240 | 0.794 | 0.639 | 0.525 | 0.434 | 0.357 |
|  | 30° |  |  |  | 1.212 | 0.746 | 0.587 | 0.474 | 0.385 |
|  | 35° |  |  |  |  | 1.166 | 0.689 | 0.532 | 0.421 |
|  | 40° |  |  |  |  |  | 1.103 | 0.627 | 0.472 |
|  | 45° |  |  |  |  |  |  | 1.026 | 0.559 |
|  | 50° |  |  |  |  |  |  |  | 0.937 |
| −10° | 0° | 0.503 | 0.406 | 0.324 | 0.256 | 0.199 | 0.151 | 0.112 | 0.080 |
|  | 5° | 0.546 | 0.434 | 0.344 | 0.269 | 0.208 | 0.157 | 0.116 | 0.082 |
|  | 10° | 0.612 | 0.474 | 0.369 | 0.286 | 0.219 | 0.164 | 0.120 | 0.085 |
|  | 15° | 0.850 | 0.537 | 0.405 | 0.308 | 0.232 | 0.172 | 0.125 | 0.087 |
|  | 20° |  | 0.776 | 0.463 | 0.339 | 0.250 | 0.183 | 0.131 | 0.091 |
|  | 25° |  |  | 0.695 | 0.390 | 0.276 | 0.197 | 0.139 | 0.095 |
|  | 30° |  |  |  | 0.607 | 0.321 | 0.218 | 0.149 | 0.100 |
|  | 35° |  |  |  |  | 0.518 | 0.255 | 0.166 | 0.108 |
|  | 40° |  |  |  |  |  | 0.428 | 0.195 | 0.120 |
|  | 45° |  |  |  |  |  |  | 0.341 | 0.141 |
|  | 50° |  |  |  |  |  |  |  | 0.259 |
| −20° | 0° | 0.457 | 0.352 | 0.267 | 0.199 | 0.144 | 0.101 | 0.067 | 0.041 |
|  | 5° | 0.496 | 0.376 | 0.282 | 0.208 | 0.150 | 0.104 | 0.068 | 0.042 |
|  | 10° | 0.557 | 0.410 | 0.302 | 0.220 | 0.157 | 0.108 | 0.070 | 0.043 |
|  | 15° | 0.787 | 0.466 | 0.331 | 0.236 | 0.165 | 0.112 | 0.073 | 0.044 |
|  | 20° |  | 0.688 | 0.380 | 0.259 | 0.178 | 0.119 | 0.076 | 0.045 |
|  | 25° |  |  | 0.586 | 0.300 | 0.196 | 0.127 | 0.080 | 0.047 |
|  | 30° |  |  |  | 0.484 | 0.228 | 0.140 | 0.085 | 0.049 |
|  | 35° |  |  |  |  | 0.386 | 0.165 | 0.094 | 0.052 |
|  | 40° |  |  |  |  |  | 0.293 | 0.111 | 0.058 |
|  | 45° |  |  |  |  |  |  | 0.209 | 0.068 |
|  | 50° |  |  |  |  |  |  |  | 0.137 |

δ = 10°　　　　　　　　　　　　　　　　　　　　　　　　　　　　　续表

| ε | β＼φ | 15° | 20° | 25° | 30° | 35° | 40° | 45° | 50° |
|---|---|---|---|---|---|---|---|---|---|
| 0° | 0° | 0.533 | 0.447 | 0.373 | 0.309 | 0.253 | 0.204 | 0.163 | 0.127 |
| | 5° | 0.585 | 0.483 | 0.398 | 0.327 | 0.266 | 0.214 | 0.169 | 0.131 |
| | 10° | 0.664 | 0.531 | 0.431 | 0.350 | 0.282 | 0.225 | 0.177 | 0.136 |
| | 15° | 0.974 | 0.609 | 0.476 | 0.379 | 0.301 | 0.238 | 0.185 | 0.141 |
| | 20° | | 0.897 | 0.549 | 0.420 | 0.326 | 0.254 | 0.195 | 0.148 |
| | 25° | | | 0.834 | 0.487 | 0.363 | 0.275 | 0.209 | 0.156 |
| | 30° | | | | 0.762 | 0.423 | 0.306 | 0.226 | 0.166 |
| | 35° | | | | | 0.681 | 0.359 | 0.252 | 0.180 |
| | 40° | | | | | | 0.596 | 0.297 | 0.201 |
| | 45° | | | | | | | 0.508 | 0.238 |
| | 50° | | | | | | | | 0.420 |
| 10° | 0° | 0.603 | 0.520 | 0.448 | 0.384 | 0.326 | 0.275 | 0.230 | 0.189 |
| | 5° | 0.665 | 0.566 | 0.482 | 0.409 | 0.346 | 0.290 | 0.240 | 0.197 |
| | 10° | 0.759 | 0.626 | 0.524 | 0.440 | 0.369 | 0.307 | 0.253 | 0.206 |
| | 15° | 1.089 | 0.721 | 0.582 | 0.480 | 0.396 | 0.326 | 0.267 | 0.216 |
| | 20° | | 1.064 | 0.674 | 0.534 | 0.432 | 0.351 | 0.284 | 0.227 |
| | 25° | | | 0.024 | 0.622 | 0.482 | 0.382 | 0.304 | 0.241 |
| | 30° | | | | 0.969 | 0.564 | 0.427 | 0.332 | 0.258 |
| | 35° | | | | | 0.901 | 0.503 | 0.371 | 0.281 |
| | 40° | | | | | | 0.823 | 0.438 | 0.315 |
| | 45° | | | | | | | 0.736 | 0.374 |
| | 50° | | | | | | | | 0.644 |
| 20° | 0° | 0.695 | 0.605 | 0.543 | 0.478 | 0.419 | 0.365 | 0.316 | 0.271 |
| | 5° | 0.773 | 0.674 | 0.589 | 0.515 | 0.448 | 0.388 | 0.334 | 0.285 |
| | 10° | 0.890 | 0.752 | 0.646 | 0.558 | 0.482 | 0.414 | 0.354 | 0.300 |
| | 15° | 1.298 | 0.872 | 0.723 | 0.613 | 0.522 | 0.444 | 0.377 | 0.317 |
| | 20° | | 1.308 | 0.844 | 0.687 | 0.573 | 0.481 | 0.403 | 0.337 |
| | 25° | | | 1.298 | 0.806 | 0.643 | 0.528 | 0.436 | 0.360 |
| | 30° | | | | 1.268 | 0.758 | 0.594 | 0.478 | 0.388 |
| | 35° | | | | | 1.220 | 0.702 | 0.539 | 0.426 |
| | 40° | | | | | | 1.155 | 0.640 | 0.480 |
| | 45° | | | | | | | 1.074 | 0.572 |
| | 50° | | | | | | | | 0.981 |
| −10° | 0° | 0.477 | 0.385 | 0.309 | 0.245 | 0.191 | 0.146 | 0.109 | 0.078 |
| | 5° | 0.521 | 0.414 | 0.329 | 0.258 | 0.200 | 0.152 | 0.112 | 0.080 |
| | 10° | 0.590 | 0.455 | 0.354 | 0.275 | 0.211 | 0.159 | 0.116 | 0.082 |
| | 15° | 0.847 | 0.520 | 0.390 | 0.297 | 0.224 | 0.167 | 0.121 | 0.085 |
| | 20° | | 0.773 | 0.450 | 0.328 | 0.242 | 0.177 | 0.127 | 0.088 |
| | 25° | | | 0.692 | 0.380 | 0.268 | 0.191 | 0.135 | 0.093 |
| | 30° | | | | 0.605 | 0.313 | 0.212 | 0.146 | 0.098 |
| | 35° | | | | | 0.516 | 0.249 | 0.162 | 0.106 |
| | 40° | | | | | | 0.426 | 0.191 | 0.117 |
| | 45° | | | | | | | 0.339 | 0.139 |
| | 50° | | | | | | | | 0.258 |
| −20° | 0° | 0.427 | 0.330 | 0.252 | 0.188 | 0.137 | 0.096 | 0.064 | 0.039 |
| | 5° | 0.466 | 0.354 | 0.267 | 0.197 | 0.143 | 0.099 | 0.066 | 0.040 |
| | 10° | 0.529 | 0.388 | 0.286 | 0.209 | 0.149 | 0.103 | 0.068 | 0.041 |
| | 15° | 0.772 | 0.445 | 0.315 | 0.225 | 0.158 | 0.108 | 0.070 | 0.042 |
| | 20° | | 0.675 | 0.364 | 0.248 | 0.170 | 0.114 | 0.073 | 0.044 |
| | 25° | | | 0.575 | 0.288 | 0.188 | 0.122 | 0.077 | 0.045 |
| | 30° | | | | 0.475 | 0.220 | 0.135 | 0.082 | 0.047 |
| | 35° | | | | | 0.378 | 0.159 | 0.091 | 0.051 |
| | 40° | | | | | | 0.288 | 0.108 | 0.056 |
| | 45° | | | | | | | 0.205 | 0.066 |
| | 50° | | | | | | | | 0.135 |

续表 $\qquad$ $\delta = 15°$

| $\varepsilon$ | $\beta$ ╲ $\varphi$ | 15° | 20° | 25° | 30° | 35° | 40° | 45° | 50° |
|---|---|---|---|---|---|---|---|---|---|
| 0° | 0° | 0.518 | 0.434 | 0.363 | 0.301 | 0.248 | 0.201 | 0.160 | 0.125 |
| | 5° | 0.571 | 0.471 | 0.389 | 0.320 | 0.261 | 0.211 | 0.167 | 0.130 |
| | 10° | 0.656 | 0.522 | 0.423 | 0.343 | 0.277 | 0.222 | 0.174 | 0.135 |
| | 15° | 0.966 | 0.603 | 0.470 | 0.373 | 0.297 | 0.235 | 0.183 | 0.140 |
| | 20° | | 0.914 | 0.546 | 0.415 | 0.323 | 0.251 | 0.194 | 0.147 |
| | 25° | | | 0.850 | 0.485 | 0.360 | 0.273 | 0.207 | 0.155 |
| | 30° | | | | 0.777 | 0.422 | 0.305 | 0.225 | 0.165 |
| | 35° | | | | | 0.695 | 0.359 | 0.251 | 0.179 |
| | 40° | | | | | | 0.608 | 0.298 | 0.200 |
| | 45° | | | | | | | 0.518 | 0.238 |
| | 50° | | | | | | | | 0.428 |
| 10° | 0° | 0.592 | 0.511 | 0.441 | 0.378 | 0.323 | 0.273 | 0.228 | 0.189 |
| | 5° | 0.658 | 0.559 | 0.476 | 0.405 | 0.343 | 0.288 | 0.240 | 0.197 |
| | 10° | 0.760 | 0.623 | 0.520 | 0.437 | 0.366 | 0.305 | 0.252 | 0.206 |
| | 15° | 1.129 | 0.723 | 0.581 | 0.478 | 0.395 | 0.325 | 0.267 | 0.216 |
| | 20° | | 1.103 | 0.679 | 0.535 | 0.432 | 0.351 | 0.284 | 0.228 |
| | 25° | | | 0.062 | 0.628 | 0.484 | 0.383 | 0.305 | 0.242 |
| | 30° | | | | 0.005 | 0.571 | 0.430 | 0.334 | 0.260 |
| | 35° | | | | | 0.935 | 0.509 | 0.375 | 0.284 |
| | 40° | | | | | | 0.853 | 0.445 | 0.319 |
| | 45° | | | | | | | 0.763 | 0.380 |
| | 50° | | | | | | | | 0.668 |
| 20° | 0° | 0.690 | 0.611 | 0.540 | 0.476 | 0.419 | 0.366 | 0.317 | 0.273 |
| | 5° | 0.774 | 0.673 | 0.588 | 0.514 | 0.449 | 0.389 | 0.336 | 0.287 |
| | 10° | 0.904 | 0.757 | 0.649 | 0.560 | 0.484 | 0.416 | 0.357 | 0.303 |
| | 15° | 1.372 | 0.889 | 0.731 | 0.618 | 0.526 | 0.448 | 0.380 | 0.321 |
| | 20° | | 1.383 | 0.862 | 0.697 | 0.579 | 0.486 | 0.408 | 0.341 |
| | 25° | | | 1.372 | 0.825 | 0.655 | 0.536 | 0.442 | 0.365 |
| | 30° | | | | 1.341 | 0.778 | 0.606 | 0.487 | 0.395 |
| | 35° | | | | | 1.290 | 0.722 | 0.551 | 0.435 |
| | 40° | | | | | | 1.221 | 0.659 | 0.492 |
| | 45° | | | | | | | 0.136 | 0.590 |
| | 50° | | | | | | | | 0.037 |
| −10° | 0° | 0.458 | 0.371 | 0.298 | 0.237 | 0.186 | 0.142 | 0.106 | 0.076 |
| | 5° | 0.503 | 0.400 | 0.318 | 0.251 | 0.195 | 0.148 | 0.110 | 0.078 |
| | 10° | 0.576 | 0.442 | 0.344 | 0.267 | 0.205 | 0.155 | 0.114 | 0.081 |
| | 15° | 0.850 | 0.509 | 0.380 | 0.289 | 0.219 | 0.163 | 0.119 | 0.084 |
| | 20° | | 0.776 | 0.441 | 0.320 | 0.237 | 0.174 | 0.125 | 0.087 |
| | 25° | | | 0.695 | 0.374 | 0.263 | 0.188 | 0.133 | 0.091 |
| | 30° | | | | 0.607 | 0.308 | 0.209 | 0.143 | 0.097 |
| | 35° | | | | | 0.518 | 0.246 | 0.159 | 0.104 |
| | 40° | | | | | | 0.428 | 0.189 | 0.116 |
| | 45° | | | | | | | 0.341 | 0.137 |
| | 50° | | | | | | | | 0.259 |
| −20° | 0° | 0.405 | 0.314 | 0.240 | 0.180 | 0.132 | 0.093 | 0.062 | 0.038 |
| | 5° | 0.445 | 0.338 | 0.255 | 0.189 | 0.137 | 0.096 | 0.064 | 0.039 |
| | 10° | 0.509 | 0.372 | 0.275 | 0.201 | 0.144 | 0.100 | 0.066 | 0.040 |
| | 15° | 0.763 | 0.429 | 0.303 | 0.216 | 0.152 | 0.104 | 0.068 | 0.041 |
| | 20° | | 0.667 | 0.352 | 0.239 | 0.164 | 0.110 | 0.071 | 0.042 |
| | 25° | | | 0.568 | 0.280 | 0.182 | 0.119 | 0.075 | 0.044 |
| | 30° | | | | 0.470 | 0.214 | 0.131 | 0.080 | 0.046 |
| | 35° | | | | | 0.374 | 0.155 | 0.089 | 0.049 |
| | 40° | | | | | | 0.284 | 0.105 | 0.055 |
| | 45° | | | | | | | 0.203 | 0.065 |
| | 50° | | | | | | | | 0.133 |

$\delta = 20°$　　　　　　　　　　　　　　　　　　　续表

| ε | β＼φ | 15° | 20° | 25° | 30° | 35° | 40° | 45° | 50° |
|---|---|---|---|---|---|---|---|---|---|
| 0° | 0° | | | 0.357 | 0.297 | 0.245 | 0.199 | 0.160 | 0.125 |
| | 5° | | | 0.384 | 0.317 | 0.259 | 0.209 | 0.166 | 0.130 |
| | 10° | | | 0.419 | 0.340 | 0.275 | 0.220 | 0.174 | 0.135 |
| | 15° | | | 0.467 | 0.371 | 0.295 | 0.234 | 0.183 | 0.140 |
| | 20° | | | 0.547 | 0.414 | 0.322 | 0.251 | 0.193 | 0.147 |
| | 25° | | | 0.874 | 0.487 | 0.360 | 0.273 | 0.207 | 0.155 |
| | 30° | | | | 0.798 | 0.425 | 0.306 | 0.225 | 0.166 |
| | 35° | | | | | 0.714 | 0.362 | 0.252 | 0.180 |
| | 40° | | | | | | 0.625 | 0.300 | 0.202 |
| | 45° | | | | | | | 0.532 | 0.241 |
| | 50° | | | | | | | | 0.440 |
| 10° | 0° | | | 0.438 | 0.377 | 0.322 | 0.273 | 0.229 | 0.190 |
| | 5° | | | 0.475 | 0.404 | 0.343 | 0.289 | 0.241 | 0.198 |
| | 10° | | | 0.521 | 0.438 | 0.367 | 0.306 | 0.254 | 0.208 |
| | 15° | | | 0.586 | 0.480 | 0.397 | 0.328 | 0.269 | 0.218 |
| | 20° | | | 0.690 | 0.540 | 0.436 | 0.354 | 0.286 | 0.230 |
| | 25° | | | 1.111 | 0.639 | 0.490 | 0.388 | 0.309 | 0.245 |
| | 30° | | | | 1.051 | 0.582 | 0.437 | 0.338 | 0.264 |
| | 35° | | | | | 0.978 | 0.520 | 0.381 | 0.288 |
| | 40° | | | | | | 0.893 | 0.456 | 0.325 |
| | 45° | | | | | | | 0.799 | 0.389 |
| | 50° | | | | | | | | 0.699 |
| 20° | 0° | | | 0.543 | 0.479 | 0.422 | 0.370 | 0.321 | 0.277 |
| | 5° | | | 0.594 | 0.520 | 0.454 | 0.395 | 0.341 | 0.292 |
| | 10° | | | 0.659 | 0.568 | 0.490 | 0.423 | 0.363 | 0.309 |
| | 15° | | | 0.747 | 0.629 | 0.535 | 0.456 | 0.387 | 0.327 |
| | 20° | | | 0.891 | 0.715 | 0.592 | 0.496 | 0.417 | 0.349 |
| | 25° | | | 1.467 | 0.854 | 0.673 | 0.549 | 0.453 | 0.374 |
| | 30° | | | | 1.434 | 0.807 | 0.624 | 0.501 | 0.406 |
| | 35° | | | | | 1.379 | 0.750 | 0.569 | 0.448 |
| | 40° | | | | | | 1.305 | 0.685 | 0.509 |
| | 45° | | | | | | | 1.214 | 0.615 |
| | 50° | | | | | | | | 1.109 |
| −10° | 0° | | | 0.291 | 0.232 | 0.182 | 0.140 | 0.105 | 0.076 |
| | 5° | | | 0.311 | 0.245 | 0.191 | 0.146 | 0.108 | 0.078 |
| | 10° | | | 0.337 | 0.262 | 0.202 | 0.153 | 0.113 | 0.080 |
| | 15° | | | 0.374 | 0.284 | 0.215 | 0.161 | 0.117 | 0.083 |
| | 20° | | | 0.437 | 0.316 | 0.233 | 0.171 | 0.124 | 0.086 |
| | 25° | | | 0.703 | 0.371 | 0.260 | 0.186 | 0.131 | 0.090 |
| | 30° | | | | 0.614 | 0.306 | 0.207 | 0.142 | 0.096 |
| | 35° | | | | | 0.524 | 0.245 | 0.158 | 0.103 |
| | 40° | | | | | | 0.433 | 0.188 | 0.115 |
| | 45° | | | | | | | 0.344 | 0.137 |
| | 50° | | | | | | | | 0.262 |
| −20° | 0° | | | 0.231 | 0.174 | 0.128 | 0.090 | 0.061 | 0.038 |
| | 5° | | | 0.246 | 0.183 | 0.133 | 0.094 | 0.062 | 0.038 |
| | 10° | | | 0.266 | 0.195 | 0.140 | 0.097 | 0.064 | 0.039 |
| | 15° | | | 0.294 | 0.210 | 0.148 | 0.102 | 0.067 | 0.040 |
| | 20° | | | 0.344 | 0.233 | 0.160 | 0.108 | 0.069 | 0.042 |
| | 25° | | | 0.566 | 0.274 | 0.178 | 0.116 | 0.073 | 0.043 |
| | 30° | | | | 0.468 | 0.210 | 0.129 | 0.079 | 0.045 |
| | 35° | | | | | 0.373 | 0.153 | 0.087 | 0.049 |
| | 40° | | | | | | 0.283 | 0.104 | 0.054 |
| | 45° | | | | | | | 0.202 | 0.064 |
| | 50° | | | | | | | | 0.133 |

续表　　　　　　　　　　　　$\delta = 25°$

| ε | β＼φ | 15° | 20° | 25° | 30° | 35° | 40° | 45° | 50° |
|---|---|---|---|---|---|---|---|---|---|
| 0° | 0° | | | | 0.296 | 0.245 | 0.199 | 0.160 | 0.126 |
| | 5° | | | | 0.316 | 0.259 | 0.209 | 0.167 | 0.130 |
| | 10° | | | | 0.340 | 0.275 | 0.221 | 0.175 | 0.136 |
| | 15° | | | | 0.372 | 0.296 | 0.235 | 0.184 | 0.141 |
| | 20° | | | | 0.417 | 0.324 | 0.252 | 0.195 | 0.148 |
| | 25° | | | | 0.494 | 0.363 | 0.275 | 0.209 | 0.157 |
| | 30° | | | | 0.828 | 0.432 | 0.309 | 0.228 | 0.168 |
| | 35° | | | | | 0.741 | 0.368 | 0.256 | 0.183 |
| | 40° | | | | | | 0.647 | 0.306 | 0.205 |
| | 45° | | | | | | | 0.552 | 0.246 |
| | 50° | | | | | | | | 0.456 |
| 10° | 0° | | | | 0.379 | 0.325 | 0.276 | 0.232 | 0.193 |
| | 5° | | | | 0.408 | 0.346 | 0.292 | 0.244 | 0.201 |
| | 10° | | | | 0.443 | 0.371 | 0.311 | 0.258 | 0.211 |
| | 15° | | | | 0.488 | 0.403 | 0.333 | 0.273 | 0.222 |
| | 20° | | | | 0.551 | 0.443 | 0.360 | 0.292 | 0.235 |
| | 25° | | | | 0.658 | 0.502 | 0.396 | 0.315 | 0.250 |
| | 30° | | | | 1.112 | 0.600 | 0.448 | 0.346 | 0.270 |
| | 35° | | | | | 1.034 | 0.537 | 0.392 | 0.295 |
| | 40° | | | | | | 0.944 | 0.471 | 0.335 |
| | 45° | | | | | | | 0.845 | 0.403 |
| | 50° | | | | | | | | 0.739 |
| 20° | 0° | | | | 0.488 | 0.430 | 0.377 | 0.329 | 0.284 |
| | 5° | | | | 0.530 | 0.463 | 0.403 | 0.349 | 0.300 |
| | 10° | | | | 0.528 | 0.502 | 0.433 | 0.372 | 0.318 |
| | 15° | | | | 0.648 | 0.550 | 0.469 | 0.399 | 0.337 |
| | 20° | | | | 0.740 | 0.612 | 0.512 | 0.430 | 0.360 |
| | 25° | | | | 0.894 | 0.699 | 0.569 | 0.469 | 0.387 |
| | 30° | | | | 1.553 | 0.846 | 0.650 | 0.520 | 0.421 |
| | 35° | | | | | 1.494 | 0.788 | 0.594 | 0.466 |
| | 40° | | | | | | 1.414 | 0.721 | 0.532 |
| | 45° | | | | | | | 1.316 | 0.647 |
| | 50° | | | | | | | | 1.201 |
| −10° | 0° | | | | 0.228 | 0.180 | 0.139 | 0.104 | 0.075 |
| | 5° | | | | 0.242 | 0.189 | 0.145 | 0.108 | 0.028 |
| | 10° | | | | 0.259 | 0.200 | 0.151 | 0.112 | 0.080 |
| | 15° | | | | 0.281 | 0.213 | 0.160 | 0.117 | 0.083 |
| | 20° | | | | 0.314 | 0.232 | 0.170 | 0.123 | 0.086 |
| | 25° | | | | 0.371 | 0.259 | 0.185 | 0.131 | 0.090 |
| | 30° | | | | 0.620 | 0.307 | 0.207 | 0.142 | 0.096 |
| | 35° | | | | | 0.534 | 0.246 | 0.159 | 0.104 |
| | 40° | | | | | | 0.441 | 0.189 | 0.116 |
| | 45° | | | | | | | 0.351 | 0.138 |
| | 50° | | | | | | | | 0.267 |
| −20° | 0° | | | | 0.170 | 0.125 | 0.089 | 0.060 | 0.037 |
| | 5° | | | | 0.179 | 0.131 | 0.092 | 0.061 | 0.038 |
| | 10° | | | | 0.191 | 0.137 | 0.096 | 0.063 | 0.039 |
| | 15° | | | | 0.206 | 0.146 | 0.100 | 0.066 | 0.040 |
| | 20° | | | | 0.229 | 0.157 | 0.106 | 0.069 | 0.041 |
| | 25° | | | | 0.270 | 0.175 | 0.114 | 0.072 | 0.043 |
| | 30° | | | | 0.470 | 0.207 | 0.127 | 0.078 | 0.045 |
| | 35° | | | | | 0.374 | 0.151 | 0.086 | 0.048 |
| | 40° | | | | | | 0.284 | 0.103 | 0.053 |
| | 45° | | | | | | | 0.203 | 0.064 |
| | 50° | | | | | | | | 0.133 |

由式(7.19)计算或查表 7.4 得　　$K_a = 0.674$。

2)求主动土压力 $E_a$

$$E_a = \frac{1}{2}\gamma H^2 K_a = \frac{1}{2} \times 18.5 \times 4.5^2 \times 0.674 = 126.2$$

3)求主动土压力 $E_a$ 作用点

$$h_a = \frac{H}{3} = \frac{4.5}{3} = 1.5\text{m}$$

### 7.4.3　库尔曼图解法

库尔曼图解法是以库仑土压力理论为基础的一种土压力图解方法。库尔曼图解法可以考虑填土面有超载以及填土面不规则的情况。

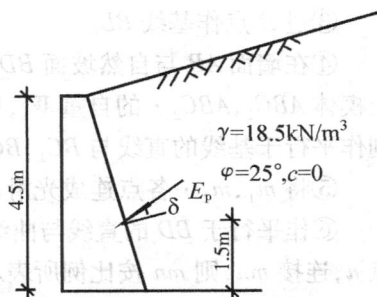
图 7.14

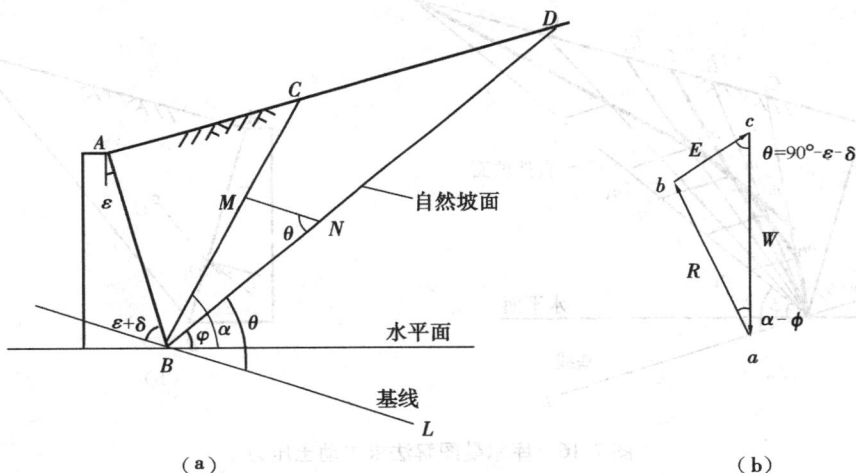

（a）　　　　　　　　　　　　　　　　（b）

图 7.15　库尔曼图解法原理

如图 7.15 所示，$BD$ 与水平面的夹角为土的内摩擦角 $\varphi$，称为自然坡面。$BC$ 是任意选定的破坏面，与水平面的夹角为 $\alpha$。$BL$ 称为基线，与自然坡面的夹角为 $\theta = 90° - \varepsilon - \delta$。作直线 $MN$ 平行于基线 $BL$，所得三角形 $BMN$ 与力三角形 $abc$ 相似。于是有

$$\frac{E}{W} = \frac{MN}{BN} \tag{7.24}$$

若 $BN$ 以某一比例尺表示滑动土楔体 $ABC$ 的自重 $W$，则 $MN$ 将按同样的比例代表相应的土压力 $E$。

为了求得主动土压力 $E_a$，可在墙面 $AB$ 与自然坡面 $BD$ 之间假定若干个不同的滑动面 $BC_1, BC_2, \cdots$，如图 7.16(a)所示，按上述方法求相应于 $M$ 的各点 $m_1, m_2, \cdots$，将 $m_1, m_2\cdots$各点连成光滑的曲线，平行于 $BD$ 作曲线的切线，过切点 $m$ 作平行于 $BL$ 的直线 $mn$，则 $mn$ 代表主动土压力 $E_a$ 的大小。

库尔曼图解法求主动土压力的具体步骤如下：

①按比例绘挡土墙和填土剖面土。

②过 $B$ 点作自然坡面 $BD$。

③过 $B$ 点作基线 $BL$。

④在墙面 $AB$ 与自然坡面 $BD$ 之间假定若干个不同的滑动面 $BC_1$，$BC_2$…，分别求得各滑动土楔体 $ABC_1$，$ABC_2$…的自重 $W_1$，$W_2$…，按适当的比例尺作 $Bn_1 = W_1$，$Bn_2 = W_2$…，过 $n_1$，$n_2$…分别作平行于基线的直线与 $BC_1$，$BC_2$…交于点 $m_1$，$m_2$…；

⑤将 $m_1$，$m_2$…各点连成光滑的曲线；

⑥作平行于 $BD$ 的直线与曲线相切，切点为 $m$，过点 $m$ 作平行于基线的直线交自然坡面于点 $n$，连接 $mn$，则 $mn$ 按比例所表示的大小即为主动土压力；

⑦连接 $Bm$ 并延长交于填土面于 $C$ 点，则 $BC$ 面即为所求的真正滑动面。

土压力的作用点可按以下方法近似确定。如图 7.16(b)所示，过滑动土楔体 $ABC$ 的形心 $O$ 作平行滑动面 $BC$ 的直线交墙背于 $O_1$ 点，$O_1$ 点就是土压力作用点。

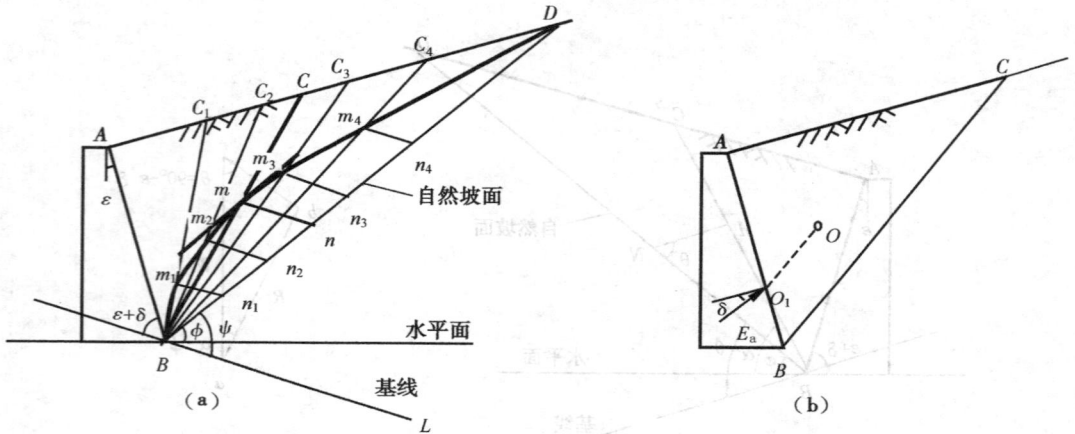

图 7.16 库尔曼图解法求主动土压力

当填土面有地表超载时，只须在假定的滑动土楔体自重中加上相应的地表超载即可。

库尔曼图解法求被动土压力的原理和方法与求主动土压力相似，由读者自己完成。

### 7.4.4 土压力计算讨论

朗肯土压力理论和库仑土压力理论是两种经典的土压力理论。他们分别根据不同的假设，用不同的分析方法建立了土压力计算公式。只有在特殊情况下，两种土压力理论计算结果才相同。

朗肯土压力理论根据墙后填土中的应力状态导得土压力计算公式，土体极限平衡条件的概念比较明确，公式简单。墙后填土不论是粘性土还是无粘性土都适用，还适用于分层填土、填土中有地下水和地表有超载的情况。但要求墙背垂直应用范围受到限制，假定墙背光滑，忽略了墙与填土之间的摩擦作用，使计算的主动土压力偏大，而被动土压力偏小。

库仑土压力理论根据墙后土楔体的静力平衡条件导得土压力计算公式，考虑了墙与填土之间的摩擦作用，并适用于墙背倾斜和填土面倾斜的情况。库仑理论假定滑动面为一平面，实际上滑动面常是曲面。只有当墙背倾角不大，墙与填土之间的摩擦角较小时，才接近平面。由实验和实测资料可知，由此引起的主动土压力误差约 2% ~ 10%，可以认为能满足工程要求的精度;被动土压力误差则更大,有时可比实测值大2~3倍。

库仑土压力理论假定墙后填土为无粘性土,因此库仑土压力理论不能直接用于粘性土的土压力计算。当墙后填土为粘性土时,可采用"等值内摩擦角法 $\phi_c$"或《建筑地基基础设计规范》推荐公式计算挡土墙上的土压力。详细情况见有关挡土墙设计手册或参考书。

由于影响土压力的因素很多,如挡土墙的位移、墙背粗糙程度、墙背倾角、填土面的坡度和填土性质等因素,所以挡土墙上土压力的实际分布是很复杂的。有关土压力更多的知识,请参阅相关的资料。

# 7.5  挡土结构设计

挡土墙设计的主要内容有挡土墙墙型选择、填土类型选择、作用于挡土墙上的力系分析、挡土墙验算、墙身结构设计、防水排水设计和施工图绘制等。在上述内容中,地基承载力和变形验算按浅基础有关计算方法进行;墙身结构设计根据墙身材料类型分别按砌体结构或混凝土结构的有关计算方法进行,这里不再重述。

## 7.5.1  挡土墙的类型

挡土墙按结构形式可分为重力式挡土墙、悬臂式挡土墙、扶壁式挡土墙、锚杆式挡土墙、土钉墙和板桩墙等。

重力式挡土墙可由砖、石材料砌筑,也可由毛石混凝土浇筑而成。它依靠自身的重力来抵抗土压力,维持自身的稳定性。重力式挡土墙结构简单,施工方便,可就地取材,因而得到了广泛的应用。

悬臂式挡土墙一般用钢筋混凝土建造。墙的稳定主要依靠墙后底板以上土体的重量来维持,墙体内的拉应力由钢筋承担。其优点是可以充分利用钢筋混凝土的受力特点,墙体截面尺寸较小,结构轻巧。当墙较高时,墙体竖壁内的弯曲内力和位移都比较大。为了提高竖壁刚度和抵抗弯曲内力的能力,常沿墙体纵向每隔一定距离设置一道扶壁,构成扶壁式挡土墙,扶壁间距约为墙高的0.8~1.0倍。悬臂式挡土墙和扶壁式挡土墙广泛应用于市政工程以及厂矿储库中。

锚杆式挡土墙由钢筋混凝土墙板和设置于土体或岩体中的锚杆组成。锚杆将挡土墙所受的土压力传递到稳定的土体或岩体中去,从而维持挡土墙的稳定。

土钉墙也是由钢筋混凝土墙板和设置于土体中的锚杆组成,与锚杆式挡土墙不同的是锚杆整段灌浆,锚杆和滑动土体作为一个整体共同工作。近年来我国在深基坑支护中应用较多。

锚定板挡土墙由钢筋混凝土墙板、钢拉杆和锚定板连接而成,然后在墙板和锚定板间填土。作用于墙板上的土压力通过拉杆由锚定板上的土压力平衡。

板桩墙由支护桩和挡土面板组成,常用作深基坑开挖的临时支护。为了提高桩体的稳定性、减小桩向基坑中的位移以及桩体最大弯矩,常在桩体上设置支撑或土体锚杆。

## 7.5.2  填土选择

挡土墙后的回填土料应尽量选择粗粒土,如砂土、砾石、碎石等,这类土的土压力小,抗剪

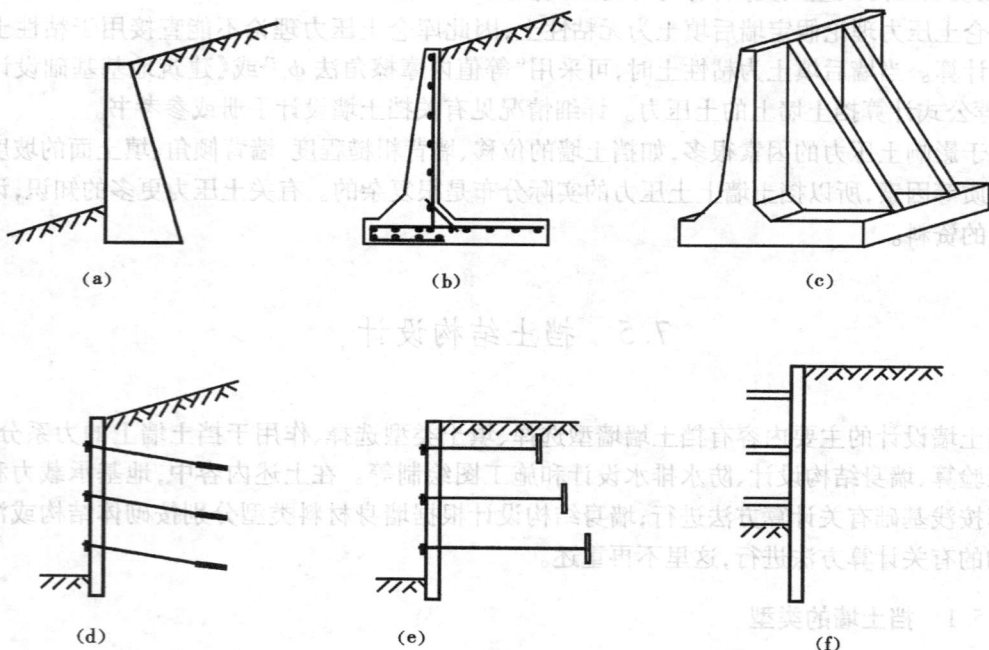

图 7.17 挡土墙类型
(a)重力式挡土墙　(b)悬臂式挡土墙　(c)扶壁式挡土墙
(d)锚杆式挡土墙　(e)锚定板式挡土墙　(f)板桩墙

强度比较稳定,易于排水。当现场不易获得上述土料时,也可使用塑性指数较小的粘性土。但耕植土、淤泥、膨胀性粘土、冻土块和含大量腐殖质的土不能作为回填土。填土应分层压实。

### 7.5.3　作用于挡土墙上的力系分析

作用于挡土墙上的力有挡土墙自重、土压力、水压力和基底反力,如图 7.18 所示。

挡土墙自重 $G$。重力式挡土墙的自重由墙体材料重量组成,方向向下并通过墙体截面重心。悬臂式或扶壁式挡土墙自重,除墙体材料重量外,还包括墙体底板以上土体的重量。

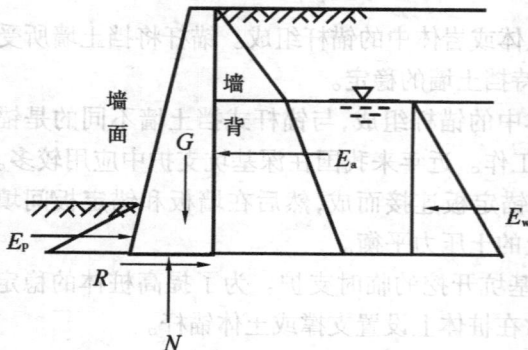

图 7.18　作用于挡土墙上的力系

土压力是作用于挡土墙上的主要荷载。应根据墙体截面特征和填土性质,确定土压力计算方法。墙背上的土压力按主动土压力计算,墙面土压力可按被动土压力计算。当墙底埋深较小时,可忽略墙面土压力的作用;当墙底埋深较大时,可考虑墙面土压力的有利作用。由于墙的位移量很小,通常墙面土压力达不到被动土压力,所以计算得到的被动土压力应乘一折减系数。

当填土为无粘性土时,主动土压力系数 $k_a$ 可按库仑土压力理论确定。当支挡结构满足朗肯条件时,主动土压力系数可按朗肯土压力理论确定。粘性土或粉土的主动土压力也可按图解求解。

规范推荐边坡工程主动土压力计算公式为:

$$E_a = \Psi_c \frac{1}{2} r h^2 k_a \qquad (7.25)$$

式中　$\Psi_c$——主动土压力增大系数,土坡高度小于 5m 时取 1.0;高度为 5~8m 时取 1.1;高度大于 8m 时取 1.2。

当墙前后有地下水时,应考虑水压力的影响。水压力主要指静水压力。当有渗流时,还应考虑动水压力的影响。

墙底反力由墙体自重、土压力和水压力引起,可分解为墙底的法向反力 $N$ 和切向反力 $R$。

除上述四种常见荷载外,有时挡土墙也可能受到地表超载、振动、地震荷载等作用。对这些情况,设计时也应认真考虑。

### 7.5.4　挡土墙验算

挡土墙验算包括挡土墙的稳定性验算、地基承载力验算和变形验算。这里仅介绍稳定性验算。挡土墙的稳定性验算主要是指抗滑移验算和抗倾覆验算,必要时尚需用圆弧法验算地基深层滑动问题,方法见第 8 章土坡稳定分析。

**(1)抗滑移验算**

如图 7.19 所示,挡土墙在墙背主动土压力的作用下可能沿着墙底向墙前产生滑移。沿着墙底的阻滑力 $R$ 与沿着墙底的滑动力 $T$ 之比,称为抗滑移稳定安全系数 $K_s$。为了保证挡土墙的抗滑移稳定性,要求抗滑移稳定安全系数 $K_s \geq 1.3$,即

$$K_s = \frac{R}{T} \geq 1.3 \qquad (7.26)$$

式中　$T$——滑动力,等于主动土压力 $E_a$ 和墙体自重 $G$ 沿墙底的切向分力之和,$T = E_{at} - G_t$,kN/m;

$R$——阻滑力,$R = N \cdot \mu$,kN/m;

$N$——墙底法向反力,数值上等于主动土压力 $E_a$ 和墙体自重 $G$ 沿墙底的法向分力之和,$N = G_n + E_{an}$,kN/m;

$\mu$——土对墙底的摩擦系数,见表 7.5。

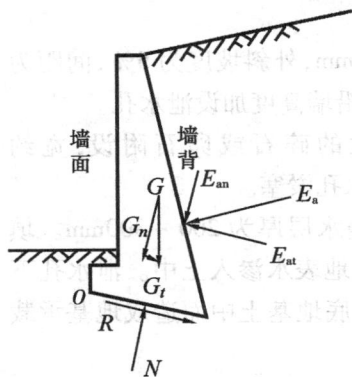

图 7.19　挡土墙抗滑移验算　　　　图 7.20　挡土墙抗倾覆验算

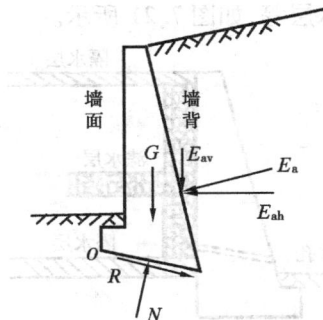

**（2）抗倾覆验算**

如图 7.20 所示，挡土墙在墙背主动土压力的作用下可能绕着墙趾 $O$ 产生向墙前转动而倾覆。关于墙趾 $O$ 的抗倾覆力矩 $M_r$ 与倾覆力矩 $M_t$ 之比，称为抗倾覆稳定安全系数 $K_t$。为了保证挡土墙的抗倾覆稳定性，要求抗倾覆稳定安全系数 $K_t \geq 1.5$，即

**表 7.5　土对墙底的摩擦系数 $\mu$**

| 土的类别 | | 摩擦系数 $\mu$ |
|---|---|---|
| 粘性土 | 可塑 | 0.25 ~ 0.30 |
| | 硬塑 | 0.30 ~ 0.35 |
| | 坚硬 | 0.35 ~ 0.45 |
| 粉土 | | 0.30 ~ 0.40 |
| 中砂、粗砂、砾砂 | | 0.40 ~ 0.50 |
| 碎石土 | | 0.40 ~ 0.60 |
| 软质岩石 | | 0.40 ~ 0.60 |
| 表面粗糙的硬质岩石 | | 0.65 ~ 0.75 |

$$K_t = \frac{M_r}{M_t} \geq 1.6 \tag{7.27}$$

式中　$M_r$——抗倾覆力矩，等于主动土压力 $E_a$ 的竖向分力 $E_{av}$ 和墙体自重 $G$ 对墙趾 $O$ 的力矩之和，kN·m；

　　　$M_t$——倾覆力矩，等于主动土压力 $E_a$ 的水平分力 $E_{ah}$ 对墙趾 $O$ 的力矩，kN·m。

### 7.5.5　防水排水设计

填土的含水量增加，会使土的重度增大，强度指标降低，造成墙背上主动土压力增加，并可能产生水压力，危及挡土墙的稳定性。调查表明没有采取防水排水措施或防水排水措施失效，常是引起挡土墙失稳的主要原因，因此做好防水排水措施是很必要的。防水排水措施包括在墙体内设置泄水孔，墙后设置滤水层，地表设置截水沟和排水沟，在填土面和泄水孔下设置粘土隔水层等，如图 7.21 所示。

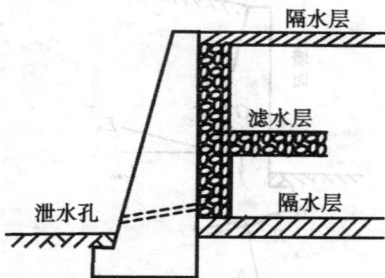

图 7.21　挡土墙排水防水设计

泄水孔直径不宜小于 100mm，外斜坡度为 5%，间距为 2 ~ 3m，当挡土墙较高时，尚应沿墙高度加设泄水孔。

墙后滤水层用透水性大的碎石或卵石附设，宽约 500mm，以利于排水和防止泄水孔淤塞。

填土面和泄水孔下粘土隔水层厚为 200 ~ 300mm。填土面粘土隔水层可防止或减少地表水渗入土中。泄水孔下粘土隔水层可以防止水渗入墙底地基土中而造成地基承载力和挡土墙抗滑移能力降低。

截水沟和排水沟可以汇集外围地表径流，集中排泄，防

止外围地表径流渗入填土中。

**例 7.4** 已知某挡土墙高 $H = 6.0\text{m}$，用毛石砌筑，墙体材料重度 $\gamma_C = 22.0\text{kN/m}^3$，墙背垂直、光滑。填土面水平，填土重度 $\gamma = 18\text{kN/m}^3$，内摩擦角 $\varphi = 40°$，内聚力 $C = 0$，墙底摩擦系数 $\mu = 0.54$，试对该墙进行稳定性验算。

**解** 1）计算主动土压力 $E_a$

$$E_a = \frac{1}{2}\gamma H^2 \tan^2\left(45° - \frac{\varphi}{2}\right) =$$

$$\frac{1}{2} \times 18 \times 6^2 \tan^2\left(45° - \frac{40°}{2}\right)\text{kN/m} = 70.4\text{kN/m}$$

2）求挡土墙自重 $G$ 及重心 $a$

将挡土墙划分为一个三角形和两个矩形，如图 7.21 所示。即

$$G_1 = 2.2 \times 0.4 \times 22\text{kN/m} = 19.4\text{kN/m}$$

$$G_2 = \frac{1}{2} \times 1.2 \times 5.6 \times 22\text{kN/m} = 73.9\text{kN/m}$$

$$G_3 = 5.6 \times 0.8 \times 22\text{kN/m} = 98.6\text{kN/m}$$

$$a_1 = \frac{2.2}{2}\text{m} = 1.1\text{m}$$

$$a_2 = \left(0.2 + \frac{2}{3} \times 1.2\right)\text{m} = 1\text{m}$$

$$a_3 = \left(0.2 + 1.2 + \frac{0.8}{2}\right)\text{m} = 1.8\text{m}$$

3）抗滑移验算

$$T = E_a = 70.4\text{kN/m}$$

$$N = G_1 + G_2 + G_3 = 191.9\text{kN/m}$$

$$R = N \cdot \mu = 191.9 \times 0.54\text{kN/m} = 103.6\text{kN/m}$$

$$K_s = \frac{R}{T} = \frac{103.6}{70.4} = 1.47 > 1.3$$

4）抗倾覆验算

$$M_r = G_1 a_1 + G_2 a_2 + G_3 a_3 = (19.4 \times 1.1 + 73.9 \times 1 + 98.6 \times 1.8)\text{kN} \cdot \text{m/m} = 272.7\text{kN} \cdot \text{m/m}$$

$$M_t = \frac{H}{3}E_a = 2 \times 70.4\text{kN} \cdot \text{m/m} = 140.8\text{kN} \cdot \text{m/m}$$

$$K_t = \frac{M_r}{M_t} = \frac{272.7}{140.8} = 1.94 > 1.5$$

该挡土墙满足抗滑移和抗倾覆要求。

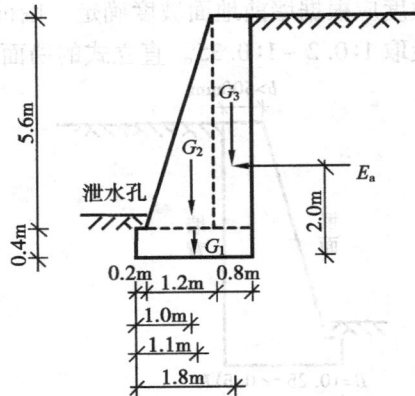

图 7.22

### 7.5.6 重力式挡土墙的构造

重力式挡土墙按墙背倾角不同可分为仰斜式、直立式和俯斜式三种，如图 7.23 所示。作用于墙背上的土压力，以仰斜式最小，俯斜式最大。仰斜式挡土墙常用于挖方贴坡，直立式和俯斜式挡土墙常用于填方护坡。

重力式挡土墙墙顶宽度 $b$ 为毛石或砖砌体时，不宜小于 500mm；为混凝土结构时，最小厚

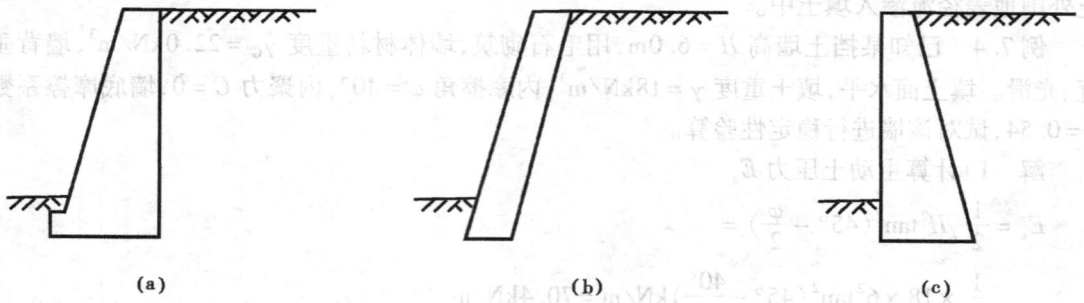

图 7.23 重力式挡土墙类型

(a)直立式 (b)仰斜式 (c)俯斜式

度可为 200~400mm。墙底宽度 $B$ 为浆砌毛石砌体时,可按公式 $B = 0.25H + b$ 计算;其余可按经验公式 $B = (0.25 ~ 0.5)H$ 估算,一般可取 $B = 0.5H$。墙背坡度由地质地形条件及墙体稳定性确定。仰斜式挡土墙墙背坡度不宜缓于 $1:0.25$,以方便施工,且墙面宜与墙背平行。墙面坡度应根据墙前地面坡度确定。墙前地面坡度较陡时墙面坡度取 $1:0.05 ~ 1:0.2$,在平缓地段取 $1:0.2 ~ 1:0.35$。直立式的墙面坡度不宜缓于 $1:0.4$,以减少墙体材料。

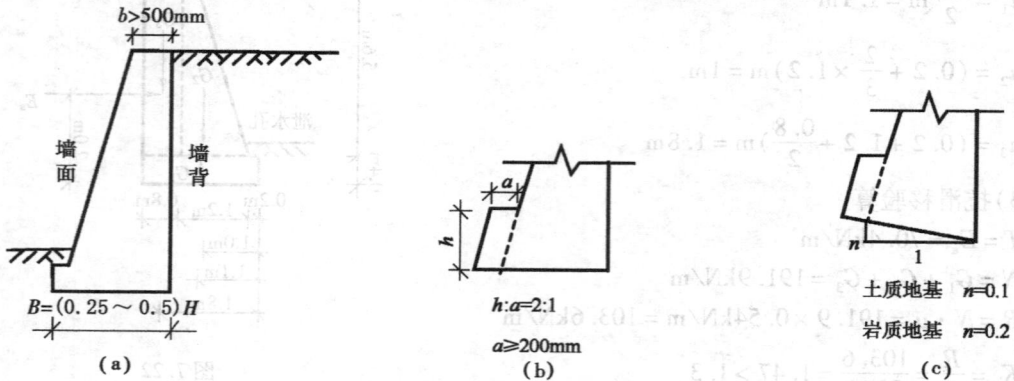

图 7.24 重力式挡土墙的构造

(a)墙顶底宽度 (b)墙趾台阶 (c)墙底逆坡

基底埋深不小于 1.0m。为了提高墙的抗滑移能力,基底可做成逆坡。对土质地基,逆坡坡度不大于 $0.1:1$,岩质地基不大于 $0.2:1$。为了提高墙的抗倾覆能力,减小基底压力,可加墙趾台阶。墙趾台阶的高宽比 $h:a$ 可取为 $2:1$,墙趾宽度不小于 200mm。

# 思 考 题

7.1 影响土压力的因素有哪些,有什么影响?

7.2 何谓静止土压力? 何谓主动土压力? 何谓被动土压力? 它们间有何关系?

7.3 朗肯土压力理论适用于什么情况? 有何优缺点?

7.4 库仑土压力理论适用于什么情况? 有何优缺点?

7.5　简述挡土墙设计内容。

7.6　常用挡土墙的结构类型有哪几种?

7.7　挡土墙的稳定验算包括哪些内容,可采取哪些措施来提高挡土墙的稳定性?

# 习　题

7.1　某挡土墙高 $H=5$m,墙背垂直、光滑,填土面水平,填土重度 $\gamma=18$kN/m$^3$,内聚力 $c=10$kPa,内摩擦角 $\varphi=25°$。①作主动土压力分布图;②求主动土压力的大小和作用点。

7.2　某挡土墙高 $H=4$m,墙背垂直、光滑,填土面水平,分层填土,填土性质如习题7.2图所示。①作主动土压力分布图;②求主动土压力的大小。

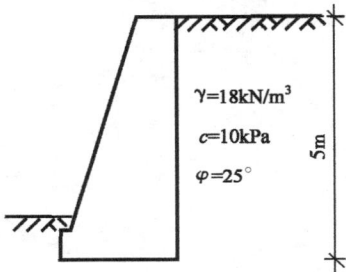

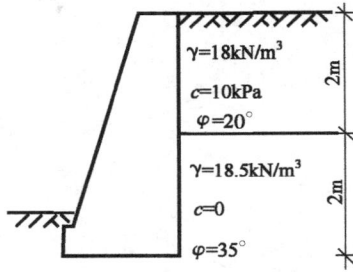

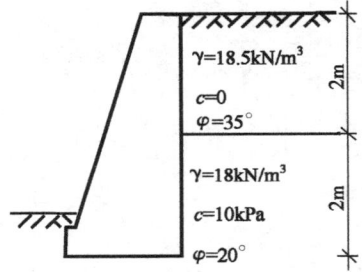

习题 7.1 图　　　　　　　　　习题 7.2 图　　　　　　　　　习题 7.3 图

7.3　某挡土墙高 $H=4$m,墙背垂直、光滑,填土面水平,分层填土,填土性质如习题7.3图所示。①作主动土压力分布图;②求主动土压力的大小;③与题7.2比较说明填土顺序对主动土压力的影响。

7.4　某挡土墙高 $H=6$m,墙背垂直、光滑,填土面水平,填土性质如习题7.4图所示。①作主动土压力分布图;②求主动土压力的大小;③求水压力。

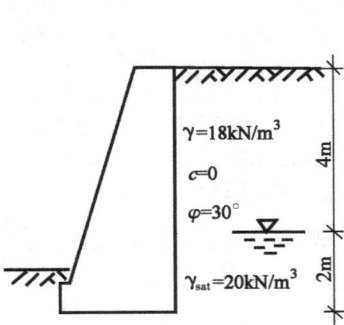

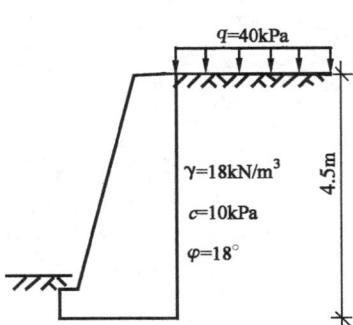

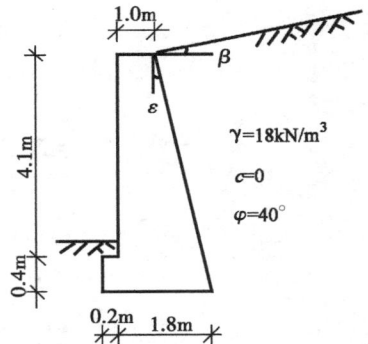

习题 7.4 图　　　　　　　　　习题 7.5 图　　　　　　　　　习题 7.6 图

7.5　如习题7.5图所示,某挡土墙高 $H=4.2$m,墙背垂直、光滑,填土面水平,填土重度 $\gamma=18$kN/m$^3$,内聚力 $c=10$kPa,内摩擦角 $\varphi=18°$,填土面超载 $q=40$kPa。①作主动土压力分布图;②求主动土压力的大小。

7.6　如习题7.6图所示,某挡土墙高 $H=4.5$m,墙背倾角 $\varepsilon=10°$,墙背与土的摩擦角

$\delta = 20°$，填土面倾角 $\beta = 15°$，填土重度 $\gamma = 18\text{kN/m}^3$，内聚力 $c = 0$，内摩擦角 $\varphi = 40°$，求主动土压力的大小和作用点。

7.7 其他条件同题 7.6，墙身材料重度 $\gamma_G = 22\text{kN/m}^3$，墙底摩擦系数 $\mu = 0.52$，试验算该挡土墙的稳定性。

# 第8章 土坡稳定性分析

## 8.1 土坡稳定性分析的工程意义

在土建工程中经常会遇到土坡稳定性问题,如果处理不当,土坡失稳产生滑动,不仅影响工程进展,甚至危及人的生命安全和造成工程事故。因此,研究土坡的稳定性有重要的实际意义。

由于地质作用而自然形成的山坡、江河岸坡等称为天然土坡;由人工填筑或开挖而形成的土坡称为人工土坡,如在天然土体中开挖基坑、基槽、路堑、渠道以及填筑路堤、坝等所形成的土坡。

土坡丧失稳定系指土坡在一定范围内整体地沿某一滑动面向下和向外移动而丧失其稳定性,一般也称为滑坡。引起土坡发生滑动的根本原因是由于滑动面上滑动力增加和土的抗滑力的降低所致。

1)土中剪应力的增加。例如,在坡顶上堆载或修造建筑物使坡顶荷载增加;或由于打桩、车辆行驶、爆破、地震等振动改变了原来的平衡状态;降水使土体的重度增加;渗透引起的动水压力及裂隙中的静水压力等。

2)土的抗剪强度的降低。例如,气候变化在土体内部引起的干裂或冻融、雨水渗入的浸润作用,或因振动使土的结构破坏或孔隙水压力升高等都会使土的抗剪强度降低。

土坡稳定分析的目的在于,验算所拟定的土坡是否稳定、合理,或根据给定的土坡高度、土的性质等已知条件设计出合理的土坡断面,或对自然土坡进行稳定性分析以评价安全性。

土坡稳定分析是一个比较复杂的问题,本章主要介绍简单土坡的稳定分析方法。所谓简单土坡是指土坡的坡度不变,顶面和底面都是水平的,且土质均匀,无地下水。图8.1表示简单土坡及各部位名称。

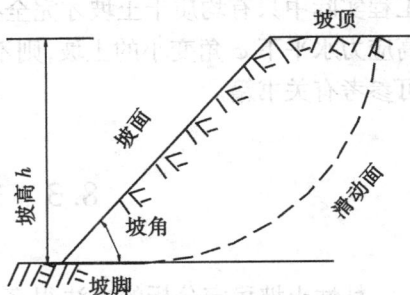

图8.1 简单土坡各部位名称

## 8.2　无粘性土土坡稳定性分析

图 8.2 所示是坡角为 $\beta$ 的无粘性土坡。由于无粘性土颗粒间没有粘聚力,只有摩擦力,因此,只要坡面不滑动,土坡就可以保持稳定状态。

设在土坡表面上任取一颗粒 $M$,如图 8.2 所示,其自重为 $W$,砂土的内摩擦角为 $\varphi$。将土颗粒自重 $W$ 分解为与坡面垂直和平行的法向分力和切向分力:

$$N = W\cos\beta$$
$$T = W\sin\beta$$

显然,切向分力将使土粒 $M$ 下滑,是滑动力。而阻止土粒下滑的抗滑力则是法向分力 $N$ 产生的摩擦力 $T'$

$$T' = N\tan\varphi = W\cos\beta\tan\varphi$$

抗滑力与滑动力之比称为土坡稳定安全系数,用 $K$ 表示,即

$$K = \frac{T'}{T} = \frac{W\cos\beta\tan\varphi}{W\sin\beta} = \frac{\tan\varphi}{\tan\beta} \qquad (8.1)$$

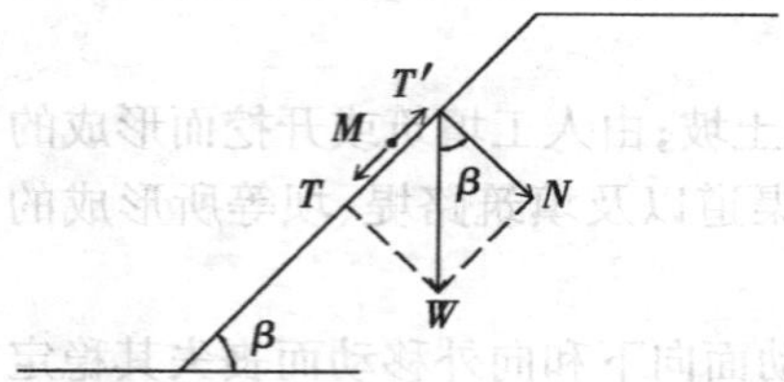

由上式可知,当坡角 $\beta$ 与土的内摩擦角相等时,土坡稳定安全系数 $K=1$。此时,抗滑力等于滑动力,土坡处于极限平衡状态。由此可见,土坡稳定的极限坡角等于土的内摩擦角 $\varphi$,称为自然休止角。从式(8.1)还可以看出,无粘性土坡的稳定性只与坡角 $\beta$ 有关,而与坡高 $H$ 无关,只要

图 8.2　无粘性土坡稳定性分析

$\beta < \varphi(K > 1)$,土坡就是稳定的。为了保证土坡具有足够的安全储备,可取 $K = 1.1 \sim 1.5$。

上述分析只适用于无粘性土坡的最简单情况。即只有重力作用,且土的内摩擦角是常数。工程实际中只有均质干土坡才完全符合上述条件。对有渗透水流的土坡、部分浸水土坡以及高应力水平下 $\varphi$ 角变小的土坡,则不完全符合上述条件。这些情况下的无粘性土坡稳定分析可参考有关书籍。

## 8.3　粘性土土坡稳定性分析

粘性土坡稳定分析的方法很多,目前工程中常用的有:瑞典圆弧法[彼德森(Pettorson),1915]、条分法[费伦纽斯(Fellenius),1927;毕肖普(Bishop),1955]、稳定数法[泰勒(Taylor),1937]等。

### 8.3.1　瑞典圆弧法

均质粘性土坡发生滑坡,其滑动面的空间形状常为一曲面,为了简化计算,在进行理论分析时通常假设为圆柱曲面,其剖面为一圆弧,简称滑弧。图 8.3 即为一简单粘性土坡,$AC$ 为假定的一个圆弧,$O$ 点为其圆心,半径为 $R$。滑动土体 $ABC$ 可视为刚体,在自重 $W$ 作用下,将绕

圆心 $O$ 沿 $AC$ 弧转动下滑，其下滑力矩 $M_S = W \cdot d$；而阻止其下滑的抗滑力矩 $M_R$ 是整个滑弧上总抗剪强度与转动半径 $R$ 的乘积，即 $M_R = \tau_f L_{AC} \cdot R$。总抗滑力矩与总滑动力矩之比为土坡稳定安全系数 $K$，即

$$K = \frac{M_R}{M_S} = \frac{\tau_f L_{AC} R}{Wd} \qquad (8.2)$$

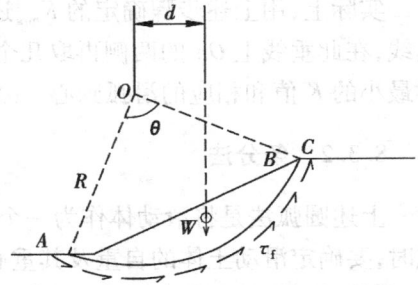

图 8.3　圆弧法计算图式

式中　$\tau_f$——滑动面上土的抗剪强度；

$\quad\quad L_{AC}$——滑动面 $AC$ 弧长；

$\quad\quad W$——滑动土体自重；

$\quad\quad d$——滑动土体重心到滑弧中心 $O$ 的水平距离。

由于滑动面 $AC$ 是任意假定的，因而所选的滑弧就不一定是最危险滑弧。为此，可先假定多个不同的滑弧，按上述方法通过试算分析求出相应的 $K$ 值，其中最小值即为该土坡的稳定安全系数。

为了减轻试算工作，费伦纽斯通过大量试算，结果指出，当 $\varphi = 0$ 时，最危险滑弧通过坡脚，其圆心 $O$ 位于图 8.4(a)$AE$ 与 $BE$ 的交点。图中 $\alpha$ 值可根据坡角 $\beta$ 由表 8.1 查得。对 $\varphi > 0$ 的土，最危险滑弧圆心位置如图 8.4(b)所示，先按 $\varphi = 0$ 法确定 $E$ 点，$D$ 点的位置在坡脚 $A$ 点下 $H$ 深再向右 $4.5H$ 处。最危险滑弧圆心位置在 $DE$ 的延长线上。具体试算时在 $DE$ 延长线上取 $O_1$，$O_2$，$O_3$…为圆心分别绘出相应的通过坡角的圆弧，分别按式(8.2)求出各滑弧的稳定安全系数 $K_1$，$K_2$，$K_3$…，绘出 $K$ 的曲线后即可求出最小稳定安全系数 $K_{min}$，相应的圆心 $O_n$ 点即为最危险滑弧圆心。

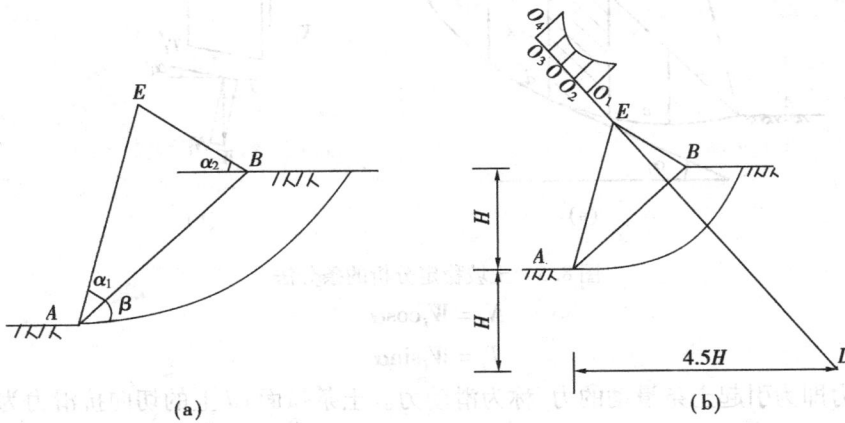

(a)　　　　　　　　　　　　　　　　(b)

图 8.4　最危险滑弧圆心的确定

表 8.1　$\alpha_1$ 和 $\alpha_2$ 的数值

| 土坡坡度 | 坡角 $\beta$ | $\alpha_1$ 角 | $\alpha_2$ 角 |
|---|---|---|---|
| 1:0.58 | 60° | 29° | 40° |
| 1:1.0 | 45° | 28° | 37° |
| 1:1.5 | 33°41′ | 26° | 35° |
| 1:2.0 | 26°34′ | 25° | 35° |
| 1:3.0 | 18°26′ | 25° | 35° |
| 1:4.0 | 14°03′ | 25° | 36° |
| 1:5.0 | 11°19′ | 25° | 37° |

土力学

实际上,用上述步骤确定的 $K_{min}$ 还不一定是最小的稳定安全系数,还须过 $On$ 点作 $MO$ 的垂线,在此垂线上 $On$ 的两侧再取几个点作为圆心,分别求出相应的安全系数 $K$,用上述方法求得最小的 $K$ 值和相应的滑弧圆心。

### 8.3.2 条分法

上述圆弧法是将滑动体作为一个整体来计算,对于外形比较复杂,特别是土坡由多层土构成时,要确定滑动土体的自重及其重心位置就比较困难。瑞典费伦纽斯等人在圆弧法的基础上,将滑动土体分成若干垂直土条,计算各土条对滑弧中心的滑动力矩和抗滑力矩,分别求其总和,然后求得土坡的稳定安全系数,这就是常用的条分法。

图 8.5(a)为一均质粘性土坡,设滑动面为 $AC$,对应的滑弧圆心为 $O$,半径为 $R$,将滑动体 $ABC$ 分成若干垂直土条(分条宽度常取 $0.1R$)。取其中第 $i$ 土条分析其受力情况,如图 8.5(b)所示。作用在土条上的力有:土条自重 $W_i$,土条两侧面作用的法向力 $E_i$,$E_{i+1}$ 和切向力 $X_i$,$X_{i+1}$,滑动面 $cd$ 上的法向反力 $N_i$ 和切向力反力 $T_i$。这一力系是超静定的,为了简化计算,假定 $E_i$ 和 $X_i$ 的合力与 $E_{i+1}$ 和 $X_{i+1}$ 的合力大小相等,方向相反且作用在一条直线上。这样作用于该土条的力就仅有 $W_i$,$N_i$ 和 $T_i$ 了,由静力平衡条件可得

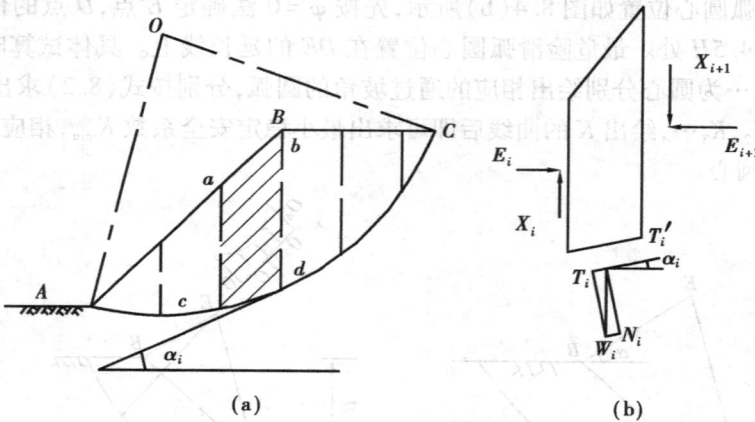

图 8.5 土坡稳定分析的条分法

法向力 $\qquad\qquad\qquad\qquad N_i = W_i\cos\alpha$

切向力 $\qquad\qquad\qquad\qquad T_i = W_i\sin\alpha$

此切向力即为引起土条滑动的力,称为滑动力。土条弧面 $cd$ 上的切向抗滑力为

$$T_i' = \tau_{fi}l_i = c_il_i + W_i\cos\alpha_i \cdot \tan\varphi_i$$

以滑弧圆心 $O$ 为转动中心,各土条对弧心的总滑动力矩为

$$M_S = \sum T_iR = R\sum W_i\sin\alpha_i$$

各土条抗滑力 $T_i$ 对 $O$ 点的总抗滑力矩为

$$M_T = \sum T_iR = R\sum(c_iL_1 + W_i\cos\alpha_i\tan\varphi_i)$$

抗滑力矩与滑动力矩之比称为稳定安全系数 $K$,即

$$K = \frac{M_R}{M_S} = \frac{R\sum(c_i L_i + W_i\cos\alpha\tan\varphi_i)}{R\sum W_i\sin\alpha_i} = \frac{\sum(c_i l_i + W_i\cos\alpha_i\tan\varphi_i)}{\sum W_i\sin\alpha_i} \tag{8.3}$$

式中　$W_i$——第 $i$ 土条自重，$W_i = \gamma_i b_i h_i$，$\gamma_i, b_i, h_i$ 分别是第 $i$ 条土的重度，土条宽度和平均高度；

$\quad\quad c_i$——第 $i$ 条土的粘聚力，kPa；

$\quad\quad \varphi_i$——第 $i$ 条土的内摩擦角，度；

$\quad\quad \alpha_i$——第 $i$ 条土条 $cd$ 弧面的倾角，度；

$\quad\quad l_i$——第 $i$ 条土条 $cd$ 弧长。

由于 $AC$ 滑动面是任意假定的，因此所选的滑弧就不一定是真正的最危险滑弧。为了求得最危险滑弧，需要用试算法，这种试算法工作量很大，可用计算机求解。陈惠发(1980)根据大量计算经验指出，最危险滑弧的两端距坡顶点和坡脚点为 $0.1H$ 处，且最危险滑弧圆心在 $AC$ 的垂直平分线上[图 8.5(a)]。因此，只须在此平分线上取若干个滑弧圆心，接上述方法分析计算相应的稳定安全系数，就可求得最小稳定安全系数 $K_{min}$。

### 8.3.3　毕肖普法

上述公式(8.3)没有考虑圆弧滑动土体分条间推力，使求得的安全系数偏小(即偏于安全)，其误差约 10% ~ 15%。其后许多学者对此进行了研究，企图在分析中考虑土体间的推力，并满足静力平衡条件，以便合理地解决 $N_i$ 的数值，并给予稳定安全系数新的含义，即为整个滑动面上抗剪强度与实际产生的剪应力之比，当 $K > 1$ 时，抗剪强度仅发挥了一部分。由于不同学者考虑的条间作用力数量、方向、作用点的位置各不相同，得出了不同的计算公式。下面介绍其中一种比较简单而合理的毕肖普公式，仍以图 8.5(b)进行分析。

若考虑土条间推力的影响，由图 8.5(b)静力平衡条件得

$$W_i + X_{i+1} - X_i - T'_i\sin\alpha_i - N_i\cos\alpha_i = 0 \tag{8.4}$$

当土坡稳定时($K > 1$)，土条滑动面上的抗剪强度只发挥了一部分，且等于该处剪应力 $T_i$。显然，$T_i$ 与 $K$ 和该处的抗剪强度之间有如下关系

$$T_i = \frac{c_i l_i}{K} + \frac{N_i\tan\varphi_i}{K} \tag{8.5}$$

将式(8.5)代入式(8.4)并整理得

$$N_i = \left[W_i + (x_{i+1} - x_i) - \frac{c_i l_i}{K}\sin\alpha_i\right]\frac{1}{\cos\alpha_i + (\tan\varphi_i\sin\alpha_i/K)}$$

安全系数为

$$K = \frac{S}{T} = \frac{\sum\left[c_i l_i\cos\alpha_i + (W_i + x_{i+1} - x_i)\tan\varphi_i\right]\dfrac{1}{\cos\alpha_i + (\tan\varphi_i\sin\alpha_i/K)}}{\sum W_i\sin\alpha_i} \tag{8.6}$$

为了求得安全系数 $K$ 值，$(x_{i+1} - x_i)$ 值必须采用逐次逼近法计算。可用满足每一土条的静力平衡条件的 $E$ 和 $X$ 试算值及下列条件求得

$$\sum(E_{i+1} - E_i) = 0 \quad\quad\quad \sum(x_{i+1} - x_i) = 0$$

如果假定 $\sum (x_{i+1} - x_i) \tan\varphi_i = 0$，则式(8.6)变为

$$K = \frac{\sum (c_i l_i \cos\alpha_i + W_i \tan\varphi_i) \dfrac{1}{\cos\alpha_i + (\tan\varphi_i \sin\alpha_i / K)}}{\sum W_i \sin\alpha_i} \tag{8.7}$$

称为简化毕肖普公式。

计算时首先任意假定一个 $K$ 值，把这个 $K$ 值连同土的性质 $c_i, \varphi_i$ 以及土坡的 $\alpha_i$ 一并代入式(8.7)，即可计算出一个新的 $K$ 值，如此反复直至计算值与假定值相符为止。

计算表明，式(8.7)已有足够精度，与精确解误差仅为 2% ~7%。

## 8.4  工程中的土坡稳定性计算

### 8.4.1  土的抗剪强度指标的选用

许多研究资料表明，土坡稳定分析中抗剪强度指标的选择，对土坡稳定性分析的可靠性和精度的影响，往往比选择分析方法更重要。因此，土的抗剪强度指标 $c, \varphi$ 的试验方法应与土体受力状态和排水条件相适应。

如用总应力法计算施工期间坝坡的稳定性时，若土料透水性比较小（ $K$ 小于 $1 \times 10^{-6}$ cm/s），填筑速度又比较快，则孔隙水压力不易消散，这时应用快剪或不排水剪的强度指标。而在坝坡使用期间，坝外水位骤降时的稳定性分析宜用固结快剪或不排水剪的强度指标。

对于超固结土，就应考虑土的应力应变特性，宜根据工程实际情况，在峰值与残余强度之间选取。

为了考虑土坡长期稳定性及预测土坡某时刻稳定性，有时还要用蠕变强度指标。

对已滑动的土坡稳定分析，常用反复剪所确定的强度指标。

重新设计或修复部分已经滑动的粘性土坡时，如能用勘探方法查明土坡的实际滑弧，并假定土坡的稳定安全系数为 1.0，这时可按上述有关分析方法，反算出土的抗剪强度，以供重新设计之用，这常是获得比较可靠的设计指标的一种方法。

### 8.4.2  安全系数的选用

目前对土坡稳定的安全度，常用安全系数来表达。实践表明，有些土坡计算出的稳定安全系数大于 1.0，还是发生了土坡失稳，而有的土坡计算出的安全系数小于 1.0，但土坡却是稳定的。这些情况产生的原因，主要是影响土坡稳定安全系数的因素很多，如荷载组合和计算方法与实际不符，计算方法中的某些假定所致的误差以及抗剪强度测定方法的不完善，抗剪强度指标值的选用不当等。这里仅就荷载组合和计算方法以及工程的重要性等作简要分析。

一般来说，土坡在正常和持久情况下工作要求的安全系数，应比在非常和短暂情况（如地震、非正常高水位）下工作要大些；建筑物的重要性高，则安全系数也应愈大。

目前，对于土坡稳定要求的安全系数，尚无统一标准，各个部门有不同的规定。表 8.2 为交通部工程边坡稳定安全系数选定表。其他部委（如水电部、国家建委）对土坡稳定的安全系数都有不同的规定。在选取安全系数时应根据工程的重要性，结合工程实际情况，分析影响安

全系数的因素(如计算方法、计算情况和指标的选择等)以及按照设计者的经验和有关工程部门的现行规范来加以确定。

**表 8.2　港口工程边坡安全系数选定表**

| 抗剪强度指标 | 安全系数 | 计算方法 |
|---|---|---|
| 固结快剪 | 1.1～1.3 | 圆弧条分总应力法 |
| 有效剪 | 1.3～1.5 | 简化毕肖普法 |
| 十字板剪切 | 1.1～1.3 | 圆弧条分总应力法 |
| 快　剪 | 1.0～1.2 | 圆弧条分总应力法 |

注:校核施工期的稳定性,安全系数一般取表中的低值,但校核打桩前岸坡的稳定性,宜取较高值。

### 8.4.3　成层土边坡的稳定安全系数计算

土坡由不同土层所组成时,如图 8.6 所示,条分法的基本公式仍可适用。但应用时要注意:①应分层计算土条自重,然后叠加,即式(8.3)中的 $W_i$ 等于 $(\gamma_1 h_1 + \gamma_2 h_2 + \cdots)b_i$;②土的粘聚力 $c$ 和内摩擦角 $\varphi$ 应按滑弧通过的土层而采用不同的数值,因此,对于成层土坡,式(8.3)可改写成下列形式:

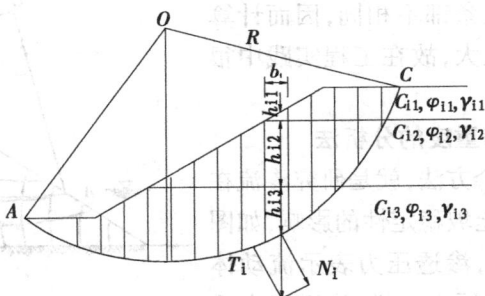

图 8.6　成层土的土坡稳定计算图式

$$K = \frac{\sum c_i l_i + b \sum (\gamma_1 h_1 + \gamma_2 h_2 + \cdots)\cos\alpha_i \tan\varphi_i}{b \sum (\gamma_1 h_1 + \gamma_2 h_2 + \cdots)\sin\alpha_i} \qquad (8.8)$$

式中　$h_1, h_2 \cdots$——分别为各土层的厚度;

　　　　$\gamma_1, \gamma_2 \cdots$——分别为各土层的重度,地下水位以下取浮重度 $\gamma'$ 计算。

如果在坡顶上作用有超载时,则应考虑超载的影响。计算时只需将超载叠加在所在土条的自重中即可。如为均布超载,则每条土自重增加的值是 $qb_i$。

### 8.4.4　坡顶开裂时的稳定性

粘性土坡坡顶附近,常可能由于干缩或张力作用而出现一些竖向裂缝(图 8.7)。其开裂深度可用式(7.8)中粘性土直立高度 $Z_0 = \dfrac{2c}{\gamma \sqrt{k_a}}$ 估算。当坡开裂以后,滑弧长度将由 $AC$ 缩短为 $AC'$,裂缝的出现,使 $CC'$ 段的抗

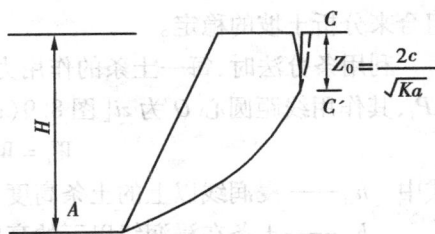

图 8.7　裂缝对土坡的影响

滑力消失,雨水易于浸入使土的强度降低,且当缝内积水时,由于静水压力可使滑动力矩增大,使土坡更易于滑动。因此除在土坡稳定性计算时要考虑开裂对土坡稳定不利影响外,工程上常在坡顶铺筑一定厚度砂土保护层和设置排水沟。

### 8.4.5 渗流对土坡稳定的影响

当水库、渠道蓄水,库、渠水位骤降或码头岸坡处于低潮而岸坡地下水位又较高时,以及基坑排水等,坝坡、渠道边坡、码头岸坡和基坑边坡都要受到渗流的作用。进行土坡稳定分析时要考虑渗流对其不利影响。下面介绍工程常用的几种方法。

#### (1)根据渗透力和重度的分析法

这个方法主要考虑渗透力作用和静水浮力对土体的减重影响。分析时先绘出可能滑动范围内的流网(图8.8),然后,选定一可能滑动圆弧,计算每个土条渗透力的大小和方向($J_i$的方向为通过该土条浸润线以下面积形心的流线方向);同时计算出该该土条的自重 $W_i$(浸润线以下按浮重度计算)。用图解法求出作用于该土条的总合力 $R$ 及其作用线与滑弧面法线的交角 $\alpha_i$;则作用于滑弧上的切向分力为 $R_i\sin\alpha_i$,法向分力为 $R_i\cos\alpha_i$。从而根据式(8.3)计算土坡的稳定安全系数。

这个方法直接考虑渗透力,但渗透力的大小和方向取决于流网,而各个土条都不相同,因而计算时很不方便,且工作量又较大,故在工程实践中很少采用。

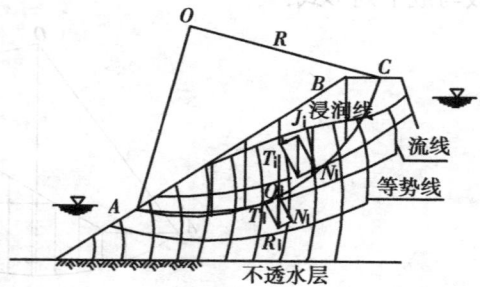

图8.8 根据渗透力及浮重度计算法

#### (2)按渗透压力和饱和重度的分析法

考虑渗流作用的另一个方法,就是研究渗流在土条滑弧面的渗透压力对土坡稳定性的影响,如图8.9(a)所示。由水力学知,渗透压力表示流动体所具有的动水压力,与静水压力一样,渗透压力垂直于作用面,其大小视研究点位置高程与等势线水头之间的关系而定[图8.9(d)]。与上一方法相比,这方法能达到同样的结果,其原理如下:

图8.9(a)中任一土条浸润线以下单元土体的饱和重 $\gamma_{sat}V'$、浮重 $\gamma'V'$ 及水重 $\gamma_wV'$ 三者关系,可分别用图8.9(b)中 $df$、$de$ 及 $ef$ 线表示。同时把渗透力绘入该图中,用 $em$ 表示。上一方法就是用渗流对单元土体的渗透力($i\gamma_w$)和浮重($\gamma'V'$)的合力 $Ri$ 来考虑其作用,如图8.9(b)中的力三角形 $deM$ 中的 $dm$ 线所示。同样,合力 $Ri$($dm$ 线)也可由作用于单位土体渗透压力 $p_wl_i$($fm$ 线)来组成。也就是说,考虑渗流作用时,也可用渗透压力($fm$)及饱和重 $\gamma_{sat}V'$($df$)的组合来分析土坡的稳定。

利用条分法时,每一土条的作用力如图8.9(c)所示。作用于该土条两侧的水压力合力为 $\Delta P_i$,其作用线距圆心 $O$ 为 $zi$[图8.9(a)],弧面上的总渗透力为 $P_wL_i$。该土条的自重 $W_i$ 为

$$W_i = W_{i1} + W_{i2} = (\gamma h_{i1} + \gamma_{sat}h_{i2}) \tag{8.9}$$

式中  $h_{i1}$——浸润线以上的土条高度,m;

$h_{i2}$——土条在浸润线以下的高度,m;

$\gamma$——土的湿重度,kN/m³;

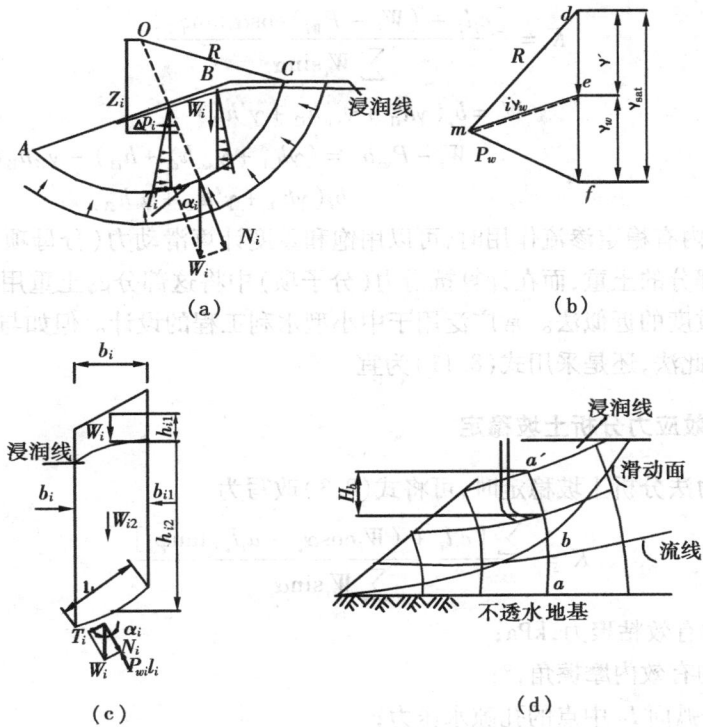

图 8.9　根据渗透压力计算法

$\gamma_{\text{sat}}$——土的饱和重度，$kN/m^3$；

$b_i$——土条的宽度，m。

则土坡稳定安全系数可将式(8.3)改写而得

$$K = \frac{\sum \{c_i l_i + [(W_{i1} + W_{i2})\cos\alpha_i - \Delta P_{wi}\sin\alpha_i - P_{wi}l_i]\tan\varphi_i\}}{\sum (W_{i1} + W_{i2})\sin\alpha_i + \sum \Delta P_{wi}\cos\alpha_i} \tag{8.10}$$

如果整个滑动体土条间水压力可以当作内力，并互相抵消，即 $\sum \Delta P_{wi} = 0$。同时滑弧面一部分处于坡外静水位下，由于静水浮力作用，在静水位以下的土条自重应按浮重度计算。此时

$$W_i = W_{i1} + W_{i1} + W_{i3} = b_i(\gamma h_{i1} + \gamma_{\text{sat}} h_{i2} + h_{i3})$$

而土坡稳定安全系数可将式(8.10)改写而得：

$$K = \frac{\sum \{c_i l_i + [(W_{i1} + W_{i2} + W_{i3})\cos\alpha_i - P_{wi}l_i]\tan\varphi_i\}}{\sum (W_{i1} + W_{i2} + w_{i3})\sin\alpha_i} \tag{8.11}$$

以上二式中　$h_{i3}$——土条在静水位以下的高度，m；

$\gamma'$——土的浮重度，$kN/m^3$；

其余符号同前。

这个方法比较合理简单，是目前大中型水利工程设计中常用的方法。

如滑动面主要部位比较平缓即 $\alpha_i$ 角较小，且浸润线与滑弧面大致平行时，则土条滑弧面中点至浸润线的铅直距离与该点测压管水位高度相等，即 $L = b \cdot \sec\alpha_i \approx b\cos\alpha_i$，即 $h_{i3} = h_{i2}$，则式(8.10)可以简化为

$$K = \frac{\left[ c_i l_i + ( W_i - P_{Wi} ) \cos\alpha_i \tan\varphi_i \right]}{\sum W_i \sin\alpha_i} \qquad (8.12)$$

式中

$$W_i = b_i ( \gamma h_{i1} + \gamma_{sat} h_{i2} + \gamma' h_{i3} )$$

$$W_i - P_{wi} b_i = ( \gamma h_{i1} + \gamma_{sat} h_{i2} + h_{i3} ) - \gamma_w h_{i2} b_i =$$

$$b_i ( \gamma h_{i1} + \gamma' h_{i2} + \gamma' h_{i3} )$$

也就是说,当土坡内有稳定渗流作用时,可以用饱和重度计算滑动力(分母项)中浸润线以下,坡外静水位以上部分的土重,而在计算抗滑力(分子项)中将这部分的土重用浮重度计算。这是一般称为替代重度的近似法。常广泛用于中小型水利工程的设计。但如与上述条件有明显差别时,则不宜用此法,还是采用式(8.11)为宜。

### 8.4.6  按有效应力分析土坡稳定

当用有效应力法分析土坡稳定时,可将式(8.3)改写为

$$K = \frac{\sum \left[ c_i l_i + ( W_i \cos\alpha_i - u_i l_i ) \tan\varphi_i \right]}{\sum W_i \sin\alpha_i} \qquad (8.13)$$

式中　$c'_i$——土的有效粘聚力,kPa;

$\varphi'_i$——土的有效内摩擦角,°;

$u_i$——土条弧面 $L_i$ 中点的孔隙水压力;

其余符合同前。

用式(8.13)计算土坡稳定安全系数时,要用第5章所介绍的试验方法求出有效强度指标 $c'\varphi'$ 值,又要估算出地基在不同工作情况时的孔隙水压力值。

### 8.4.7  地震对土坡稳定的影响

位于地震设计烈度为 7 度地区的土坡,要考虑地震对土坡稳定的不利影响。可在常规的土坡稳定分析中增加一项地震惯性力,并当作静力计算。如按圆弧滑动条分法计算时,地震惯性力作用于各土条的重心,其方向与地震作用方向相反。同时考虑地震和稳定渗流作用时的土坡稳定安全系数公式为

$$K = \frac{\sum \left\{ c_i l_i + \left[ ( W_i \pm Q'_i ) \cos\alpha_i - Q_i \sin\alpha_i - u_i l_i \right] \tan\varphi_i \right\}}{\sum \left[ ( W_i \pm Q'_i ) \sin\alpha_i + \dfrac{M_{ci}}{R} \right]} \qquad (8.14)$$

式中　$W_i$——土条自重,浸润线上用湿重度,浸润线与坡外水位之间的用饱和重度,坡外水位以下用浮重度计算;

$Q_i$——作用在土条重心处的水平地震惯性力,$Q_i$ 大小用 $Q_i = K_H C_z W_i$ 计算。

式中　$K_H$——水平向地震系数,为地面水平最大加速度的统计平均值与重力加速度的比值,设计烈度为 7,8,9 度时分别取 0.1,0.2,0.4;

$C_z$——综合影响系数,一般取 0.25;

$Q'_i$——作用于土条重心处竖向地震惯性力,$Q'_i = K_v C_z W_i$,只考虑竖向力单独作用时竖向地震系数 $K_v = 2/3 K_H$,如果同时计入水平向和竖向地震惯性力,还要乘以 0.5

的拟合系数,其方向可以向上( − )或向下( + ),以不利稳定方向为准;

$Mc_i$——水平向地震惯性力对圆心 $O$ 的力矩,即 $\sum Q_i d_i$;

$C_i \varphi_i$——土体在地震作用下的粘聚力和内摩擦角;

$U_i$——土条底部中点处超静孔隙水压力;

$R$——滑弧半径。

其余符号同前。

## 思 考 题

8.1　土坡稳定有何实际意义?影响土坡稳定的因素有哪些?

8.2　何谓无粘性土坡的自然休止角?无粘性土坡的安全系数是怎样定义的?从该安全系数的表达式中可以得出什么结论?

8.3　粘性土坡稳定分析的条分法原理是什么?如何确定最危险圆弧滑动面?

8.4　毕肖普法的安全系数是如何定义的?土条间的作用力是如何假定的?

## 习 题

8.1　有一土坡,其可能的圆弧滑动面和土性指标如习题8.1图所示。求其稳定安全系数(计算图中所假定的滑弧)。

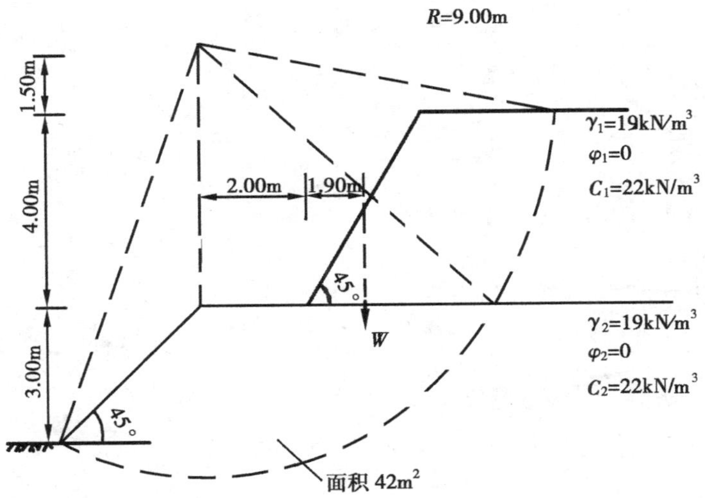

习题8.1图

8.2 一均质粘性土坡,坡高20m,边坡为1:2,土的内摩擦角 $\varphi = 18°$,粘聚力 $c = 15KPa$,重度 $\gamma = 18.4kN/m^3$,试用瑞典条分法计算土坡稳定系数。

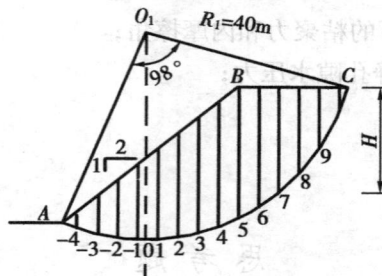

习题8.2图

8.3 用毕肖普法计算习题8.2土坡的稳定安全系数。

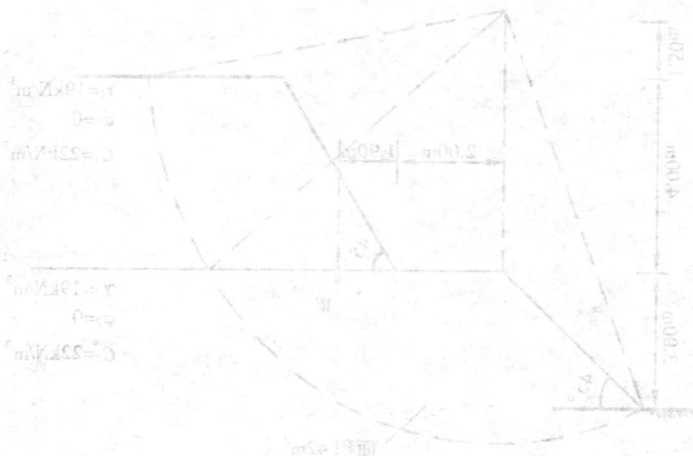

# 第**9**章 土在动荷载作用下的力学性质

## 9.1 土的压实

土木工程中常用到填土,如堤坝、路基、建筑物场地平整以及基坑开挖后回填土等。这些填土都要经过压实,其目的是增加土的密实度,提高填土的强度和降低填土的透水性和压缩性。

大量工程实践经验表明,对过湿的粘性土进行碾压或夯实时会出现软弹现象(俗称"橡皮土"),此时很难将土体压实,对于很干的土进行碾压或夯实也难以将土充分压实,而只有在适当的含水量范围内才能将土压实。在一定压实能量下使土最容易压实,并能达到最大密实度时的含水量称为土的最优含水量,用 $w_{op}$ 表示。相对应的干密度称为最大干密度,用 $\rho_{dmax}$ 表示。

### 9.1.1 击实试验

用以研究土的压实特性的试验称之为击实试验。试验时,将同一种土配制成若干份(不少于 5 个)不同含水量的试样,用同样的压实功能分别对每一份试样进行击实(试验仪器和试验方法见《土工试验方法标准》GBJ123—88),然后测定各试样击实后的含水量 $w$ 和干密度 $\rho_d$,从而绘制出含水量和干密度的关系曲线,即击实曲线,如图 9.1 所示。它具有如下特征:

①击实曲线有一峰值。这说明在一定击实能量下,只有当含水量为某一特定值时,土才能被击实至最密实状态。这一特定含水量就是最优含水量 $w_{op}$。当土的含水量小于(称偏干)或大于(称偏湿)最优含水量时,击实后土的干密度都小于最大干密度。

②击实曲线位于理论饱和曲线左侧。在图 9.1 中右上侧的曲线是理论饱和曲线。它表明土在饱和状态时($S_r = 100\%$)含水量与干密度的关系,其表达式(可根据饱和时土的三相比例关系导出)为

$$w = \left(\frac{\rho_w}{\rho_d} - \frac{1}{d_s}\right) \times 100\% \tag{9.1}$$

从图可知,理论饱和曲线与击实曲线不相交,这是因为理论饱和曲线是假定土中气体完全排出,孔隙中全被水充满而得出的。而实际上在任何含水量下,土都不可能被击实到完全饱和状态,也就是说,击实后土体内总是会存留一定量的封闭气体,故土是非饱和的。相应于最大干密度的饱和度在 80% 左右,所以击实曲线总是位于理论饱和曲线的左下侧,而不能与之相交。

### 9.1.2 土的压实特性

含水量的大小对土的压实效果影响极大。具有最优含水量的土,其压实效果最好。这是因为当土很干时,土中水主要是强结合水,此时土粒周围水膜较薄,粒间粘结力很大,土粒不易移动,因而土不易被压实。随着含水量的增大,土中结合水膜变厚,粒间粘结力减少,加之土粒间水份的润滑作用使土易于被压实,因而土的密度随含水量的增大而增大,至最优含水量时,干密度达最大值,如图 9.1 击实曲线左侧段所示。当含水量超过最优含水量时,使击实前土的干密度小于最优含水量时土的干密度变。且此时土中气体基本为封闭型的,击实时,土中水和气都不易排出,土粒不易相互靠拢,故击实效果不显著,出现图 9.1 曲线右侧段所示的情况,即土的干密度随含水量的增大而减小。

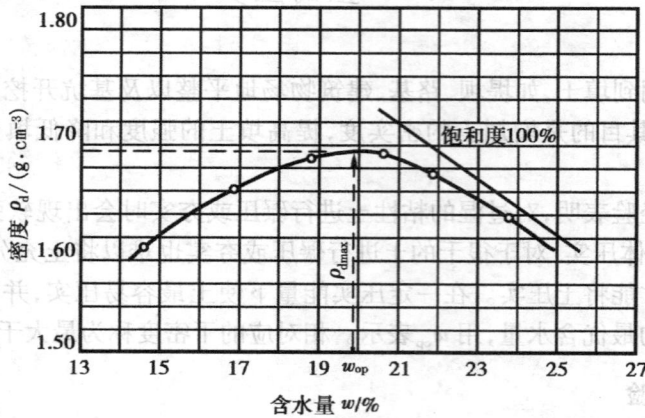

图 9.1 $\rho_d$-$w$ 关系曲线

试验表明,最优含水量 $w_{op}$ 与土的塑限 $w_p$ 接近,大约为 $w_{op} = w_p + 2(\%)$,填土中粘土矿物含量愈多,则最优含水量愈大。

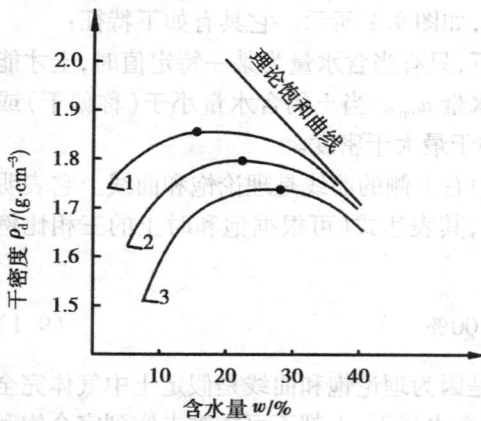

图 9.2 压实能量对压实效果的影响

土的压实效果还与击实功能有关。同一种土,如击实功能大小不同,所得的击实曲线也不相同,如图 9.2 所示。增大击实功能,可使土的最优含水量减小,最大干密度增大。所以当填土压实程度不足时,须增大击实功能(选用击实功能较大的机具或增加碾压遍数等)。但干密度的增大不与击实功能成正比,且当土偏湿时,击实时由于孔隙水压力的出现而使击实效果降低,故单纯用增大击实功能以提高干密度是不经济的。

此外,土的压实效果还与粒径级配、土颗粒粗细和矿物成分等有关。同一类土,级配良好则易压实,级配不良则不易压实。颗粒越粗,其最大干密度大而最优含水量小。

砂土的击实性能与粘性土不同,干砂在压力与振动作用下容易压实。稍湿的砂土,因毛细水表面张力作用而使砂土颗粒相互靠紧,阻止颗粒移动,击实效果反而不好。饱和砂土,毛细作用消失,压实效果良好。

### 9.1.3　压实填土的力学特性

大量工程实践表明,只要填土土料合适,严格控制施工方法,分层夯实的填土具有较好的力学特性,可作为建筑物的地基。

压实填土施工质量是以压实系数 $\lambda_c$ 来控制的。它是填土施工时实际达到的干密度 $\rho_d$ 与最大干密度 $\rho_{dmax}$ 的比值,即

$$\lambda_c = \frac{\rho_d}{\rho_{dmax}} \tag{9.2}$$

填土地基的质量控制指标(即压实系数 $\lambda_c$ 和控制含水量 $w$)与建筑物的结构类型和填土的受力部位有关,可参照表9.1的规定选用。

表9.1　压实填土地基质量控制

| 结构类型 | 填土部位 | 压实系数 $\lambda_c$ | 控制含水量/% |
|---|---|---|---|
| 砌体承重结构和框架结构 | 在地基主要受力层范围内 | >0.96 | $w_{op} \pm 2$ |
| | 在地基主要受力层范围以下 | 0.93~0.96 | |
| 排架结构 | 在地基主要受力层范围内 | 0.94~0.97 | |
| | 在地基主要受力层范围以下 | 0.91~0.93 | |

压实填土的承载力特征值与填料性质、施工机具和施工方法有关,应根据试验确定,当无试验数据时,可按表9.2选用。

表9.2　压实填土地基承载力特征值和边坡坡度

| 填土类别 | 压实系数 $\lambda_c$ | 承载力特征值 $f_{ak}$/kPa | 边坡坡度允许值(高宽比) | |
|---|---|---|---|---|
| | | | 坡高在8m以内 | 坡高8~15m |
| 碎石、卵石 | 0.94~0.97 | 200~300 | 1:1.50~1:1.25 | 1:1.75~1:1.50 |
| 砂夹石(其中碎石、卵石占全重30%~50%) | | 200~250 | 1:1.50~1:1.25 | 1:1.75~1:1.50 |
| 砂夹石(其中碎石、卵石占全重30%~50%) | | 150~200 | 1:1.50~1:1.25 | 1:2.00~1:1.50 |
| 粉质粘土、粉土($8<I_p<14$) | | 130~180 | 1:1.75~1:1.50 | 1:2.25~1:1.75 |

## 9.2　土在动荷载作用下的力学性质

地震、爆炸以及打桩等所产生的振动对地基土是一种特殊的作用。其中地震振动属于不

规则的低频(1~5Hz)的有限次数(10~30次)的周期振动。振动对土的力学性质的影响主要可导致土的强度降低、产生附加沉降、土的液化和触变等。其根本原因在于振动使土的抗剪强度降低,其中内摩擦角的降低较粘聚力的降低更多。

### 9.2.1　土在反复荷载作用下的变形强度特征

地震时土层所受到的荷载应当说是很复杂的。但一般实用上可认为土体主要受到非均匀的循环剪力的作用。通常在实验室中用动三轴仪、扭转仪和共振柱仪来确定在这样荷载作用下土的动强度和变形特性。室内试验一般可以确定大变形($\gamma_d > 10^{-3}\%$)下土的动力特性,而小变形时的模量往往通过现场土层波速试验或共振柱试验来确定。

#### (1)土的动应力与动应变关系

土的振动三轴试验表明,土的振动循环次数与动应变关系可分为3个阶段(如图9.3):第Ⅰ阶段为近似直线段,土的动应变基本属于弹性;第Ⅱ阶段为曲线段,土的剪切变形增大,土的动剪应变属于弹塑性;第Ⅲ阶段动应变急剧增大,土处于塑性变形,土样破坏。

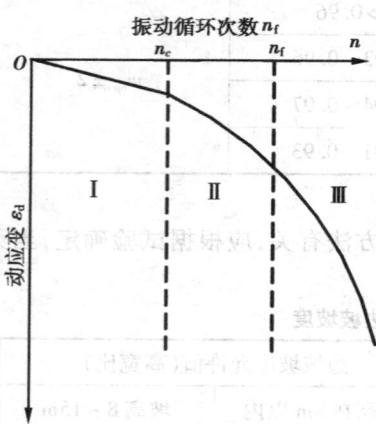

图9.3　震动循环次数 $n_f$ 与动应变 $\varepsilon_d$ 关系曲线

在地震作用下,土的应力状态与动应变幅值的大小有关。动应力很小时,动应变也小,则土可能处于弹性状态,即第Ⅰ阶段;动应力较大时,土的变形就有可能经过第Ⅰ阶段而达到第Ⅱ、第Ⅲ阶段。干密砂与坚硬的粘性土,其第Ⅱ阶段都较长,而饱和松砂在动应力作用下的第Ⅱ阶段较短,很快达到第Ⅲ阶段。

试验研究和地震调查表明,土对地震作用的反应,由于土的类型不同,其性质也不同。例如,地震可使软土比一般粘性土更易变形,更易失稳,使高灵敏度的软土变为流动状态,使饱和砂土的强度因孔隙水压力升高而降低或完全丧失。

#### (2)振动作用下土的动强度

土的动力强度即指土在动荷载作用下的抗剪强度。实验研究表明,粘性土,包括淤泥等,在低频(1Hz左右)均匀循环荷载作用下,对于给定土样,其动力强度与土样原来所受的静力状态和所施加的动荷载的持续时间或振动循环次数有关。对于给定的初始静力状态,振动持续时间越长,土样的动强度就越小,反之就越长。对于给定的土样,动荷载施加的应力愈大,使土样破坏所需的振动循环次数越少,反之就越多。

在循环荷载作用下,饱和砂土和饱和粉土动强度性质与粘性土不同,它的强度可能由于孔隙水压力的产生而突然完全丧失,成为像流体一样的状态,没有任何抗剪能力。这就是通常所说的液化现象。

土样在循环荷载作用下,一般粘性土和非粘性土的强度特性有明显的不同。在循环荷载作用下,粘性土中几乎没有观测到超静孔隙水压力,因而在一般情况下,可认为一般粘性土的动强度没有明显的降低。但是像很软的粘性土或淤泥土,中等循环次数时强度就会降低,且在振动荷载作用下附加下沉十分明显。这是因为,在振动作用下,软粘土的结构遭到破坏,使强度显著降低,而饱和砂土则由于孔隙水压力的上升有可能完全丧失抗剪强度而液化。

### 9.2.2　土的动力特征参数

**(1) 土的动弹性模量 $E_d$**

土的动弹性模量 $E_d$ 是土在周期荷载作用下动应力 $\sigma_d$ 与动应变中可恢复部分 $\varepsilon_d$(即弹性变形部分)之比,即

$$E_d = \frac{\sigma_d}{\varepsilon_d} \tag{9.3}$$

式中　$E_d$——动弹性模量,kPa;

　　　$\sigma_d$——动应力,kPa;

　　　$\varepsilon_d$——动弹性应变。

**(2) 土的动剪模量 $G_d$**

土的动剪模量是土的动剪应力 $\tau_d$ 与动剪应变 $\gamma_d$ 之比,即

$$G_d = \frac{\tau_d}{\gamma_d} \tag{9.4}$$

式中　$G_d$——动剪切模量,kPa;

　　　$\tau_d$——动剪应力,kPa;

　　　$\gamma_d$——动剪应变。

土的动剪模量可通过室内试验和现场土层剪切波速测试求得。

1) 室内动三轴实验方法

采用振动三轴试验,测定土的动弹性模量 $E_d$ 和泊松比 $\mu$,按材料力学公式推算出土的动剪切模量 $G_d$:

$$G_d = \frac{E_d}{2(1+\mu)} \tag{9.5}$$

式中　$\mu$——土的泊松比。

其余符号同前。

2) 现场土层剪切波速测试方法

采用现场土层剪切波速 $V_s$ 测试资料和土层的质量密度 $\rho$,按下式计算

$$G_d = \rho \cdot V_s^2 \tag{9.6}$$

式中　$\rho$——土层的密度,g/cm$^3$;

　　　$V_s$——剪切波速,m/s。

其余符号同前。

**(3) 土的动强度 $\sigma_d$**

土的动强度是指试样在静荷载作用后,又受到动荷载的作用,在一定循环次数 $n_f$ 下达到破坏应变时试样上的动应力。

**(4) 等效剪应力**

研究土在振动荷载作用下的动强度,通常是将不规则的动力按照"破坏效果相同"的原则,换算为一定振幅和循环次数的循环应力,称之为等效应力。等效剪应力 $\tau_{eq}$ 等于最大地震剪应力 $\tau_{max}$ 的 0.65 倍,即

$$\tau_{eq} = 0.65 \, \tau_{max} \tag{9.7}$$

等效振动次数 $n_{eq}$ 按下式计算

$$n_{eq} = \sum_{i=1}^{k} n_i \frac{n_{eqi}}{n_{fi}} \tag{9.8}$$

式中　$k$——将不规则剪应力时程曲线按应力幅值大小分组的总组数；

　　　$n_i$——应力幅值为 $\tau_i$ 这一数组的周期；

　　　$n_{fi}$——动强度曲线上应力幅值为 $\tau_i$ 时所对应的破坏振次；

　　　$n_{eqi}$——动强度曲线上应力幅值为 $0.65 \, \tau_{max}$ 时所对应的破坏振次。

经过这样等效后,不规则的剪应力过程就可以用幅值为 $0.65 \, \tau_{max}$、周期为 $n_{eq}$ 的均匀循环剪应力来代替(图 9.4),其破坏作用与原来的不规则剪应力相同。

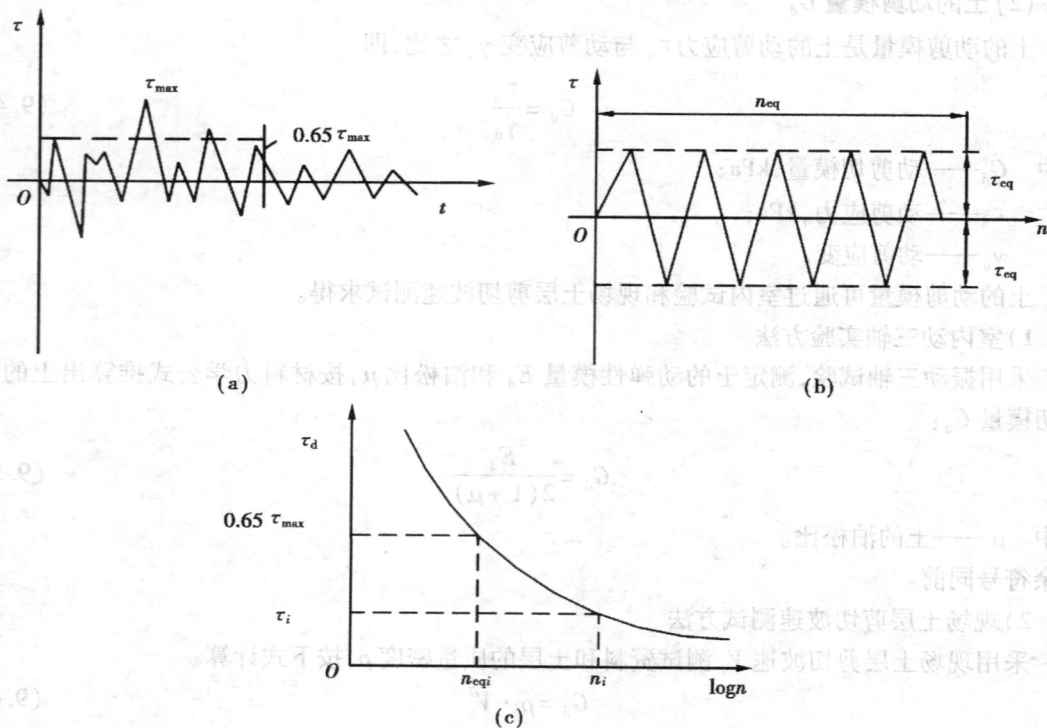

图 9.4　等效剪应力计算示意图

# 9.3　砂土振动液化

## 9.3.1　砂土液化及其工程危害

　　饱和砂土和粉土在循环荷载作用下,突然丧失其抗剪强度并变为接近于流体的状态称为液化。

砂土地基液化的宏观标志是:在地表裂缝中喷水冒砂;当地基下大范围内发生液化时,建筑物产生巨大的不均匀沉降,甚至失稳。1964 年日本新泻地震时,由于饱和松砂沉积层中出现液化,数以千计的建筑遭到严重损坏甚至倒塌。1975 年海城地震时,在下辽河盘锦地区,由于广泛分布于地表下的滨海相粉细砂层发生液化,地基出现不均匀沉陷,使许多大型建筑物都遭到严重破坏。1976 年唐山地震时,许多房屋整体下沉 1m 多,严重液化地区喷水高度达 8m。饱和砂土地基振动液化是引起工程构筑物破坏的主要原因之一。

### 9.3.2　液化机理及其影响因素

#### (1) 液化机理

一般认为,砂土的抗剪强度是由颗粒间的有效应力产生的,即

$$\tau_f = \sigma' \tan\varphi = (\sigma - \mu)\tan\varphi \tag{9.9}$$

式中　$\tau_f$——土的抗剪强度,kPa;

$\sigma'$——剪切面上法向有效应力,$\sigma' = \sigma - \mu$,kPa;

$\sigma$——剪切面上总法向应力,kPa;

$\mu$——孔隙水压力,kPa;

$\varphi$——土的内摩擦角。

对于饱和细粉砂,在振动作用下趋于密实(剪缩性),导致土中孔隙水压力骤然上升,有效应力相应地减小,抗剪强度亦降低,在循环作用下,孔隙水压力逐渐积累,结果使颗粒间的有效应力降低甚至消失。所以当 $\mu = \sigma$ 时,砂土的抗剪强度

$$\tau_f = (\sigma - \mu)\tan\varphi = 0$$

此时,砂土在瞬间变为接近于流体状态,即发生了液化现象。

#### (2) 饱和土液化的主要影响因素

①土的类别。粘性土由于具有粘聚力,即使有效应力降为零,抗剪强度也不会全部丧失,因而不会产生液化。粗粒土透水性好,孔隙水压力易于消散,不会积累增长,一般也不会产生液化。只有没有粘聚力,或粘聚力很小的饱和粉细砂和部分粉土,其透水性差,孔隙水压力不易消散而易发生液化。

②排水条件。若砂土周围是透水性差的土层或边界条件过分延长了孔隙水逸出所经过的途径(如不透水的挡土墙、宽大的片筏基础等),都会使孔隙水压力不易迅速消散,从而增大液化的可能。

③土的密实度。由于剪缩性,饱和松砂在振动作用下体积缩小,孔隙水压力上升快,故松砂易液化。而密实砂土受剪时,由于剪胀性,土体内部产生负的孔隙水压力,增大了土颗粒间的有效应力。故密实砂土较松砂不易产生液化。日本新泻地震表明,相对密实度 $D_r \leqslant 0.5$ 的地区普遍发生液化,而相对密实度 $D_r > 0.7$ 的地区就没有发生液化。

④周围压力。土中孔隙水压力等于总应力是产生液化的必要条件。试验结果表明,土样周围压力越大,试样越不易液化,周围压力的大小实际上反映了上覆土层的厚度,周围压力愈大,表明距地面愈深。因此,如果其他条件相同,埋藏的深度愈大,砂土愈难液化。调查资料表明,埋藏深度大于 20m,即使是松砂也很少发生液化。

⑤地震烈度大小和持续时间。多次的震害表明,一般在 5 ~ 6 度地震区很少发生液化现

象。室内动力试验也表明,所施加的动应力或加速度大时,土样易于液化。因此,地震时地面运动的强度是使砂土液化的一个重要因素。如果地面振动历时较长,即使地震烈度较低也可能发生液化。

### 9.3.3 砂土地基液化判别

根据我国近年来的对液化判别的研究经验,液化判别可分"两步判别",即初步判别(宏观判别)和标准贯入试验判别。凡初步判别为不液化或不考虑液化影响,可不进行第二步判别,以节省勘察工作量。

**(1)初步判别**

在宏观液化判别时,应搜集分析区域历史地震液化史,分析研究场地地层、地形、地貌和地下条件,特别是古河道、河曲、牛轭湖等微地貌特征,场地土的成因、年代,地下水动态变化规律和最高水位,分析研究地基土条件,判定液化层的成层规律、埋藏条件及土的物理力学性质,有效上覆土压力等。饱和砂土或粉土,当符合下列条件之一时,也判别为不液化或不考虑液化影响:

①地质年代为第四纪晚更新世($Q_3$)及其以前时,可判为不液化;

②当粉土的粘粒(粒径小于0.005mm)含量百分率在地震烈度为7度、8度和9度下分别不小于10、13和16时,也判为不液化土。

③采用天然地基的建筑,当上覆非液化土层厚度和地下水位深度符合下列条件之一时,可判为不考虑液化影响:

$$d_u > d_0 + d_b - 2 \tag{9.10}$$

$$d_w > d_0 + d_b - 3 \tag{9.11}$$

$$d_u + d_w > 1.5d_0 + 2d_b - 4.5 \tag{9.12}$$

式中 $d_w$——地下水位深度,宜按建筑使用期内年平均最高水位采用,也可按近期内年最高水位采用;

$d_u$——上覆非液化土层厚度,计算时宜按将淤泥和淤泥质土层扣除;

$d_b$——基础埋置深度,不超过2m时应采用2m;

$d_0$——液化土层特征深度,可按表9.3采用。

**表9.3 液化土特征深度/m**

| 饱和土类别 | 烈 度 | | |
|---|---|---|---|
| | 7 | 8 | 9 |
| 粉 土 | 6 | 7 | 8 |
| 砂 土 | 7 | 8 | 9 |

**(2)标准贯入试验判别法**

当初步判别认为需要进一步液化判别时,应采用标准贯入试验判别法。

①《建筑抗震设计规范(GB11—89)》规定,当地面下15m深度范围内的饱和砂土或粉土层的标准贯入锤击实测值 $N_{63.5}$(未经杆长修正)小于按下式计算出的液化临界标准贯入锤击

数 $N_{cr}$ 时,可判为可液化土,即

$$N_{cr} = N_0 [0.9 + 0.1(d_s - d_w)] \sqrt{\frac{3}{\rho_c}} \qquad (9.13)$$

式中　$N_{cr}$——液化判别标准贯入锤击数临界值;

　　　　$N_0$——液化判别标准贯入锤击数基准值,按表9.4采用;

　　　　$d_s$——饱和土标准贯入点深度,m;

　　　　$d_w$——地下水位深度,m;

　　　　$\rho_c$——粘粒含量百分率,%,当小于3或为砂土时,均应采用3。

表9.4　标准贯入锤击数基准值

| 近、远震 | 烈　　度 | | |
|---|---|---|---|
| | 7 | 8 | 9 |
| 近　震 | 6 | 10 | 16 |
| 远　震 | 8 | 12 | |

对存在液化土层的地基,应进一步探明各液化土层的深度和厚度,按下式计算液化指数并按表9.5划分液化等级。

表9.5　液化等级

| 液化指数 | $0 < I_{LE} \leqslant 5$ | $5 < I_{LE} \leqslant 15$ | $I_{LE} > 15$ |
|---|---|---|---|
| 液化等级 | 轻　微 | 中　等 | 严　重 |

$$I_{LE} = \sum_{i=1}^{n} (1 - \frac{N_i}{N_{cri}}) d_i w_i \qquad (9.14)$$

②《公路工程抗震设计规范(JTT004—89)》规定,当土层实测的修正标准贯入锤击数 $N_i$ 小于按下式计算的修正液化临界标准贯入锤击数 $N_c$ 时,则判为液化,否则为不液化。

$$N_i = C_n N_{63.5} \qquad (9.15)$$

$$N_c = [11.8(1 + 13.06 \frac{\sigma_0}{\sigma_e} K_h C_v)^{1/2} - 8.19]\xi \qquad (9.16)$$

式中　$C_n$——标准贯入锤击数的修正值,按表9.6采用;

　　　　$N_{63.5}$——实测的标准贯入锤击数;

　　　　$K_h$——水平地震系数,应按表9.7采用;

　　　　$\sigma_0$——标准贯入点处土的总上覆土压力,kPa。

表9.6　标准贯入锤击数的修正系数 $C_n$

| $\sigma_0$/kPa | 0 | 20 | 40 | 60 | 80 | 100 | 120 | 140 | 160 | 180 |
|---|---|---|---|---|---|---|---|---|---|---|
| $C_n$ | 2 | 1.70 | 1.46 | 1.29 | 1.16 | 1.05 | 0.97 | 0.89 | 0.83 | 0.78 |
| $\sigma_0$/kPa | 200 | 220 | 240 | 260 | 280 | 300 | 350 | 400 | 450 | 500 |
| $C_n$ | 0.72 | 0.69 | 0.65 | 0.60 | 0.58 | 0.55 | 0.49 | 0.44 | 0.42 | 0.40 |

· 175 ·

表 9.7　水平地震系数 $K_h$

| 基本烈度 | 7 度 | 8 度 | 9 度 |
|---|---|---|---|
| 水平地震系数 $K_h$ | 0.1 | 0.2 | 0.4 |

表 9.8　地震剪应力随深度的折减系数 $C_v$

| $d_s/m$ | 1 | 2 | 3 | 4 | 5 | 6 | 7 |
|---|---|---|---|---|---|---|---|
| $C_v$ | 0.994 | 0.991 | 0.986 | 0.976 | 0.965 | 0.958 | 0.945 |
| $d_s/m$ | 8 | 9 | 10 | 11 | 12 | 13 | 14 |
| $C_v$ | 0.935 | 0.920 | 0.902 | 0.884 | 0.866 | 0.844 | 0.822 |
| $d_s/m$ | 15 | 16 | 17 | 18 | 19 | 20 | |
| $C_v$ | 0.794 | 0.741 | 0.691 | 0.647 | 0.631 | 0.612 | |

$$\sigma_0 = \gamma_u d_w + \gamma_d (d_s - d_w) \tag{9.17}$$

式中　$\sigma_e$——标准贯入点处土的有效覆盖压力,kPa。

$$\sigma_e = \gamma_u d_w + (\gamma_d - 10)(d_s - d_w) \tag{9.18}$$

式中　$\gamma_u$——地下水位以上土重度,kN/m³;

　　　$\gamma_d$——地下水位以下土重度,kN/m³;

　　　$d_s$——标准贯入点深度,m;

　　　$d_w$——地下水位深度,m;

　　　$C_v$——地震剪应力随深度的折减系数,应按表 9.8 采用;

　　　$\xi$——粘粒含量修正系数。

$$\xi = 1 - 0.17(\rho_c)^{\frac{1}{2}} \tag{9.19}$$

式中　$\rho_c$——粘粒含量百分率,%。

### 9.3.4　防止液化的措施

一般情况下,应尽量避免直接将可液化土层作为持力层,否则应采用以下抗液化措施:

1)对可液化土层进行人工加固处理。用强夯法、振冲法、砂桩挤密法等进行处理,使处理后土层的标准贯入锤击数大于 $N_{cr}$。

2)垫层法。如可液化土层接近基底,厚度也不大,可采用换土垫层处理。

3)排水法。如果表层地基的渗透系数与液化土层渗透系数的比值大,即使下层地基发生液化,由于向上的渗流排水,表层地垫的有效应力也不会很低。排水法就是利用这一原理来达到防止液化的。

4)采用桩基础。桩身应穿过可液化土层,并应有足够长度伸入稳定土层。

5)采用片筏基础。当可液化土层上有一定厚度的稳定土层时,可考虑采用片筏基础以减小基底压力,并利用其刚度减小不均匀沉降。

思 考 题

9.1　为什么粘性土的含水量很低或很高时不易压实? 何谓最优含水量? 如何测定最优含水量? 工程中有何用途?

9.2　土在振动荷载作用的强度如何? 土的动力特性指标有哪些?

9.3　何谓砂土液化? 液化机理是什么? 影响砂土液化的因素有哪些?

9.4　砂土液化如何判别? 液化等级分哪几等? 如何确定液化等级?

9.5　防止液化的措施有哪些?

习 题

9.1　某粘性土的击实试验结果如下表:

| 含水量/% | 14.7 | 16.5 | 18.4 | 21.8 | 23.7 |
|---|---|---|---|---|---|
| 干密度/(g·cm⁻³) | 1.59 | 1.63 | 1.66 | 1.65 | 1.62 |

该土的土粒相对密度 $d_s = 2.7$,试绘出该土的击实曲线,并确定其最优含水量 $w_{op}$ 与最大干密度 $\rho_{dmax}$。

9.2　某工程地基表层为素填土,厚度 1.5m;第二层为粉土,厚 4.5m,深 3.5m 处 $N = 8$;第三层为粉砂,厚度 3.2m,深度 8.0m 处 $N = 9$;第四层为细砂,厚度 5.4m,深度 11.0m 处 $N = 15$;第五层为卵石。地下水位深 2.2m。试判别当地震烈度为 8 度时地基是否发生液化?

# 参考文献

[1] 中华人民共和国国家标准. 建筑地基基础设计规范(GBJ 7—89)[S]. 北京:中国建筑工业出版社,1989.

[2] 中华人民共和国国家标准. 岩土工程勘察规范(GB 50021—94)[S]. 北京:中国建筑工业出版社,1994.

[3] 中华人民共和国国家标准. 土工试验方法标准(GBJ 123—88)[S]. 北京:中国建筑工业出版社,1989.

[4] 钱家欢,殷宗泽. 土工原理与计算[M]. 2版. 北京:中国水利水电出版社,1980.

[5] 高大钊. 土力学与基础工程[M]. 北京:中国建筑工业出版社,1998.

[6] 陈希哲. 土力学地基基础[M]. 3版. 北京:清华大学出版社,1998.

[7] 洪毓康. 土质学与土力学[M]. 2版. 北京:人民交通出版社,2000.

[8] 华南理工大学、东南大学,等. 地基及基础[M]. 北京:中国建筑工业出版社,1991.

[9] 武汉水利电力学院. 土力学及岩石力学[M]. 北京:水利电力出版社,1979.

[10] 陈仲颐,叶书麟. 基础工程学[M]. 北京:中国建筑工业出版社,1990.

[11] 周汉荣. 土力学地基与基础[M]. 2版. 武汉:武汉工业大学出版社,1993.

[12] 天津大学,等. 地基与基础[M]. 北京:中国建筑工业出版社,1978.

[13] 殷永安. 土力学与基础工程[M]. 北京:中央广播电视大学出版社,1998.

[14] 孙福,魏道垛. 岩土工程勘察设计与施工[M]. 北京:中国地质出版社,1998.

[15] 张振营. 岩土力学[M]. 北京:中国水利出版社,2000.

[16] 吴湘兴. 土力学与地基基础[M]. 武汉:武汉大学出版社,1991.

[17] 江见鲸,陈希哲,崔京浩. 建筑工程事故处理与预防[M]. 北京:中国建材工业出版社,1995.

[18] 崔自治.《规范法》在地基沉降计算中的应用[J]. 宁夏工学院学报,1996(12).

[19] 史如平,韩选江. 土力学与地基工程[M]. 上海:上海交通大学出版社,1990.